置換命名法の組み立て

接頭語	語幹	接尾語	
置換基（特性基）の種類・数・位置を表す．位置・数・種類の順で表示（置換基が複数のときは基名のABC順で配列する）	基本骨格（炭化水素の鎖，環，複素環）	不飽和結合の位置・数・種類を表す	主基の種類・数・位置を表す

主要な基の接頭語と接尾語（主基として呼称されるための上位順に並べてある）

基の種類	接頭語としての表示	接尾語としての表示
カルボン酸(-COOH)	カルボキシ(carboxy-)	酸(-oic acid) カルボン酸(-carboxylic acid)
カルボン酸エステル(-COOR)	R-オキシカルボニル(R-oxycarbonyl-)	——酸(-R-oate)
酸アミド(-CONH$_2$)	カルバモイル(carbamoyl-)	カルボキサミド(-carboxamide)
ニトリル(-CN)	シアノ(cyano-)	カルボニトリル(-carbonitrile)
アルデヒド(-CHO)	ホルミル(formyl-)	アール(-al) カルバルデヒド(-carbaldehyde)
ケトン(-CO-)	オキソ(oxo-)	オン(-one)
アルコール／フェノール}(-OH)	ヒドロキシ(hydroxy-)	オール(-ol)
アミン(-NH$_2$)	アミノ(amino-)	アミン(-amine)
エーテル(-OR)	R-オキシ(R-oxy-)	
ハロゲン	フルオロ(fluoro-) クロロ(chloro-) ブロモ(bromo-) ヨード(iodo-)	
アルキル	炭化水素名の末尾-aneを-ylにかえる	
フェニル (–⟨⟩)	フェニル(phenyl-)	

直鎖飽和炭化水素の名称

- C$_1$ メタン (methane)
- C$_2$ エタン (ethane)
- C$_3$ プロパン (propane)
- C$_4$ ブタン (butane)
- C$_5$ ペンタン (pentane)
- C$_6$ ヘキサン (hexane)
- C$_7$ ヘプタン (heptane)
- C$_8$ オクタン (octane)
- C$_9$ ノナン (nonane)
- C$_{10}$ デカン (decane)
- C$_{11}$ ウンデカン (undecane)
- C$_{12}$ ドデカン (dodecane)

数を表す接頭語

- 1 モノ (mono-)
- 2 ジ (di-)
- 3 トリ (tri-)
- 4 テトラ (tetra)
- 5 ペンタ (pent)
- 6 ヘキサ (hexa-)
- ヘプタ (hepta-)
- オクタ (octa-)
- ノナ (nona-)

セミナー
ライブラリ 化　学＝4

演習 有機化学 [新訂版]

杉森　彰　著

サイエンス社

サイエンス社のホームページのご案内
http://www.saiensu.co.jp
ご意見・ご要望は　rikei@saiensu.co.jp　まで.

新訂版へのまえがき

　本書が，姉妹書の「有機化学概説」に続いて，1983年に出てから18年が経過した．幸いに，これを使って有機化学を学んでいただく読者に恵まれ，版を重ねることができた．

　「有機化学概説」の増訂に引き続いて，演習書を改訂する機会に恵まれたことは，著者として喜びであり，感謝である．

　「有機化学概説［増訂版］」は，有機化学の進歩に追随して，かなりの増補を施したが，有機化学の基本的な考え方を身につけることを目標にする演習書では，内容を増やすより，理解を容易にすることを目的に，2色刷を取り入れるなど，学習の効率化を図った．

　有機化学では，複雑な構造式の反応でも，色がついていれば，どの官能基がどのように変化していくかなどを追うことが易しい．違った性質のものを色で区別することも，読者の直観に訴えて理解しやすい．また立体構造なども主要な置換基を色で示すことによって，理解が早まる．

　電子論による有機反応の理解では，分子内で陽電荷と陰電荷とが現れる位置が重要である．これを直観的に示すために，本書を通じて，できるだけ陽電荷は青色（⊕）で，陰電荷は灰色（●）で統一して示すことにした．原則が徹底していないところも多いが，それを心に留めて読んでいただくと理解の助けになると思う．

　2色刷を採用することは，著者にとって初めての経験で，その利点を十分に生かし切ったかどうか不安も残るが，ひとまずこの形で世に出すことにしたい．読者の意見を伺い，よりよいものにしていきたい．

　この新訂版を作るに当って，サイエンス社の田島伸彦，鈴木まどかの両氏には大変お世話になった．ことに，細かいところまで神経を行き届かせ美しい本に仕上げていただいた鈴木まどかさんには感謝の他はない．

　　2001年7月

　　　　　　　　　　　　　　　　　　　　　　　　　　　　杉森　彰

まえがき

　本書は，同じ著者の「有機化学概説」の演習書として書かれた．有機化学は，暗記物でなく，いったん基本的な考え方を身につけると，多様な化学の現象がすっきりと理解されるようになる．

　ただ，"基本的な考え方"が初心者には多少のみこみにくいところがあって，最初のうちは頭が混乱してしまうようなこともある．この初期の，少しつらい登り道を努力でのり切ると，広くて豊かな有機化学の領域が見晴せ，またその中を楽しく散歩したり，駆け回ったりもできるようになる．

　化学を専門としようと志す人ばかりでなく，化学を応用して新しい分野に立ち向っていこうとする人にとって，有機化学の基本的な考え方を理解し，それを実際の化学現象の理解に適用する訓練を積むことは重要なことである．

　ノーベル賞を受賞された福井謙一先生は，"化学の世界が簡単すぎて，一つの法則だけですべてが説明され切ってしまうようであったり，また逆に，化学現象が混沌としていて，ケースバイケースの複雑さをもっていたとしたら，自分は化学に興味をもつこともできなかったし，また化学で仕事をすることもできなかったろう．化学は適当な単純さと適当な複雑さをもっていることがすばらしいところだ．"という意味のことを言われている．

　適当な単純さと適当な複雑さをもつ有機化学を自家薬篭中のものとし，それぞれの目的に応じて役立てていくためには，基本的な考え方を，それの実際への適用を演習を通して，身につけていくのが最も良い方法である．

　ここまでの記述では，化学の統一性を強調しすぎたかもしれない．化学の現象は，いろいろな因子が影響し，既成の理論では理解されないものも多い．福井先生の言われるように化学の現象は複雑な面ものぞかせている．化学においては実験的（経験的）事実がもっとも尊重されるべきであり，理屈は説明にすぎないこともある．化学を学ぶ者は，事実に対する謙虚な尊敬をもたなければならないことを強調しておかねばならない．既成の考えで律しられない現象の探究から，化学の新しい局面が拓かれる．

本書は，現在の有機化学の基本的な考え方を身につけることを目的に，素直な問題をつみ重ねて，教養課程で扱われる有機化学の領域を概観した．構成は原則として既刊の「有機化学概説」にそろえることにし，同書を用いて学んで下さる学生諸君の学習の手助けになるようにしたが，本書だけを勉強して頂いても有機化学が十分身につくように心がけたつもりである．半年から一年の学習で仕上げていただくため，例題，問題はそれほど多くない数に止めてある．

　「有機化学概説」には触れることがなかった構造決定の問題，また，系統的に取り上げていなかった有機合成の問題も，まとまった形で扱うことにした．これによって，有機化学の全体が眺められるようになったのではないかと思う．

　本書はあくまでも，有機化学の手ほどきのためのものである．読者はできるだけ早く本書の範囲をのりこえて，豊かな有機化学のさらに精妙な仕組みの解明にとりついて欲しい．

　前著に引き続いて，本書も三村（旧姓川村）ゆう子さんに御苦労をおかけした．本書は原則として1ページ毎に一つの例題とそれに関連する問題をセットにして構成するという方式をとっているため，編集者の苦労も大きいものとなった．お世話になった方々にお礼申し上げるとともに，本書が若い人達の有機化学の理解に役立ち，それが若い人達の有機化学への興味を高めるきっかけになることができれば有難いことと思う．

　　1983年5月

杉森　彰

目 次

1　有機化合物の分類と命名法　　1
- **1.1**　有機化合物の系統と分類 ···1
- **1.2**　有機化合物の命名 ··2
- 例題1～3

2　有機化合物の立体構造Ⅰ　鎖式化合物　　9
- **2.1**　立 体 異 性 ···9
- **2.2**　2個の不斉炭素原子をもつ化合物の立体化学 ·······················10
- **2.3**　立体構造のR, S表示法 ···12
- 例題1～6

3　有機化合物の立体構造Ⅱ　環式化合物　　20
- **3.1**　立体配座と立体配置 ··20
- **3.2**　環の立体構造の固定 ··22
- 例題1～4

4　結　　合　　27
- 例題1～4

5　結合の分極と官能基の電子状態　　36
- **5.1**　結合の分極（電子の偏り）··36
- **5.2**　官能基内での分極と官能基による炭素骨格の分極 ·················37
- 例題1～7

6　分子の電子状態と化合物の物理的性質　　49
- **6.1**　沸点（揮発性）··49
- **6.2**　水に対する溶解度 ··49
- **6.3**　化合物の酸性・塩基性 ···50
- 例題1～8

v

7 炭化水素：アルカン，アルケン，アレーン　63
例題 1～3

8 有機反応　69
　8.1 有機反応の分類　69
　8.2 芳香族置換反応の配向性　71
例題 1～7

9 ハロゲン化合物　85
　9.1 ハロゲン化合物の物理的性質と反応　85
　9.2 グリニャール反応　87
　9.3 酸・塩基の"かたさ"，"やわらかさ"と求核性　88
例題 1～5

10 アルコールとフェノール（ヒドロキシ化合物），エーテル　95
例題 1～5

11 カルボニル化合物（アルデヒド・ケトン・キノン）　105
例題 1～7

12 カルボン酸とその誘導体　114
例題 1～6

13 ニトロ化合物　122
例題 1～2

14 ア　ミ　ン　125
例題 1～7

15 有機化合物の合成　135
　15.1 炭素骨格の組み上げ方　135
　15.2 官能基の変換　136
　15.3 合成経路の計画　137
例題 1～6

16　アミノ酸と糖（2種類以上の官能基を含む重要な化合物）　149
例題 1～2

17　複素環式化合物　153
17.1　複素環式化合物　153
17.2　ヘテロ原子の環の性質におよぼす効果　154
例題 1～5

18　第三周期の元素を含む有機化合物と有機金属　161
18.1　第三周期の元素を含む有機化合物　161
18.2　有機金属　161
18.3　有機金属，第三周期の元素を含む化合物を用いる二，三の重要な合成反応　161
18.4　遷移金属を含む化合物の電子配置（18電子則）　162
例題 1～5

19　有機化合物の同定　構造決定　168
19.1　基本的な考え方　168
19.2　同定・構造決定の手順　169
19.3　同定・構造決定に役立つ物理的方法　170
19.4　官能基の検出法　176
例題 1～5

問 題 解 答　189
1章　189
2章　190
3章　194
4章　196
5章　198
6章　203
7章　209
8章　210
9章　215
10章　217
11章　219

12章	221
13章	225
14章	226
15章	231
16章	235
17章	236
18章	239
19章	240
索　引	243

1 有機化合物の分類と命名法

1.1 有機化合物の系統と分類

◆ 骨格からみた分類

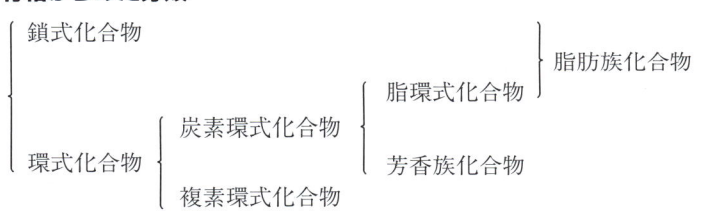

```
           ┌ 鎖式化合物 ──────────────────┐
           │                            ├ 脂肪族化合物
           │          ┌ 炭素環式化合物 ┬ 脂環式化合物 ┘
           └ 環式化合物 ┤              └ 芳香族化合物
                      └ 複素環式化合物
```

◆ 官能基からみた分類

官能基	代表的な化合物	
	脂肪族化合物	芳香族化合物
不飽和(化合物)*	$CH_2 = CH_2$, $CH \equiv CH$	
ハロゲン(化合物)	CH_3Cl, $CHCl_3$, CCl_4	⟨○⟩−Cl , Cl−⟨○⟩−Cl
ヒドロキシル(化合物)	CH_3OH, CH_3CH_2OH	⟨○⟩−OH
カルボニル(化合物) (アルデヒド, ケトン)	$HCHO$, CH_3CHO	⟨○⟩−CHO
	CH_3COCH_3	⟨○⟩−CO−⟨○⟩
カルボン酸	$HCOOH$, CH_3COOH	⟨○⟩−COOH
ニトロ(化合物)	CH_3NO_2	⟨○⟩−NO_2
アミン	CH_3NH_2, $(CH_3)_3N$	⟨○⟩−NH_2

* 不飽和は骨格の一部であるが,特徴ある反応性から官能基の一つとみなせる.

1.2 有機化合物の命名

◆ **IUPAC命名法と慣用名** 古くから知られていた化合物は慣用名によってよばれることが多い．しかし，慣用名は**構造**を表現していない．IUPAC（国際純正応用化学連合）で決めた組織的命名法は 構造式⇌名称 の対応をもつ名称を世界共通のルールの下に作り出そうとするものである．現在，体系は完全でなく，慣用名も残っているが，組織名を用いる機会が多くなってきている．組織名にも幾通りかの方式があるが，以下に最も一般的な置換命名法の基本を解説する．IUPAC命名法の変形にケミカルアブストラクツで採用されている命名法がある．ケミカルアブストラクツ（Chemical Abstracts, CAと略す．）は世界中で発表される化学情報を速報する雑誌であり，絶大な影響力をもつ．ここで使われる命名法の原則は，IUPAC命名法のものであるが，アミンの命名などに違いがある．p.128参照．命名に関する問題は以下の章にくり返し登場する．読者はそのつど本節を参照して命名法に慣れてほしい．

◆ **置換命名法の組立て**

接頭語	語幹		接尾語
置換基（特性基）の種類・数・位置を表す．位置・数・種類の順で表示（置換基が複数のときは基名のABC順で配列する）	基本骨格（炭化水素の鎖，環，複素環）	不飽和結合の位置・数・種類を表す．	主基の種類・数・位置を表す．

基本骨格 直鎖あるいは環式炭化水素，複素環を選ぶ．枝分かれのある場合は主基および不飽和を含む最も長い鎖を選ぶ（主な基本骨格 表1.1参照）．

主基 その化合物に含まれる置換基の中で表1.2で最も上位にあるもの．主基を接尾語で表示し，他の置換基を接頭語として表示する．

不飽和の表示 アルケン（二重結合）は飽和炭化水素の語尾 -ane（アン）を -ene（エン）にかえて表示する．アルキン（三重結合） -ane を -yne（イン）にかえて表す．

置換基の数の表示 置換基が1個のときは特に表示しない．2個以上のときは基名の前に，2個 di（ジ），3個 tri（トリ），4個 tetra（テトラ），5個 penta（ペンタ），6個 hexa（ヘキサ）……をつけて表す．

置換基の位置の表示 基本骨格に位置番号をつける．鎖の場合は端から1, 2, 3, ……と番号づけするが，主基（それがないとき，あるいはどちらの端から数えても主基の番号が同じときは不飽和）に小さい番号がつくようにする．

◆ **英語名と日本語名** 英語名を日本語名に字訳する．字訳とは英語で書かれた名称を一定の規則でカタカナに移しかえることで，"本場"の発音は無視して，ローマ字読みで機械的に移す（bとv，lとr，tとthは区別できない．th(a)はサ，ザでなくタと字

訳する約束である.）．カルボン酸だけは字訳しないで──酸と翻訳する．

表1.1　主な基本骨格

CH_4	methane	メタン
CH_3CH_3	ethane	エタン
$CH_3CH_2CH_3$	propane	プロパン
$CH_3CH_2CH_2CH_3$	butane	ブタン
$CH_3CH_2CH_2CH_2CH_3$	pentane	ペンタン
$CH_3CH_2CH_2CH_2CH_2CH_3$	hexane	ヘキサン
(構造式)	cyclohexane	シクロヘキサン
(構造式)	benzene	ベンゼン
(構造式)	naphthalene	ナフタレン
(構造式)	pyridine	ピリジン

表1.2　主要な基の接頭語と接尾語（主基として呼称されるための上位順に並べてある）

基の種類	接頭語としての表示	接尾語としての表示
カルボン酸（-COOH）	carboxy-	-oic acid（酸）
		-carboxylic acid（カルボン酸）
カルボン酸エステル（-COOR）	R-oxycarbonyl-（R-オキシカルボニル）	R-oate（──酸R）
酸アミド（-CONH$_2$）	carbamoyl-（カルバモイル）	-carboxamide（カルボキサミド）
ニトリル（-CN）	cyano-（シアノ）	-carbonitrile（カルボニトリル）
アルデヒド（-CHO）	formyl-（ホルミル）	-al（アール）
		-carbaldehyde（カルバルデヒド）
ケトン（-CO-）	oxo-（オキソ）	-one（オン）
アルコール フェノール（-OH）	hydroxy-（ヒドロキシ）	-ol（オール）
アミン（-NH$_2$）	amino-（アミノ）	-amine（アミン）
エーテル（-OR）	R-oxy-（R-オキシ）	

基の種類	接頭語としての表示	接尾語としての表示
ハロゲン	fluoro- (フルオロ) chloro- (クロロ) bromo- (ブロモ) iodo- (ヨード)	
アルキル (-R)	炭化水素名の末尾 -aneを -ylにかえる	
フェニル	phenyl- (フェニル)	

◆ **有機化合物の命名の手順** つぎの例についてのべる.

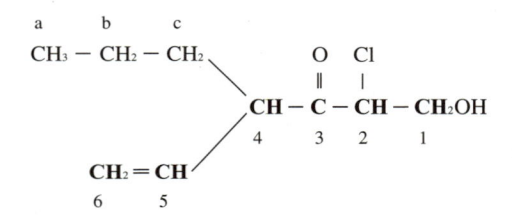

$$\underset{\substack{a\\CH_3}}{} - \underset{\substack{b\\CH_2}}{} - \underset{\substack{c\\CH_2}}{} \overset{\underset{\substack{\\CH_2=CH\\6\quad 5}}{}}{\underset{\substack{\\4}}{CH}} - \overset{O}{\underset{3}{\overset{\|}{C}}} - \overset{Cl}{\underset{2}{\overset{|}{CH}}} - \underset{1}{CH_2OH}$$

(i) 主基になる特性基があるな らそれを決定する.
基として >C=O, OH, Cl が含まれるが, >C=O が表1.2で最上位にあり主基となる.

(ii) 基本骨格を決める.
主基 >C=O と C=C を含む最も長い鎖(太字 で示したもの)を選ぶ. a−b−c−4−3−2− 1の鎖はこれより長いがC=Cを含む方を優先. 以上まとめると,基本骨格,不飽和,主基の表 現として hexen(e)one. e, oと母音が重なるので (e)をおとす.

(iii) 基本骨格の端から端まで位 置番号をつける.
主基 >C=O に小さな番号がつくように決める. この場合左からここまでをまとめると 5-hexen- 3-one となる.

―― 例題 2 ――
つぎの名称をもつ化合物の構造式を示せ．
(1) 2-chloro-1,4-butanediol　2-クロロ-1,4-ブタンジオール
(2) 4-bromo-2-hydroxycyclohexanone　4-ブロモ-2-ヒドロキシシクロヘキサノン
(3) 2-methyl-2-butenoic acid　2-メチル-2-ブテン酸

【解答】(1) 基本骨格は語源のbutane（C 4個の炭化水素）で表されている．主基はOHでそれが2個ある．他の置換基はCl－．語尾が-anediolでeがおちないのはつぎのdが子音であるため．

$$\underset{1}{\overset{OH}{CH_2}}-\underset{2}{\overset{Cl}{CH}}-\underset{3}{CH_2}-\underset{4}{\overset{OH}{CH_2}}$$

(2) 基本骨格はcyclohexane．主基にケトンがあることが語尾-oneで示されている（an(e)oneでeがおちている）．環式化合物で末端がないので >C=O の位置が1-位になる．したがって，1-cyclohexanoneと言わずに単にcyclohexanoneでよい．他の置換基をつけて，

(3) 炭素4個の鎖をもつカルボン酸．COOHのCも鎖の一部と考える．enは二重結合を表す．置換基CH₃－をもつことを考慮して，

$$\underset{4}{CH_3}-\underset{3}{CH}=\underset{2}{\overset{\overset{CH_3}{|}}{C}}-\underset{1}{COOH}$$

―― 問 題 ――

2.1 つぎの名称をもつ化合物の構造式を示せ．
(1) 3-methyl-2-butenal （3-メチル-2-ブテナール）
(2) 3,5-dinitrobenzoic acid （3,5-ジニトロ安息香酸）
(3) 5-bromo-3-cyclohexenol （5-ブロモ-3-シクロヘキセノール）
(4) 2-methylhexanedioic acid （2-メチルヘキサン二酸）
(5) 1,4,6-tribromo-1,5-dichloro-2-iodo-1,4-hexadien-3-one
　　 （1,4,6-トリブロモ-1,5-ジクロロ-2-ヨード-1,4-ヘキサジエン-3-オン）

例題 3

つぎの構造の化合物を命名せよ．

(1) [構造式: 5員環に C=O, I, 二重結合, HO を持つシクロペンテノン]

(2) HOOCCH₂CH₂CHCH₂CH₂OH
               |
              COOH

【解答】有機化合物命名の手順に従って命名していく．

(1) (i) 主基はC＝O．(ii) 基本骨格は五員環．二重結合を一つもつのでcyclopentene．(iii) 基本骨格の番号づけであるが，環状化合物なので，どこを起点とし，どちらの方向にまわるかを決めなければならない．起点は主基C＝Oの位置で，つぎに重要なC＝Cに小さい番号のつく方向にまわる．したがって，番号は右図のようになる．(iv) 主基以外の基は－Iと－OH．－OHはこの場合接頭語として表示するからhydroxy，－Iはiodo．接頭語にくる基はアルファベット順の配列である（位置番号の順ではないことに注意）から，全体を書き並べると，

4-hydroxy-2-iodo-2-cyclopentenone

二重結合の位置番号は二重結合の起点の2-位，主基ケトンの位置は1-位なので表現の必要がない．また，penten(e)oneでeがおちていることに注意．

日本語名は字訳して，4-ヒドロキシ-2-ヨード-2-シクロペンテノン．

(2) この問題は基本骨格の選び方がポイントである．(i) 主基はCOOH．(ii) 基本骨格は二つのCOOHを含む鎖．したがって，基本骨格は両端にCOOHのあるC 5個の鎖でpentanedioic acid（-oic acidのやり方ではCOOHも番号のうち，COOHは必ず末端なので番号不要）．側鎖のCH₂CH₂OHはOHの位置を示すため，鎖のつけ根から新たに番号をつけ2-hydroxyethyl基となる．基本骨格は－CH₂CH₂OHに小さい番号がくるように右から数える．以上まとめると，

2-(2-hydroxyethyl)pentanedioic acid；2-(2-ヒドロキシエチル)ペンタン二酸

単純でない側鎖は（ ）でくくってそれが一つのかたまりであることを示す．二つの2-の意味の違いもこの（ ）で明示されている．

問題

3.1 つぎの構造の化合物を命名せよ．

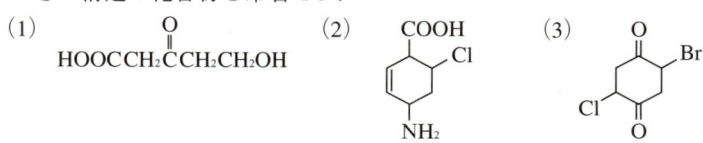

(1) HOOCCH₂CCH₂CH₂OH (C=O)

(2) [シクロヘキセン環に COOH, Cl, NH₂]

(3) [シクロヘキサン環にケトン2つ, Br, Cl]

2 有機化合物の立体構造 I 鎖式化合物

2.1 立体異性

　分子は固定した形をとっていることはまれで，時々刻々その姿をかえている．一つの姿から他の姿に形をかえるのに百万分の一秒もかからない．また，我々の取り扱っている物質は10^{22}個以上もの分子の集合体である．したがって，我々が見ている物質はさまざまに動いている分子の平均の姿である．

　分子の中の原子の結合順序が同じものでも，分子内の運動によっては相互に移りかわることのできない，立体的に区別される配列がいくつか存在する場合がある．ここから立体異性が生まれる．

◆ **立体異性（stereoisomerism）** 分子内の原子の結合順序は同じであるが，原子の空間的配列が異なるために生ずる異性．光学異性と幾何異性に分類される．

◆ **光学異性（optical isomerism）** 主として**不斉炭素原子**（asymmetric carbon atom，四つの異なる基と結合している炭素原子）の存在によって生ずる．四つの基の相対的配置によって，実像と鏡像（右手と左手のように形は類似だが，左右の関係が入れ違って一致しないもの）の関係にある一対の異性体——**鏡像異性体**（**対掌体**（enantiomer）ともいう）を生ずる（図2.1の関係）．立体配置はフィッシャー（Fischer）の投影式で表現する．

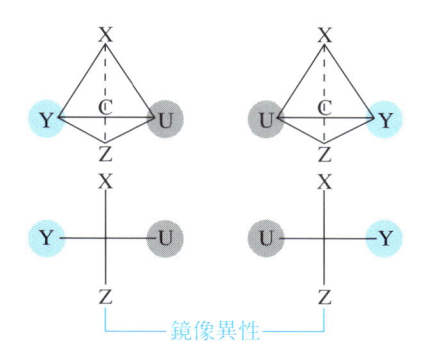

正四面体の置き方に注意．
点線の稜が紙面上にあり，他はうき出ている．
このように置いて下のように投影する．

フィッシャーの投影式
十字の中心にCがあり十字の先端に基を置く．

鏡像異性

図 2.1

　鏡像異性の関係にある化合物の性質（融点，沸点，溶解度などの物理的性質，反応性などの化学的性質）のほとんどは同じであるが，物理的性質の中でただ一つ，偏光

面を回転する能力——**旋光性**——と，生物に対する性質（栄養，味などの生理的性質，薬理作用）のほとんどすべてに違いがある．生命現象を対象とするとき，光学異性は重要な意味をもつ．

一般に n 個の不斉炭素原子をもつ分子は 2^{n-1} 対の鏡像異性体の組（すなわち 2^n 個の光学異性体）をもつが，分子に対称性がある場合には旋光性のない**メソ形**が存在するため異性体の数が減る．光学異性体のうち鏡像異性の関係にないものを**ディアステレオ異性体**（diastereomer）という．ディアステレオ異性体の物理的，化学的，生物学的性質は異なっている．

◆ **幾何異性（geometrical isomerism）**　二重結合，あるいは環によって，原子の空間的配置が固定あるいは制限を受けた場合，置換基の相対的関係の違いによって生ずる異性．ディアステレオ異性の一種と考えてよく，幾何異性体の物理的，化学的，生物学的性質は異なる．

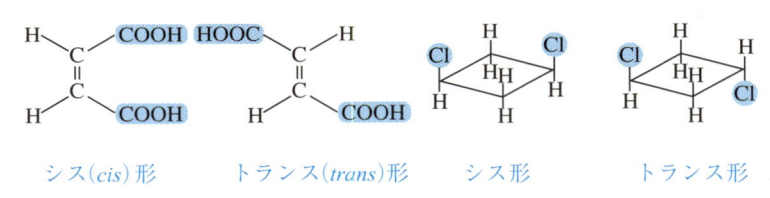

シス（cis）形　　トランス（$trans$）形　　シス形　　トランス形

2.2　2個の不斉炭素原子をもつ化合物の立体化学

◆ **立体配置（configuration）と立体配座（conformation）**　C1個の分子は正四面体構造によって原子の空間的配列が固定されているのに対し，Cが2個でC−C単結合をもつ分子は二つの正四面体構造の相対的位置関係によって無限に多くの立体構造が考えられる．実際の分子でもC−C単結合を軸とした回転はかなり自由に起こり，分子は時々刻々その形をかえている．一つの姿をとっている時間はたかだか 10^{-6} 秒程度と短いが光（紫外線・可視光線——光波の1周期 10^{-18} — 10^{-19} 秒，赤外線——光波の1周期 10^{-12} — 10^{-13} 秒）のように短時間（波の周期と同程度）で分子と相互作用する観測手段を使って分子の姿を探求すると，移りかわりの激しい分子の形も知ることができる．このようにして，立体配座が明らかになった．

◆ **立体配座（conformation）**　C−C単結合を軸にしての回転角（二つの正四面体構造の相対的位置）を規定したときの分子の立体構造．分子をC−C軸について真正面から見た**ニューマン**（Newman）**の投影式**で表現されることが多い．無限にある立体配座の中で，特に注目される形と，その安定性（エネルギー）を CH_2Cl-CH_2Cl の例として図2.2に示す．二つのClが最も遠い**アンチ**（$anti$）形が最も安定，つぎにClが60°の角をなす**ゴーシュ**（$gauche$）形が安定．Clが重なる**重なり形**（eclipsed form）は不安定．ア

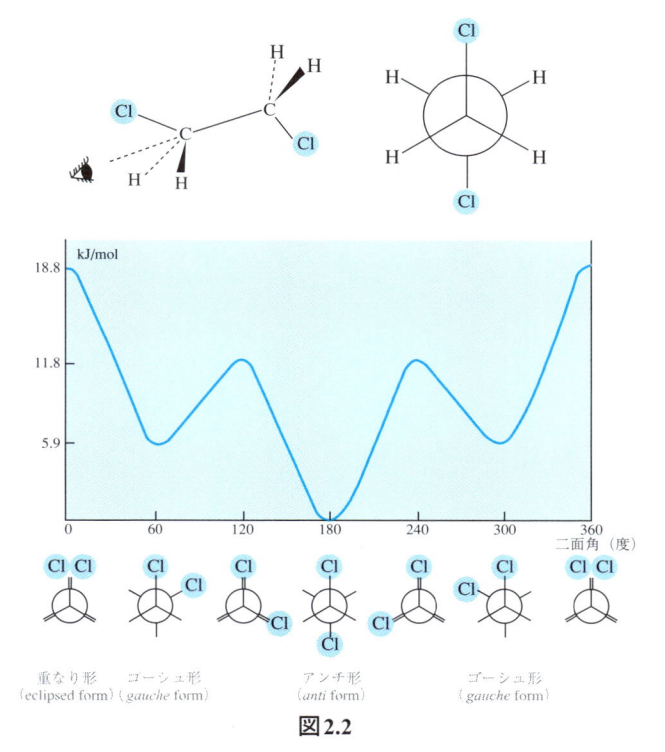

ンチ形とゴーシュ形，ゴーシュ形とゴーシュ形の移りかわりには低いエネルギーの山を越えなければならない．

◆ **立体配置** C−C軸のまわりの回転を自由に（すなわち立体配座間の違いを無視する）してもなお残る立体構造の相違．長いタイムスケールで見たときの分子の形であり，立体配置の違いは**異性**として認識される．フィッシャーの投影式では立体配座としては不安定で実在しない重なり形で代表させているが，回転の自由を仮定しているのだからこれでよい．二つの構造が異性体になるか否かを判断するためにはC−C軸のまわりでいろいろ回転させ，どのようにしても同じにならないことを確かめなければならない．結論として図2.3のような異性体が存在する．

（Ⅰ）と（Ⅱ）と，（Ⅲ）と（Ⅳ）とはそれぞれ鏡像異性の関係にある．（Ⅰ）と（Ⅲ），（Ⅰ）と（Ⅳ），（Ⅱ）と（Ⅳ），（Ⅱ）と（Ⅳ）の関係はディアステレオ異性の関係．鏡像異性体は旋光性，生理作用を除いて性質が同じであるが，ディアステレオ異性体は融点，沸点，溶解度，反応性などにかなりの違いがある．

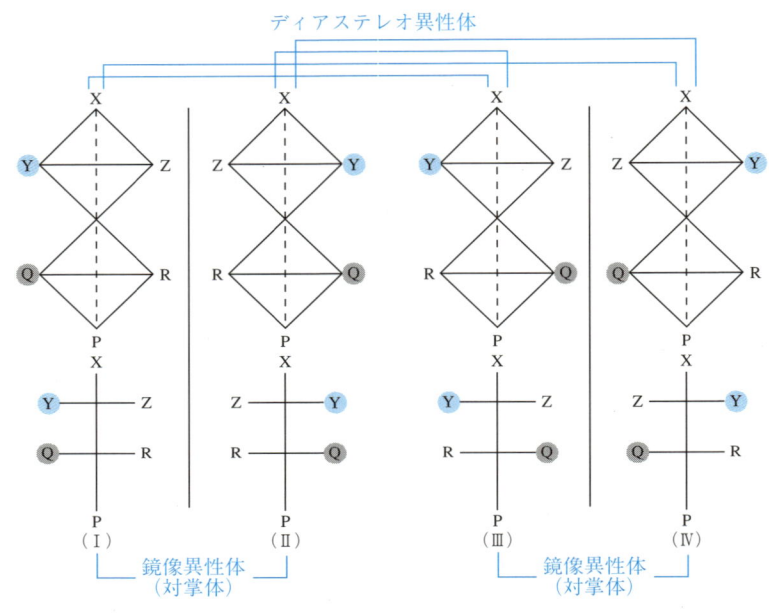

図2.3

◆ **対称な構造CXYZ－CXYZの立体異性** この場合は（V）とその鏡像（VI）はどのように位置をかえても重ならないが，（VII）とその鏡像（VII′）は上下を逆にすると簡単に重なってしまう．すなわち（VII）と（VII′）は同じもので異性体ではない．（VII）は鏡像にあたる異性体をもたず旋光性をもたない．**メソ形**（*meso* form）とよばれる．

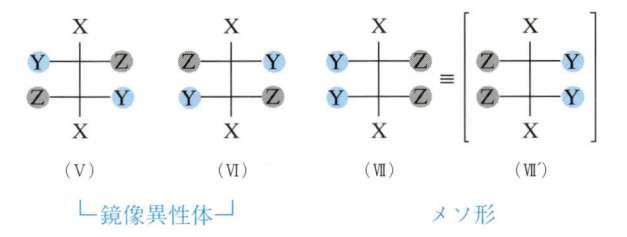

2.3 立体構造の*R*, *S* 表示法

不斉炭素に結合した四つの基を以下の順位規則に従って①，②，③，④の順位をつけ，図2.4のように ④ が向う側になるように正四面体を眺めたとき，手前の三つの基 ① → ② → ③ の並び方が観察者から見て右回り（時計方向）のとき*R*，左回りのとき*S*の記号で表し，化合物名の前につける．

R配置　　　　　　　　S配置

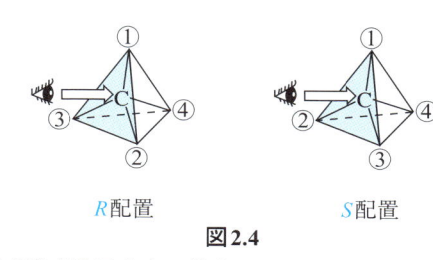

図2.4

一つの分子が数個の不斉炭素分子をもつ場合には，その一つ一つについてR, Sを決め，不斉炭素原子の位置番号とR, Sを組み合わせる．たとえば，左旋性の酒石酸は(2S, 3S)-2,3-ジヒドロキシブタン二酸である．

◆ **順位規則の主なもの**

1) 不斉炭素原子に直接結合している原子の原子番号が大きいものを高順位にする．
2) 同じ種類の原子が結合しているときはその数の多い方を上位にする．
3) 二重結合，三重結合は，同じ原子が2個あるいは3個結合していたものとみなし，単結合に展開する．たとえば

$$>C=O \longrightarrow -\underset{(O)}{\overset{|}{C}}-O \atop (C)\ , \qquad -C\equiv C- \longrightarrow -\underset{(C)(C)}{C}-\underset{(C)(C)}{C}-$$

4) 不斉炭素原子に直接結合している原子が同じ場合は，そのつぎ，すなわち不斉炭素より数えて2番目の原子を比較し，原子番号の大きなものを上位にする．2番目で優劣がつかないときは，3番目，4番目，……で比較し，優劣がつくまで続ける．

◆ **二重結合に関する幾何異性のZ, E表示**　二重結合に関する幾何異性はシス，トランスの記号で表示されることも多いが，(**1**), (**2**)のような化合物ではシス，トランスで表現することができない．このようなときには鏡像異性のR, S表示法と類似の方法を用いたZ, Eの記号で表現する．

Z：二重結合を作っているCにつく二つずつの基を順位規則によって優劣をつけ，上位どうしが同じ側にあるもの．

E：上と同様にして，上位どうしが反対の側にあるもの．

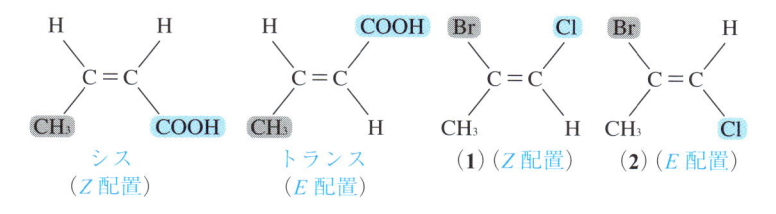

シス　　　　　　トランス　　　　　(**1**) (Z配置)　　(**2**) (E配置)
(Z配置)　　　　(E配置)

14　　2　有機化合物の立体構造Ⅰ　鎖式化合物

―― 例題 1 ――――――――――――――――――――――――――――――

$\begin{array}{c} F \\ I \!-\!\!\!\!\!-\!\!\!\!\!-\! Cl \\ Br \end{array}$ と同じ立体配置を示す投影式をすべて示せ．

――――――――――――――――――――――――――――――――――

【解答】 投影式は図のような約束で立体構造を平面的に表現したものである．

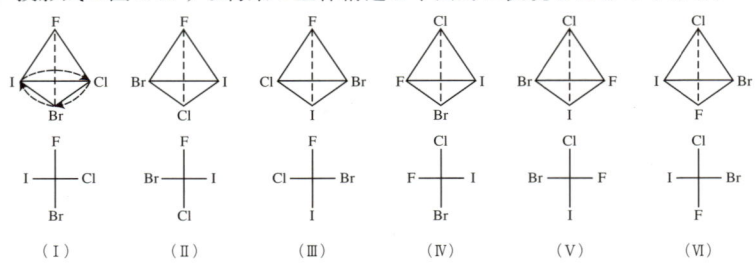

(Ⅰ)　(Ⅱ)　(Ⅲ)　(Ⅳ)　(Ⅴ)　(Ⅵ)

Fを頂点にもってきた場合でも底面を構成するCl, Br, Iの置き方で同じ立体構造を示すのに3種の投影式が書ける（↶のように分子を回転していく）．つぎに（Ⅰ）の形をかえないようにして，Clを頂点にもってくると（Ⅳ）式になる．Clを頂点として底面を回転すれば（Ⅴ）（Ⅵ）式，同様にBr, Iを頂点とする式が（Ⅶ）―（Ⅻ）である．

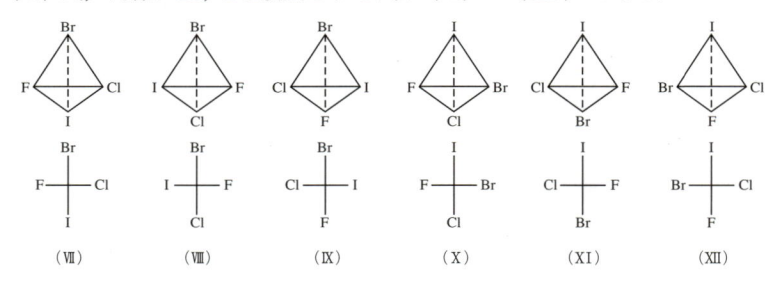

(Ⅶ)　(Ⅷ)　(Ⅸ)　(Ⅹ)　(Ⅺ)　(Ⅻ)

～～ **問　題** ～～～～～～～～～～～～～～～～～～～～～～～～～～～

1.1　$\begin{array}{c} F \\ I\!-\!\!\!\!\!-\!\!\!\!\!-\! Cl \\ Br \end{array}$（Ⅰ）　の鏡像異性体の投影式をすべて書け．

1.2　$\begin{array}{c} CH_3 \\ H\!-\!\!\!\!\!-\!\!\!\!\!-\! COOH \\ NH_2 \end{array}$ （1），　$\begin{array}{c} NH_2 \\ H\!-\!\!\!\!\!-\!\!\!\!\!-\! COOH \\ CH_3 \end{array}$ （2），　$\begin{array}{c} NH_2 \\ CH_3\!-\!\!\!\!\!-\!\!\!\!\!-\! COOH \\ H \end{array}$ （3），　$\begin{array}{c} H \\ H_2N\!-\!\!\!\!\!-\!\!\!\!\!-\! CH_3 \\ COOH \end{array}$ （4），

$\begin{array}{c} COOH \\ H_2N\!-\!\!\!\!\!-\!\!\!\!\!-\! H \\ CH_3 \end{array}$ （5）のうち　$\begin{array}{c} CH_3 \\ H\!-\!\!\!\!\!-\!\!\!\!\!-\! NH_2 \\ COOH \end{array}$ （6）と同じ立体配置を表すものはどれとどれか．

― 例題 2 ―

つぎの各分子について不斉炭素原子を指摘せよ．また，不斉炭素原子の存在に基づく鏡像異性体の構造を投影式で示せ．

(1) CH₂BrCH₂CH(OH)CH₂CH₂CH₃

(2) CH₃CH(CH₃)CH₂CH(NH₂)COOH

(3) CH₃COCH₂CH(Cl)CH₂COCH₃

【解答】 (1) CH₂BrCH₂C*H(OH)CH₂CH₂CH₃ *印の1個だけが不斉炭素原子．ゆえに鏡像異性体が一対存在する．式 (1.1) と (1.2)．投影式は前問のように種々の書き方があるが，できるだけ炭素鎖を上下に配置するのが推奨されている．

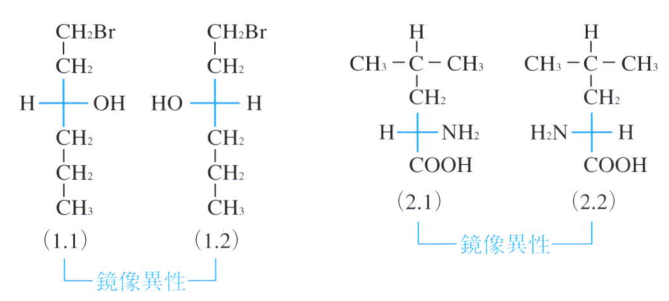

(1.1) と (1.2) は鏡像異性

(2.1) と (2.2) は鏡像異性

(2) 不斉炭素は*印の1個だけ．よって式 (2.1)，(2.2) の一対の鏡像異性がある．

CH₃CH(CH₃)CH₂C*H(NH₂)COOH

(3) 真ん中の炭素が一見不斉炭素原子のように見えるが両側につく二つの基 CH₂COCH₃ が同じなので不斉炭素原子ではない．立体異性体なし．

~~~ 問　題 ~~~

2.1 つぎの分子について不斉炭素原子を*印を付けて指摘せよ．また不斉炭素原子の存在に基づく鏡像異性体の構造を投影式で示せ．

(1) CH₃CH(CH₃)CH₂CH(CH₂CH₃)CH₃

(2) CH₂ClCH(CH₂CH₃)CHCHClCH₃

(3) CH₃COCH₂CH(Cl)CH₂COCH₂Cl

(4) 3-Cl-C₆H₄-CH(OH)-C₆H₄-4-Cl

例題 3

つぎの化合物に可能なすべての立体異性体を投影式で示せ．
(1) $\underset{5}{CH_3} - \underset{4}{CH(OH)} - \underset{3}{CH_2} - \underset{2}{CH(OH)} - \underset{1}{COOH}$
(2) $\underset{1}{CHClI} - \underset{2}{CHBr} - \underset{3}{CHClI}$

【解答】（1）問題の分子では2，4のCが不斉炭素原子であり，不斉炭素のおのおのの周囲の構造によって2×2＝4種の立体異性体が存在する．3のCは不斉炭素でなく立体異性に関係ない．

（投影式 4 種：鏡像異性の組 2 組）

（2）炭素1，2，3は不斉炭素，炭素2の両側にCHClIがついて一見不斉炭素でないように見えるが，−CHClIのCが不斉であるために広い意味での不斉炭素となって立体異性の原因となる．

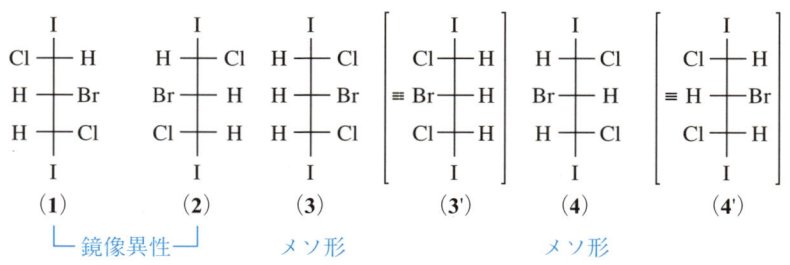

（投影式 (1), (2), (3), (3'), (4), (4') 6 種）

（1）(2) は鏡像異性，(3) はメソ形，(4) はメソ形

（3）は鏡像の（3′）と同じ構造でメソ形である．（4）も（4′）と同じ構造でメソ形である．ここで（3）と（4）とが立体異性体であることに注意しよう．このようなことが起こったのは炭素2の広い意味の不斉の故である．

問題

3.1 つぎの化合物に可能なすべての立体異性体を投影式で示せ．また鏡像異性の関係にあるもの，メソ形のものを指摘せよ．

(1) $HOOC - CH(NH_2) - CH(OH) - COOH$
(2) $CH_3 - CHCl - CH_2 - CH_2 - CHCl - CH_3$
(3) $HOCH_2 - CH(OH) - CH(OH) - CH(OH) - CHO$
(4) $HOOC - CH(OH) - CH(OH) - CH(OH) - COOH$

例題 4

つぎの化合物に可能な立体異性体のすべての構造を示せ.
(1) CH₃CH=CHCHClCOOH (2) ClHC=CHCH₂CBr=CHCl

【解答】(1) この化合物はC=Cに関する幾何異性と太字で示した**C**に関する鏡像異性があり,分子全体としては幾何異性,鏡像異性の組合せで,2×2＝4種の立体異性体が可能である.

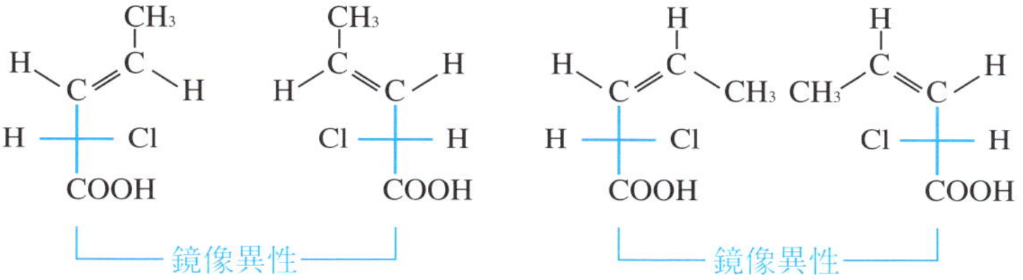

(構造式：4つの異性体、両端のペアがそれぞれ鏡像異性)

(2) C=C二重結合を2個もち,そのおのおのについて幾何異性が可能である.したがって 2²＝4 の立体異性体が存在する.

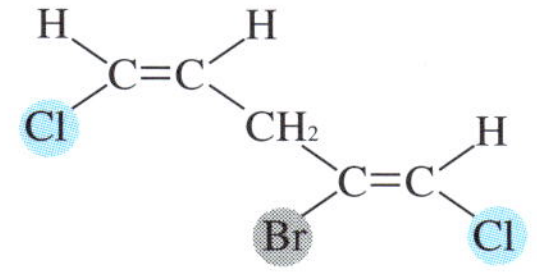

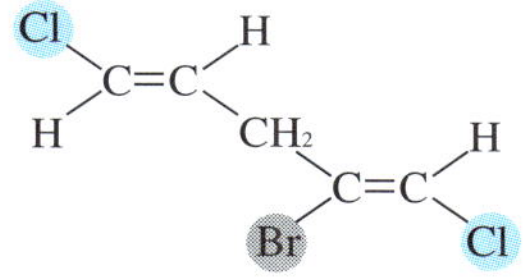

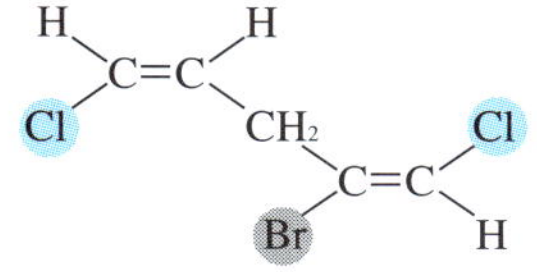

(構造式(1)〜(4))

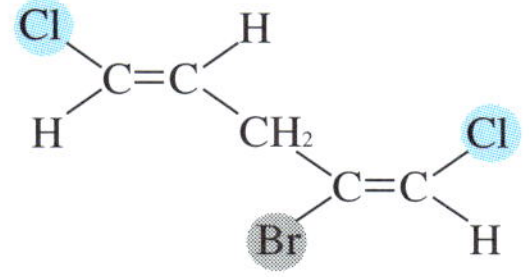

これらの間には実像,鏡像の関係にあるものはない.二重結合に関する幾何異性体は普通**シス-トランス異性**とよばれることも多いが,この化合物についてみると,左側の二重結合については二つのHの方向でシス,トランスを決めることができるが,右側の二重構造についてはそのようなことができない.このようなときはZ, Eの記号で立体構造を表現する(p.13の解説と問題6.2参照).

~~~ 問 題 ~~~

4.1 つぎの化合物に可能な立体異性体のすべての構造を示せ.
(1) CH₃C≡CCH₂CH(NH₂)COOH
(2) CH₃CHClOCHFCOOH
(3) CH₃CH=CHCHClCH=CHCH₃

例題 5

つぎの三つの立体配座について，立体的な混雑さを比較せよ．

【解答】 原子の大きさを共有結合半径を目安とするとH（0.30 Å）＜ F（0.64 Å）＜ Cl（0.99 Å）の順になる．

図の構造 (**1**), (**2**), (**3**) は手前の結合状態が同じでうしろ側が回転していってできる立体配座である．(**1**), (**2**), (**3**) をClを大，Fを中，Hを小として表す (**1′**), (**2′**), (**3′**) のようになる大と大との強い反発を ——— で，大と中とのより小さな反発を ⋯⋯ で表してみると，(**1′**) では ——— 2個，⋯⋯ 1個，(**2′**) では ——— 1個，⋯⋯ 1個，(**3′**) では ——— 1個，⋯⋯ 2個である．これらを総合すれば，立体的な混み合いは (**1**) が一番大きく，つぎに (**3**)，一番少ないのが (**2**) となる．分子は最も混雑の少ない立体配座 (**2**) をとっていることが多い．

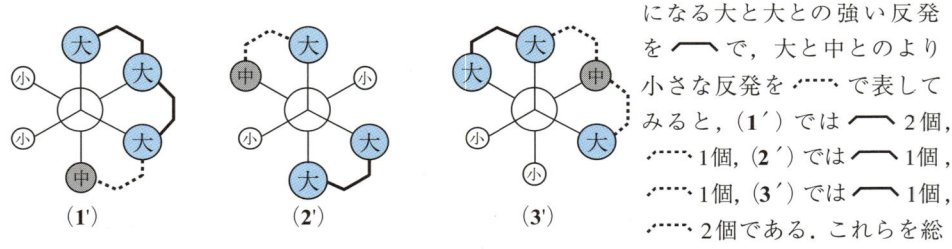

問題

5.1 つぎの各組の立体配座について，立体的な混雑さを比較せよ．

(1) (**A**) (**B**) (**C**)

(2) (**D**) (**E**) (**F**)

―― 例題 6 ――

つぎの投影式で表された分子の立体配置は R か S か，立体配置の表現をも含めて化合物の名称を示せ．

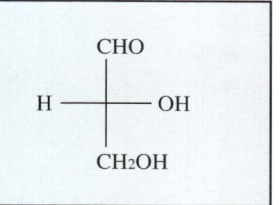

```
      CHO
       |
  H ―― ―― OH
       |
     CH2OH
```

【解答】 D-グリセルアルデヒドとよばれ，往時は立体配置の基準化合物になっており，この化合物との関連で立体配置が決められていた．

不斉炭素原子についた四つの基の順位．

不斉炭素原子に結合した基	1番目の原子	2番目の原子	順位	
H	H		④	
CH₂OH	C	O, H, H	③	1番目は同じC，CHOは
CHO　　CH―O　　　(O)　(C)	C	O, O, H	②	2番目に順位の高いOを2個もち上位
OH	O	H	①	1番目に順位の高いO

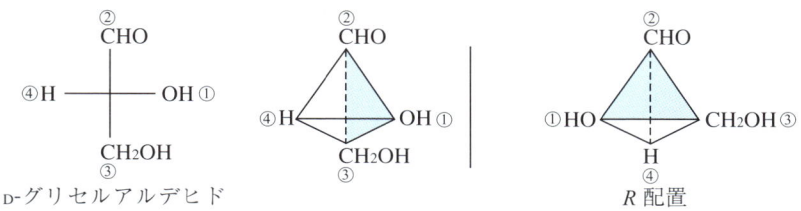

```
       ② CHO              ② CHO              ② CHO
        |                                        
 ④H ―― ―― OH①      ④H ―― ―― OH①     ①HO ―― ―― CH2OH③
        |                                        H
     CH2OH              CH2OH                   ④
       ③                  ③
  D-グリセルアルデヒド                         R 配置
```

最下位④のHを下にもってきて，正面から①，②，③を見るのがわかりやすい．

上の順位に従い，規則に照らすとD-グリセルアルデヒドは*R*の配置をもつ．したがって，(*R*)-グリセルアルデヒド，あるいは(*R*)-2,3-ジヒドロキシプロパナール．

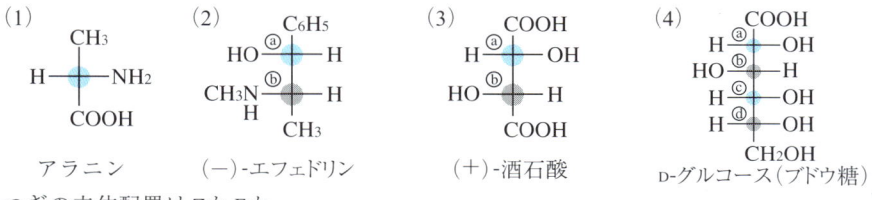

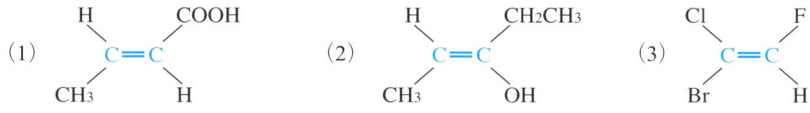

~~~ 問　題 ~~~

6.1 つぎの投影式で表された分子の立体配置はRかSか．

(1) アラニン
```
      CH3
       |
  H ―― ―― NH2
       |
     COOH
```

(2) (−)-エフェドリン
```
      C6H5
       |
  HO ―ⓐ― H
       |
  CH3N ―ⓑ― H
       |
      CH3
```

(3) (+)-酒石酸
```
      COOH
       |
  H ―ⓐ― OH
       |
  HO ―ⓑ― H
       |
      COOH
```

(4) D-グルコース（ブドウ糖）
```
      COOH
       |
  H ―ⓐ― OH
       |
  HO ―ⓑ― H
       |
  H ―ⓒ― OH
       |
  H ―ⓓ― OH
       |
     CH2OH
```

6.2 つぎの立体配置はZかEか．

(1)
```
   H      COOH
    \    /
     C=C
    /    \
  CH3     H
```

(2)
```
   H      CH2CH3
    \    /
     C=C
    /    \
  CH3     OH
```

(3)
```
   Cl     F
    \    /
     C=C
    /    \
   Br     H
```

3 有機化合物の立体構造 II　環式化合物

3.1 立体配座と立体配置

　環を作ることによって分子のとり得る立体配座は著しく制限される．三，四，五員環はほとんど身動きできない状態で，立体構造はほぼ固定している．

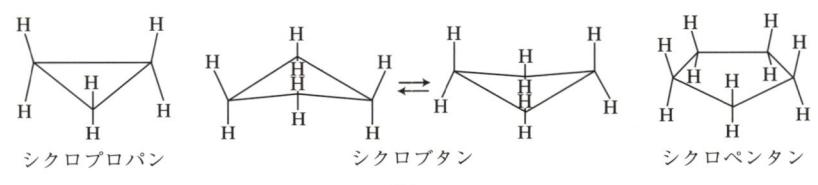

シクロプロパン　　　　シクロブタン　　　　　　シクロペンタン

図3.1

◆ **六員環**　反転（inversion）で相互に移りかわることのできる二つの**イス形**（chair form）（図3.2）が安定な立体配座．**舟形**（boat form）（図3.3）は H_1 と H_2 の反発，C_2-C_3，C_5-C_6 に関する立体配座が重なり形であり不安定．

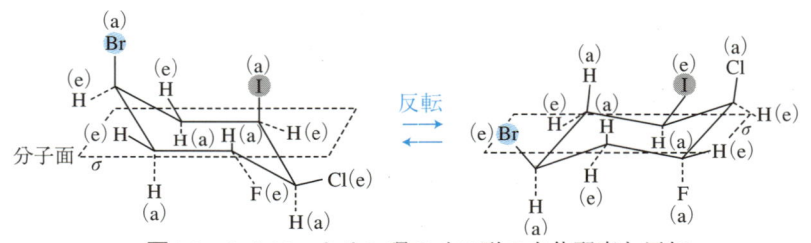

図3.2　シクロヘキサン環のイス形の立体配座と反転

図3.3　シクロヘキサンの舟形立体配座

◆ **イス形シクロヘキサン環の結合の分類**　シクロヘキサン環における結合はつぎの二つの観点から分類される（図3.2）．

環の平均的分子面 σ に対する上下関係	環の平均的分子面 σ に対する結合の角度
（ア）環の分子面より上方へ向くもの．実線で示した結合．	（a）環の分子面に対し垂直の方向をもつもの．アキシアル（axial）結合．a で示した結合．
（イ）環の分子面より下方へ向くもの．破線で示した結合．	（e）環の分子面に対し小さな角度しかもたず，環平面にほぼ沿った方向をもつもの．エカトリアル（equatorial）結合．e で示した結合．

したがって，シクロヘキサン環の結合は上の組合せ，（ア，a），（ア，e），（イ，a），（イ，e）の4種に分類される．

◆ **反転による立体構造の変化**　反転によってアキシアル結合はエカトリアル結合に変化する（図3.2の左から右への反転に関し，F，Cl に注目）．一方，エカトリアル結合は反転によってアキシアルに変化する（図3.2の左から右への反転に関し，Br，I に注目）．

$$\text{アキシアル結合} \underset{}{\overset{反転}{\rightleftarrows}} \text{エカトリアル結合}$$

反転によってアキシアル，エカトリアルは相互変換するが，環平面に対する上下の関係は変化しない（図3.2の F，Cl，Br，I で確かめること）．分子は反転で時々刻々その姿をかえており，アキシアル，エカトリアルは特別な場合を除いて固定化されていない．しかし環平面に関しての相対的な上下関係は分子に化学変化が起こらない限り不変である．したがって，環状化合物の異性について考察するときは環に対する相対的な上下関係だけを考えればよい．このようなときには環を平面として表し，結合を上，下に垂直に立てた式で表す（図3.2の二つの立体配座は図3.4の立体配置として表現される）．

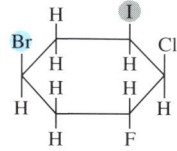

図3.4　シクロヘキサン環の立体配置

ここでは六員環について述べたが，異性（立体配置）について考察するときは三，四，五員環でも七員以上の大きな環についてでも同じことで，環を平面として結合の環に対する上下関係だけを考える．

3.2 環の立体構造の固定

◆ **かさ高い基による立体配座の固定**　かさ高い（大きい）基はエカトリアルの位置を好む．なぜならアキシアル位の同方向の三つの結合は接近していて，混み合いによる反発が大きいためである．これに反し，エカトリアル位の基は環の外側にひろがってゆったり配置され，衝突が少ない．

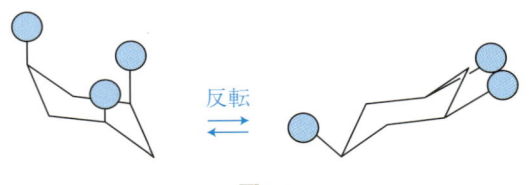

図3.5

特に $(CH_3)_3C-$（t-ブチル基），$I-$などの大きな基はエカトリアルに止まったまま動かず，反転を不可能にしてしまう．

◆ **環の縮合による立体構造の固定**　二つの環が一辺を共有してつながり合ったような場合，ちょうど環にかすがいが掛かった形になって立体配座が固定される．

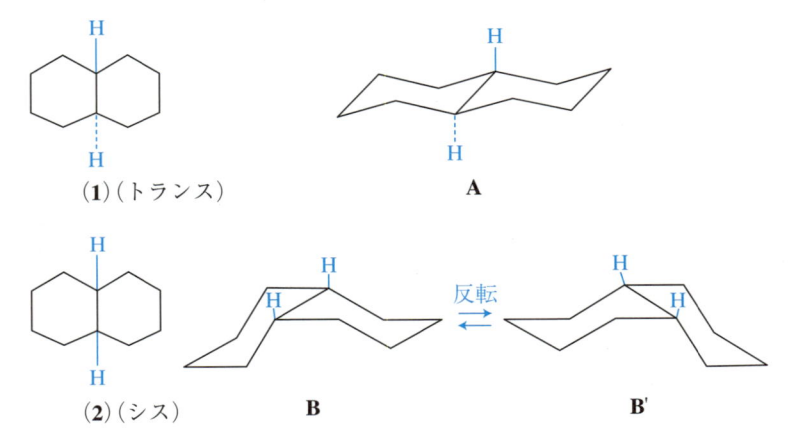

(**1**)（トランス）　　　**A**

(**2**)（シス）　　　**B**　　　**B'**

図3.6　デカヒドロナフタレンの立体構造

二つの六員環が縮合したデカヒドロナフタレン（図3.6）の (**1**) のトランス形は環の接合部のHがトランスになっており（実線で環より上方の結合を，破線で環より下方の結合を示す），**A**のような唯一つの構造に固定されている．(**2**) のシス形は**B**，**B'**のような形であるが，この二つの場合は反転で相互に移りかわりうる．

─ 例題 1 ─
炭素 5 個でできているシクロペンタン環の 2 個の H が Cl, Br 各 1 原子によって置き換わった分子の異性体の構造をすべて示せ.

【解答】(i) Cl, Br が同じ C につくもの, 立体異性体なく 1 種類.

(ii) Cl, Br が隣どうしの C につくものには, Cl, Br が環平面に対し同じ側にあるシス形 2 と 3 と, Cl, Br が環平面に対し反対側にあるトランス形 4 と 5 がある. 2 は鏡像の関係にある 3 と右手, 左手の関係にあって重ね合わすことができず, 鏡像異性の関係にある. トランス形の 4 と 5 も右手, 左手の関係で鏡像異性体になる.

(iii) Cl, Br が C 1 個を隔てて存在する場合は (ii) の隣りどうしの場合とまったく同じ状況で, シス形に一対, トランス形に一対の鏡像異性体が存在する.

以上をまとめると, 全体として 9 種の異性体があり, その中に四対の鏡像異性体が含まれている. 言いかえると, 1 個の旋光性をもたない構造と 8 個の旋光性をもった光学活性な異性体が存在することになる.

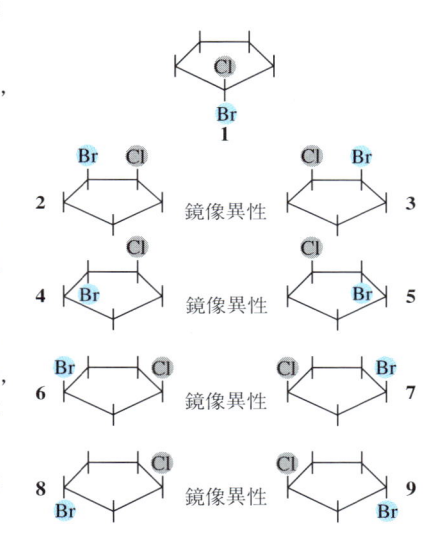

~~~~ 問　題 ~~~~

1.1 炭素 3 個でできているシクロプロパン環の 2 個の H が Cl と Br 各 1 原子に置き換わった分子の異性体の構造をすべて示せ. また鏡像異性の関係にあるものを指示せよ.

1.2 炭素 6 個でできているシクロヘキサン環の 2 個の H が Cl と Br 各 1 原子によって置き換わった分子の異性体の構造をすべて示せ. また鏡像異性の関係にあるものを指示せよ.

1.3 シクロプロパンの H 3 個が Cl, Br, I によって置換された分子の異性体の構造をすべて示せ. またその中で鏡像の関係にあるものを指示せよ.

例題 2

シクロヘキサン環の 2 個の H が Cl 2 原子によって置き換わった分子の異性体をすべて示せ．

【解答】 異性を考えるのであるから環を平面において考察すればよい．

(i) 二つの Cl が同じ炭素原子につくもの，異性体なく 1 種類．

(ii) Cl が隣り合った炭素に結合するもの．Cl が分子面の同じ側にあるシス形は実像と鏡像が同じものであり（六員環を 300° 回転すると重なる），1 種類の構造しかない．Cl が分子面の反対側にあるトランス形の (3), (4) は重ね合わせのできない右手, 左手の関係にあるので鏡像異性．

(iii) Cl が C 一つを隔てて存在するもの．Cl が隣り合ったものと同じ理屈で，シス形が 1 種類，トランス形の (6), (7) がそれぞれ鏡像異性の関係にある．

(iv) Cl が C 2 個を隔てて存在するもの．シス形の (8) とトランス形の (9) で，鏡像異性体はない．(8) の鏡像の (8′) は (8) と同じもの．(9) の鏡像の (9′) は 180° 回転すると (9) と重なり合う．

合計 9 個の異性体があり，その中に二対の鏡像異性体がある．

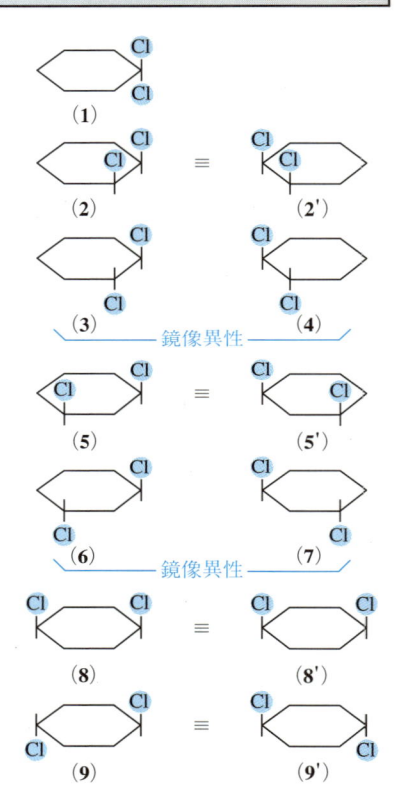

~~~ 問　題 ~~~

2.1 炭素 4 原子でできているシクロブタン，炭素 5 原子でできているシクロペンタンのそれぞれについて，H 2 個が Cl 2 個によって置き換わった場合に可能な異性体の構造をすべて示せ．また，その中で鏡像の関係にあるものを指示せよ．

2.2 シクロプロパンの H 3 個が 2 個の Cl と 1 個の Br で置換された分子の異性体の構造をすべて示せ．また，鏡像異性の関係にあるものを指示せよ．

例題 3

つぎの分子の立体配座を図で示せ．いくつかの立体配座をとりうるものについては，その相対的安定性について考察せよ．

(1) 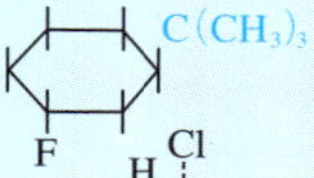 [シクロヘキサン環に C(CH₃)₃ が上，F が下，Cl が下の構造式]　[C(CH₃)₃ が上，F が下のシクロヘキサン とも表現される．実線は環平面より上方に向う結合，波線は環平面より下方に向う結合を表す．]

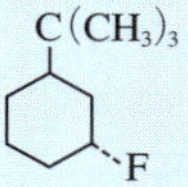

(2) 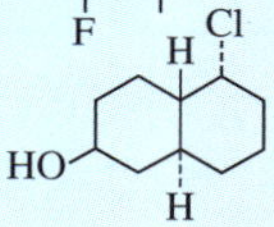 [デカリン骨格に OH, H, Cl の置換基を持つ構造式]

【解答】（1）−C(CH₃)₃基（t-ブチル基）はかさ高いのでエカトリアル位にしか入れない．一方，FはHとあまり違わない大きさで立体的制約が小さい．したがって，イス形のシクロヘキサン環において構造 (**A**) が (**B**) より安定である．(Fの方向にも注意)

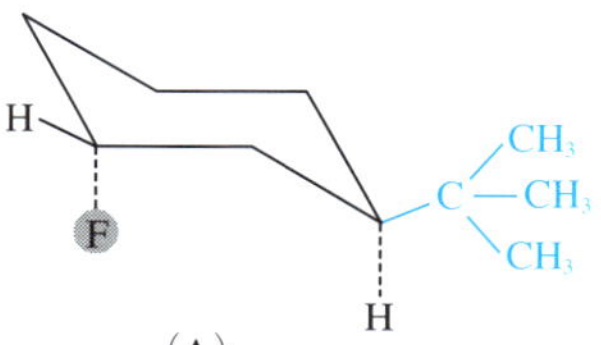

（A） 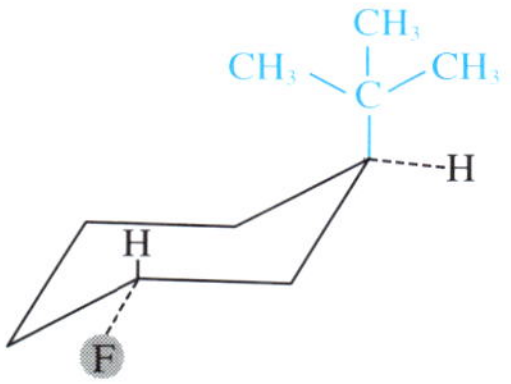　　　　　　　　　　　（B）

(2) この分子はシクロヘキサン環が2個縮合しているが，環のつけ根のHが互いに反対方向を向いている．形としては (**C**) の形に固定されている．さて，OHは環の上方を向いているのだから (**C**) に示すように上方エカトリアル，Clは環より下のアキシアル位に結合している．

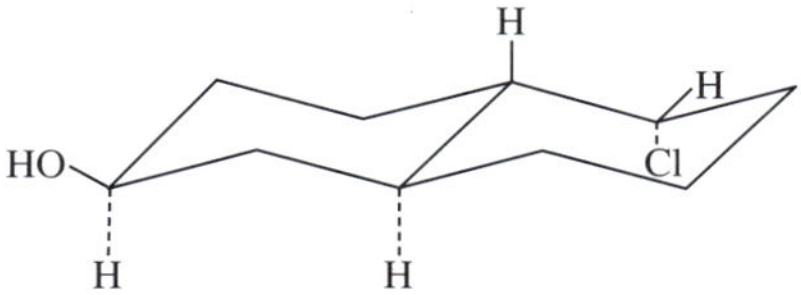

（C）

～～～ **問　題** ～～～

3.1 つぎの分子の立体配座を図示せよ．いくつかの立体配座をとりうるものについてはその相対的安定性について考察せよ．

(1) 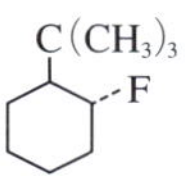 [シクロヘキサンに C(CH₃)₃ と F]　(2) 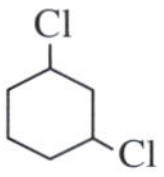 [シクロヘキサンに Cl 2個]　(3) 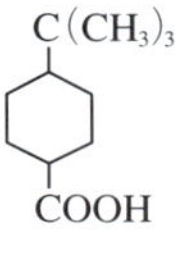 [シクロヘキサンに C(CH₃)₃ と COOH]　(4) 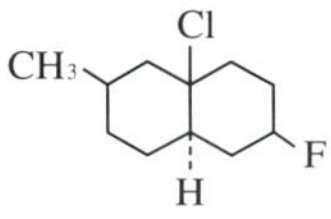 [デカリン骨格に CH₃, Cl, F, H]

例題 4

つぎの分子の立体構造の概略図を画け.

(1) [構造式: 1-Br, 5-I のシクロヘキセン（2,3位に二重結合）]

(2) [構造式: ショウノウ（カンファー）]（ショウノウ）

【解答】(1) シクロヘキセンはC＝Cがあり，これに結合する原子は一平面上に配置されようとするので，分子の形はシクロヘキサンとやや異なって(**1**),(**2**)のようになる（C＝Cの側から環を見ている）. 形はやや異なるが，シクロヘキサンの形とほぼ類似で，特にC_1, C_4, C_5, C_6に関してはアキシアル，エカトリアルに対応した結合がある（擬アキシアル，擬エカトリアルと表現する）. 擬アキシアルはアキシアルと類似で立体的な障害を受けやすい. したがって，大きなI, Brは擬エカトリアルに落ち着こうとする. すなわち(**2**)の形が(**1**)より安定である.

[立体構造図 (1) ⇌ 反転 ⇌ (2)]

(2) 六員環の1,4-位が−$C(CH_3)_2$−で橋かけされているため，イス形をとることができず舟形になる. 舟のヘサキにあたる1, 4の位置で橋がかかっている様子は(**3**)でよく理解されよう. この形はしばしば，(**4**)のように表される. 対応する炭素の位置に注意しながらよく眺めてみよう. モデルで組み立ててみるのが最も理解しやすいだろう.

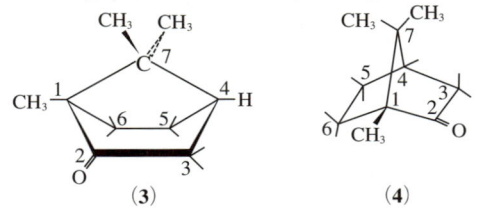

[立体構造図 (3) および (4)]

～～～ 問　題 ～～～

4.1 つぎの分子の立体構造の概略図を画け.

(1) [構造式: メントール]
メントール

(2) [構造式: アビエチン酸]
アビエチン酸（松やにの成分）

4 結合

◆ **共有結合**　2個の対になった電子を二つの原子が共有することによって生じる結合．
　　通常の共有結合：結合にあずかる原子が1個ずつの電子を供出して作られる．
　　配位結合：結合にあずかる二つの原子の一方が対になった電子を供出してできる結合．電子は"共有される"ので電子を出した側は ⊕ に，受け取った側は ⊖ に帯電する．結合に矢印をつけて電子の授受の方向を示す．

$$-\text{N}: + \square\text{B}-\text{F} \longrightarrow \left(-\overset{\oplus}{\text{N}}:\overset{\ominus}{\text{B}}-\text{F} \quad -\text{N}\rightarrow\overset{\ominus}{\text{B}}-\text{F} \right)$$

非共有電子対　空の軌道

◆ **原子軌道**　有機分子の形成に使われる主な原子軌道

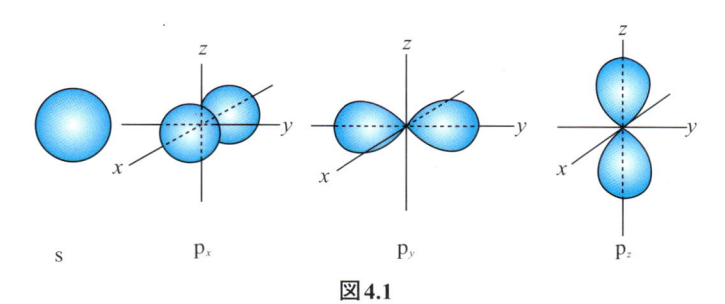

s　　　p_x　　　p_y　　　p_z

図 4.1

◆ **混成軌道**

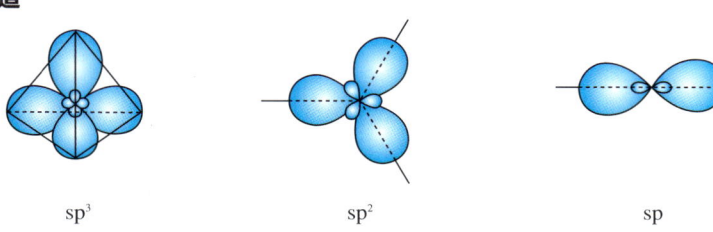

sp^3　　　sp^2　　　sp

sp^3　sの性格を1/4，pの性格を3/4もつ．正四面体構造．

sp^2　sの性格を1/3，pの性格を2/3もつ．三つの軌道の方向は一平面上，お互いに120°．

sp　sとpの性格を1/2ずつもつ．二つの軌道は一直線上，反対方向を向いている．

図 4.2

◆ **軌道の重なり** 結合を作る原子のもつ原子軌道の重なりが大きいと共有結合は強い．軌道の重なり方によって**σ結合**，**π結合**に分類できる．

- σ結合：結合している原子の一方を固定し，他の一方を結合軸のまわりに回転しても軌道の重なり方に変化を生じない結合（図4.3）．
- π結合：上記の操作によって軌道の重なり方に変化を生じる結合（図4.4）．

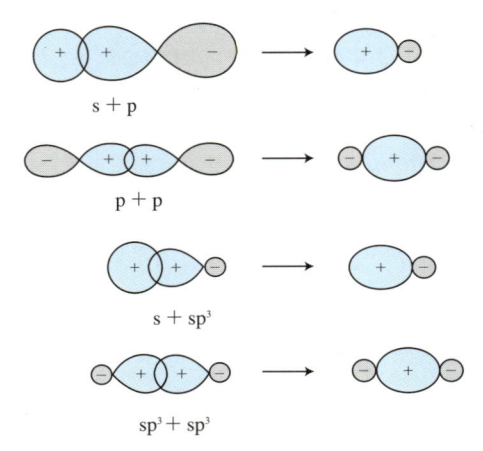

s + p

p + p

s + sp^3

sp^3 + sp^3

図4.3 いろいろな σ 結合（pとpとの重なりでも σ 結合ができることに注意）

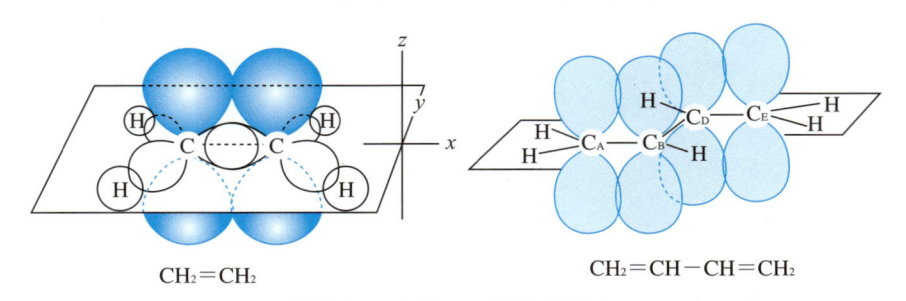

CH$_2$=CH$_2$ CH$_2$=CH−CH=CH$_2$

図4.4 π 結合，π 結合の共役

◆ **共役** 二重結合が単結合を一つ隔てて存在する場合，二重結合は**共役**しているという．共役系ではπ結合を作る電子は軌道の重なりを通して端から端まで移動できる．ベンゼンは環になって共役が無限につながっている形をしている．

◆ **共鳴** 分子内での電子状態（電子がどのように結合にかかわっているか）は一つの構造式で表現できることはまれで，一般には数個の構造（おのおのを**極限構造式**という）の重ね合わせで分子の電子状態（すなわち結合の状況）が表される．

分子の真の姿は極限構造の性格をその寄与の割合に応じて混ぜ合わせたものになっ

ている．おのおのの極限構造は実在でなく，その混ぜ合わせ（重ね合わせ）の姿ただ一つが実在する．

ある分子が問題になるとき，(i) それに与えられる極限構造式を書き出し，(ii) 極限構造が実在の分子の性格をどれくらい規定するかという寄与の度合いの判断をし，(iii) 全体を総合して，その分子の電子の安定性，電子の分布状態を結論することは重要である．

◆ **極限構造式を書くときの注意**　原子の位置を動かしてはならない（原子が動くようなら共鳴の極限構造式とは言えない）．この条件で原子価を満足させるように式を書く．

◆ **極限構造式の重要性**（ある極限構造の性格が実際の分子の性格を規定する貢献度）極限構造が"安定（極限構造は実在ではなく，仮想的†なものだから，仮想的なものの安定性を常識で判断することになる）"なものほど実在の分子の性格を決めるのに大きな寄与をする．

"安定性（重要性）"の判断基準
（ⅰ）　共有結合の数が多いほど"安定"である．
（ⅱ）　長い結合距離の結合（図4.5の構造 **3**，**4**，**5** の対角線の結合）を含む構造は"不安定"．
（ⅲ）　不対電子をもつ構造は"不安定"．
（ⅳ）　一般に，双極性の構造（図4.5の構造 **6**，**7**，**8** の式）は無極性の構造より"不安定"である．
（ⅴ）　形式電荷を含む構造では，負電荷が電気陰性度の大きな原子上にあるものが"安定"．

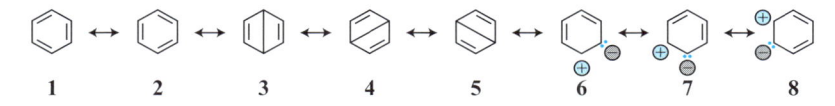

図4.5　ベンゼンに対する極限構造式

ベンゼンの性格を決めることに対する貢献度 **1**，**2** ≫ **3**，**4**，**5**，**6**，**7**，**8**．

◆ **実在分子の電子状態の安定性**　分子が実際にもつエネルギーは極限構造を表すいずれよりも小（すなわち実在の分子は極限構造のいずれよりも安定）．全体を見るには共鳴の極限構造式を書き出し，そのおのおのについて前項の考察を行って，総合的に実在分子の電子状態の安定性をつぎの基準で判断する．

---
†　ベンゼンの構造のうち，**3**，**4**，**5** は不安定ではあるが実在する．しかし，実在するのは **9** のように折れ曲がった形のものである．共鳴の極限構造は，分子の現実の姿（ベンゼンなら平面正六角形）における結合状態として考えられる（仮想的な）もので，**9** のように形の違ったものは考えに入れない．

(ⅰ) 極限構造の形が似ており，エネルギーが近い場合，共鳴による安定化が特に大きい（図4.5の **1** と **2**）．
(ⅱ) "安定"な極限構造が寄与するものは実在の分子も安定．
(ⅲ) よく似た系を比較する場合，安定な極限構造がたくさん書ける方が安定．

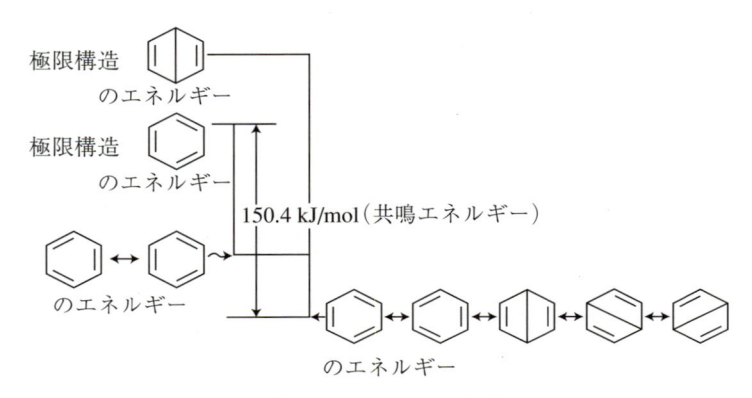

図4.6 ベンゼンの共鳴

◆ **ヒュッケル則** 環全体が共役系になっている分子で一つずつの環が$4n+2$（$n=0, 1, 2, \cdots$）個のπ電子を収容しているとき，その環系は安定になる．

代表例はベンゼン（$n=1$の6π電子系で特に安定なものが多い）で，形式的にはC＝Cを含みながら，C＝Cの代表的反応である付加反応を受けず，種々の状況で共役系を守り通す．1, 3, 5, 7-シクロオクタテトラエンのπ電子数は8で**ヒュッケル**（Hückel）**則**に合わない．実際にも不安定（反応性に富み付加反応する）．

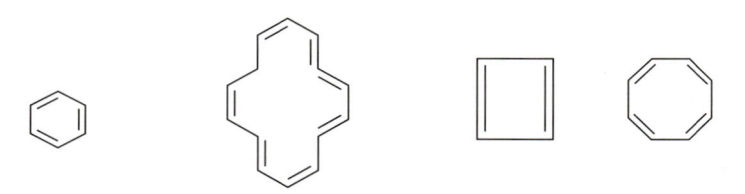

図4.7 ヒュッケル則に合致する環状共役分子

図4.8 ヒュッケル則に合致しない共役環状分子

── 例題 1 ──────────────────────────────
つぎの結合に関与している原子軌道は何か．また結合が σ 結合なのか π 結合なのかをも示せ．
(1) H—H　(2) H—N(H)—H　(3) N≡N
─────────────────────────────────────

【解答】(1) H の 1s 軌道を用いて σ 結合をしている．
(2) N の電子配置は $(1s)^2 (2s)^2 (2p)^3$，2p 軌道の 3 個に 1 個ずつ電子が入っている．この 2p 軌道の電子と H の 1s 軌道の電子が対を作る．N の 2p 軌道の一つと H の 1s 軌道の重なり合いを示すと，

N—H の一方を固定し，他方を軸のまわりに回転しても軌道の重なり方に変化がないので σ 結合，N の 3 個の 2p 軌道は互いに 90° の角をなしている．実際のアンモニア分子の形は (1) のようであり，N を頂点とした三角錐形である．∠HNH は 107° で 90° より大きいが H どうしの反発のためとされている（「NH_3 における N の軌道を sp^3 と考え，その一つに 2 個の電子がつまって非共有電子対が形成され，1 個ずつの電子をもつ他の三つの sp^2 軌道と H の s 軌道で共有結合ができる．」と解析することもできる．これだと N—H の結合角は 109.5° が予想される．どちらの考えでも良い．）．

(3) N の 2p の三つの軌道を用いて三つの結合を作っているが，そのうち 1 個は σ 結合，他の 2 個は π 結合である．互いに垂直方向にある p 軌道のうち結合軸方向を向いたもの（p_x とする）を十分に重ね合わせて σ 結合ができる．残りの p 軌道の一つで紙面の上下方向の分布をもつ軌道（p_z とする）で 1 個の π 結合ができる．さらに，最後の p_y（紙面に垂直方向の分布をもつもの，図に表していない）軌道でもう一つの π 結合ができる．

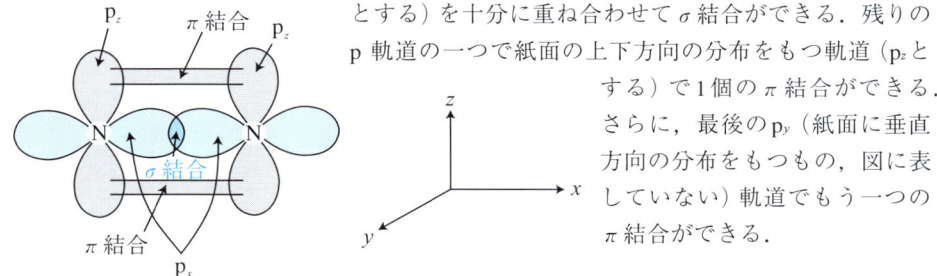

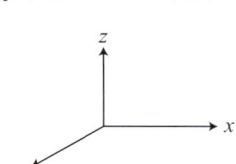

~~~ 問　題 ~~~

1.1 つぎの結合に関与している原子軌道は何か．また結合は σ 結合か，π 結合か．それらの考察から分子はどのような形をしていると予想されるか．
(1) H—O—H　(2) H—O—O—H（過酸化水素）　(3) Cl—Cl

1.2 つぎの色つきの線で示す結合は結合に関与する原子のどのような軌道によって作られているか．
(1) H_2N—OH（ヒドロキシルアミン）　(2) H—SH　(3) HON=O（亜硝酸）

例題 2

炭素原子は $(1s)^2(2s)^2(2p)^2$ の電子配置をもつ．したがって，C と H からできる化合物に CH_2 が予想される．しかし，現実には CH_2 は不安定で CH_4 が安定な分子である．この理由を説明せよ．

【解答】 炭素原子では，対になっていない電子は 2p 軌道の 2 個だけで，三つの 2p 軌道のうち二つに 1 個ずつ電子が収容されている．このことから炭素は 2 価であり CH_2 という化合物が安定であってもよいように思われる．しかし，現実には炭素は 4 価である．このことは 2s 電子の 1 個がエネルギーの高い 2p 軌道におし上げられ，4 個の不対電子をもつとして説明される．2s から 2p への電子配置の変化には 402 kJ/mol のエネルギーが必要であるが，炭素は 2 価から 4 価になるため二つ余計に共有結合ができ，2 個の C－H 結合のエネルギー，426 kJ×2＝852 kJ だけ安定化がある．2s→2p の昇位に要するエネルギーは 2 個の C－H の結合による安定化によって十分に償われている．

差し引き，1 モル当り 852 kJ－402 kJ＝450 kJ，CH_2 より CH_4 は安定である．

自然はできるだけエネルギーの小さい状態を実現しようとするので，CH_2 ではなくて，CH_4 ができる．

CH_4 の C は sp^3 混成軌道によって結合を作っている．sp^3 混成軌道は s と三つの p の性格を平等に混合してできる（したがって 1/4 の s 性，3/4 の p 性をもつ）軌道であるが，s と p から混成軌道ができるときには特別な安定化はない．

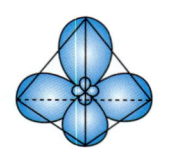

sp^3

問題

2.1 つぎの色つきの線で示した結合に関与している電子軌道は何か．また結合は σ 結合か，π 結合か．それらの考察から分子はどのような形をしていると予想されるか．

(1) $CH_2=CH_2$ (2) $CH_2=O$ (3) $CH\equiv CH$ (4) $O=C=O$

2.2 つぎの色つきの線で示す結合は結合に関与する原子のどのような軌道によって作られているか．

(1) CH_3-CH_3

(2) $CH_3-CH=CH_2$

(3) $[H-NH_3]^\oplus$（アンモニウムイオン）

(4) $CH_3C\equiv N$

―― 例題 3 ――
つぎの分子の共鳴に寄与している極限構造式を重要な（安定な構造で，分子の性格を決めるのに重要な）順に書き並べよ．
(1) 1,3-ブタジエン　　　　　　　　　(2) ナフタレン

【解答】(1) 1,3-ブタジエンは炭素4個の鎖に2個の共役二重結合をもつものである．

$$CH_2=CH-CH=CH_2 \longleftrightarrow \overset{\cdot}{C}H_2-CH=CH-\overset{\cdot}{C}H_2 \longleftrightarrow \overset{\oplus}{C}H_2-CH=CH-\overset{\ominus}{C}H_2$$
　　　　(1)　　　　　　　　　　　　　(2)　　　　　　　　　　　　(3)

$$\longleftrightarrow \overset{\ominus}{C}H_2-CH=CH-\overset{\oplus}{C}H_2$$
　　　　(4)

式 (1) が最も重要（結合の数が最も多い．(2) は不対電子をもち，(3)，(4) は電荷の分離があって安定性が低い．したがって，分子の性格を決めるのに小さな寄与しかしない．
(2)

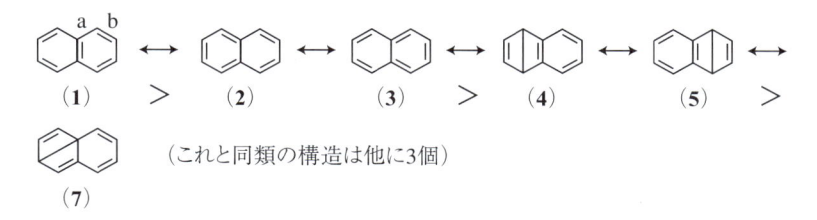

（これと同類の構造は他に3個）

(1) は環の両方がベンゼンのケクレ (Kekulé) 構造になっており安定性がよい．(2) および (3) の構造は環の一方はケクレ構造であるが，他方は ◯ (**キノイド構造**という）の構造でケクレ構造ほど安定でない．(4) 以下の構造は全体の共役も不完全であり，長距離の結合も考えねばならず不安定な構造である．

(1) が (2)，(3) より重要な寄与をするため，結合bの二重結合性は結合aの二重結合性より大．

～～～ 問　題 ～～～

3.1 つぎの分子の共鳴に寄与している極限構造式を書き並べよ．またその重要性について考察せよ．
　(1) アントラセン
　(2) フェナントレン

例題 4

二つの二重結合の相対的位置の異なるつぎの化合物について，二つの二重結合の相互作用を考察し，その結果を基にこれら分子の立体構造について考察せよ．

$CH_2=C=CH_2$,　　$CH_2=CH-CH=CH_2$,　　$CH_2=CH-CH_2-CH=CH_2$
（Ⅰ）アレン　　　（Ⅱ）1,3-ブタジエン　　　（Ⅲ）1,4-ペンタジエン

【解答】　二重結合が隣り合ったアレンの真ん中の炭素C_Bは，sp軌道によってC_A，C_Dのsp^2軌道とσ結合を作っている．したがって，$C_A-C_B-C_D$は一直線上にあることが予想される．さらにC_Bは二つのp軌道を使ってC_A，C_Dのpとπ結合を作っている．C_Bの二つのp軌道は直交しているからC_A-C_B間，C_B-C_D間の二つのπ結合の方向は直交し，C_A，C_Dのsp^2の作る平面は直交することが予想される．したがって，アレンには（Ⅰ）のような立体構造が予想されるが，実験的に確定された構造も予想とよく一致する．

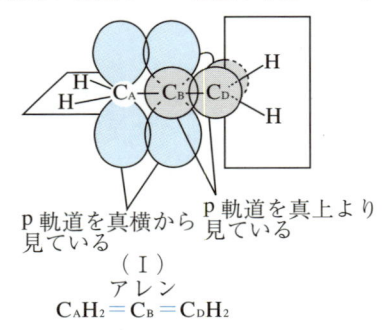

p軌道を真横から見ている　　p軌道を真上より見ている
（Ⅰ）
アレン
$C_AH_2=C_B=C_DH_2$

二重結合が単結合一つを隔てて存在する（Ⅱ）のような場合二重結合が共役しているという．二つのπ結合が（Ⅱa）のように同じ方向をもつ構造が（Ⅱb）のように二つのπ結合が異なる方向をもつ構造より安定で，実際の1,3-ブタジエン分子は（Ⅱa）の形をとっていることが実験的に確かめられている．二つのπ結合が同じ方向を向いているとC_B，C_Dのp軌道に重なり合いが生じる．この重なり合いによって二つのπ結合が連結され，π結合を作っている電子はC_A-C_Eを自由に動けるようになっている（電子が共役系の中で非局在化しているという）．原子・分子内の電子の振舞いを考察する基礎となる量子力学[†]によると電子の非局在は結合の安定をもたらす．分子はできるだけエネルギーの低い安定な形をとろうとし，すべてのp軌道に重なり合いのある（Ⅱa）の形をとる．

[†] 原子・分子の世界ではニュートン（Newton）力学が成り立たず，電子などの微少な物質は波の性質をもった波動方式によってその振舞いが記述される．1981年度日本ではじめてノーベル化学賞を受けた福井謙一教授の仕事も量子力学に関するものである．量子力学（量子化学）の基本は化学に携わる者には必須のものである．量子化学に関してはたくさんの書物が出版されているが，サイエンスライブラリ化学にも"細矢治夫：量子化学"が収められている．

(Ⅱa) (Ⅱb)

ブタジエン
$C_AH_2=C_BH-C_DH=C_EH_2$

(Ⅲ)
1,4-ペンタジエン
$C_AH_2=C_BH-C_DH_2-C_EH=C_FH_2$

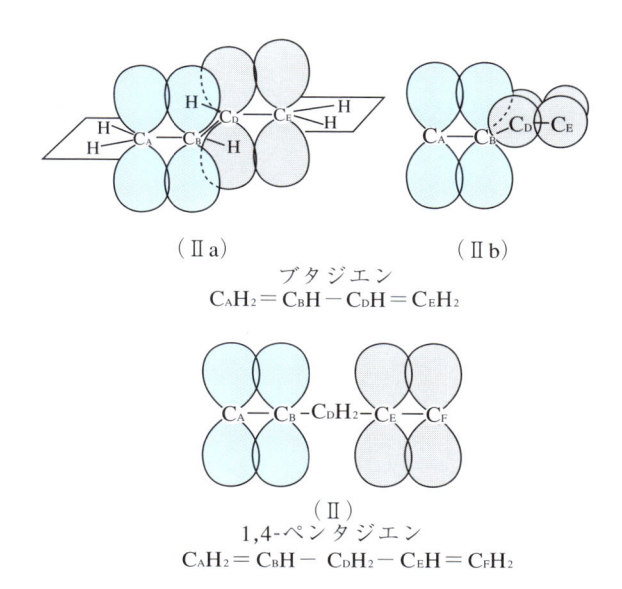

(Ⅲ) の構造では CD が sp^3 で C_A-C_B 間，C_E-C_F 間の π 結合の間の軌道の重なり合いを阻害して二つの二重結合には相互作用がない．このような場合には二つの二重結合はおのおのが独立した存在として働く，二つの π 結合はそれぞれ勝手な方向を向いている．

~~~~ 問 題 ~~~~

4.1 1,3-ブタジエンに1モルの Br_2 を作用させると $CH_2Br-CHBr-CH=CH_2$ と $CH_2Br-CH=CH-CH_2Br$ とが生じる．その理由を考察せよ．

4.2 グラファイト（黒鉛）は層方向によく電気を通す（比抵抗 $\sim 10^{-3}\,\Omega\,cm$）が，層と垂直の方向にはあまり電気を通さない（比抵抗 $\sim 10^{-1}\,\Omega\,cm$）．この理由を考察せよ．

4.3 1,3-ブタジエンには幾何異性体が単離されていない．この理由について考察せよ．

4.4 $ClCH=C=CHCl$ には一対の鏡像異性体が存在する．このことを前ページの図を参考にして説明せよ．

4.5 $CH_2=CH-CH=CH-CH_3$ に2モルの H_2 を付加させる反応では 226 kJ/mol の熱が発する．一方 $CH_2=CH-CH_2-CH=CH_2$ と2モルの H_2 の反応では 253 kJ/mol の熱が発生する．反応熱の違いは何に基づくか．

4.6 $CH_2=CH-CH_2-CH=CH_2$ は適当な触媒（例えば KNH_2）を用いると
$CH_2=CH-CH=CH-CH_3$ にかえることができるが，逆に
$CH_2=CH-CH=CHCH_3$ を $CH_2=CH-CH_2-CH=CH_2$ にかえることは難しい．この理由について考察せよ．

5 結合の分極と官能基の電子状態

5.1 結合の分極（電子の偏り）

◆ **σ結合の分極**　σ結合の電子は電気陰性度の大きい方の原子核に引き寄せられ，分極が起こる．電気陰性度の大きな側は ⊖ に，電気陰性度の小さな側は ⊕ に帯電する．電子の移動は完全ではないのでイオンになることはまれである．このような分子の電子状態は理想的な共有結合形とイオン形の共鳴で表現される．電子の偏りが完全でないことを δ で表すこともある．

$$\overset{\delta+}{H}-\overset{\delta-}{Cl} \quad (H-Cl \longleftrightarrow H^{\oplus} \ Cl^{\ominus})$$

◆ **孤立したπ結合の分極**　σ結合と同じく，π結合を作っている電子は電気陰性度の大きい原子の側に引き寄せられる．π電子は動きやすいので，σ結合よりπ結合の方が分極は大きい．π結合をもつ分子では分子全体としての分極を考えねばならないが，これはσ結合に関する分極とπ結合に関する分極の総合になる．

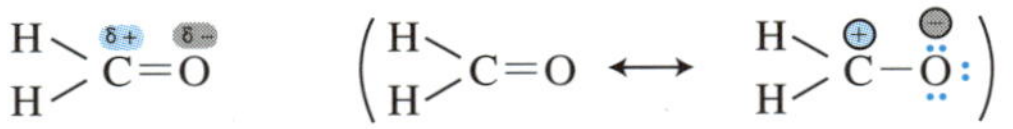

$$\overset{H}{\underset{H}{>}}\overset{\delta+}{C}=\overset{\delta-}{O} \quad \left(\overset{H}{\underset{H}{>}}C=O \longleftrightarrow \overset{H}{\underset{H}{>}}\overset{\oplus}{C}-\overset{\ominus}{\ddot{O}}: \right) \quad \sigma結合にも分極がある．$$

図5.1　ホルムアルデヒドのπ結合の分極

◆ **共役系でのπ結合の分極**　つぎの二つの場合が区別されなければならない．
（1）C=O，C=N，C≡N などがC=Cと共役する場合はC=Cの電子はO，Nなど電気陰性度の大きい原子の方に偏る．⊕電荷の分布はつぎのように一つおきになる．分極は共役系の端から端まで弱らないで伝わる．共鳴の考え方で説明すると，

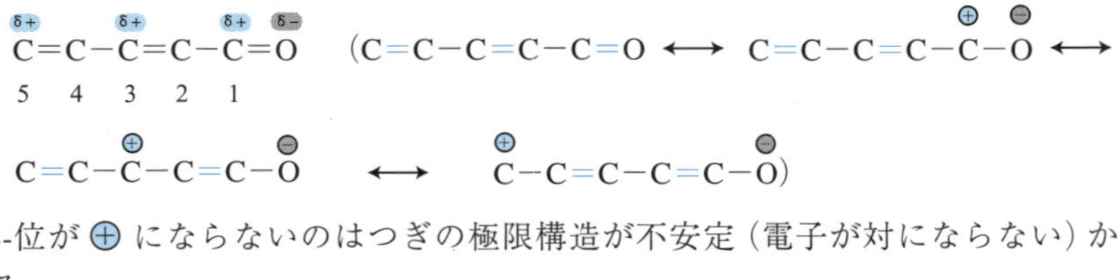

$$\overset{\delta+}{C}=C-\overset{\delta+}{C}=C-\overset{\delta+}{C}=O \quad (C=C-C=C-C=O \longleftrightarrow C=C-C=C-\overset{\oplus}{C}-\overset{\ominus}{O} \longleftrightarrow$$
$$ 5 \ 4 \ 3 \ 2 \ 1$$
$$C=C-\overset{\oplus}{C}-C=\overset{\ominus}{O} \longleftrightarrow \overset{\oplus}{C}-C=C-C=\overset{\ominus}{O})$$

2,4-位が ⊕ にならないのはつぎの極限構造が不安定（電子が対にならない）からである．

$$\dot{C}-\overset{\oplus}{C}-\dot{C}-C=\overset{\ominus}{O} \qquad C=\overset{\oplus}{C}-\dot{C}-\dot{C}-\overset{\ominus}{O}$$

（2）p軌道の非共有電子対がC=Cと共役する場合．C=C-OCH₃を例として説明する．Oのp軌道にはすでに2個の電子が入っていて満員であるので，C=Cと相互作

用する場合，電子はOの方からC＝Cへ移る（Oの電気陰性度は大きく電子を引きつける力は強いが，共役に関するp軌道がすでに一杯で，電子を受け入れる余裕のあるC＝Cの方に移るのである）．

$$\text{C}-\text{C}-\text{C}-\text{O}$$

$$\underset{4\ 3\ 2\ 1}{\overset{\delta-\ \ \delta-\ \ \delta+}{\text{C}=\text{C}-\text{C}=\text{C}-\ddot{\text{O}}-\text{CH}_3}} \qquad \overset{\ominus\ \ \ \ \oplus}{\text{C}=\text{C}-\text{C}-\text{C}=\text{OCH}_3} \longleftrightarrow \overset{\ominus\ \ \ \ \ \ \ \ \oplus}{\ddot{\text{C}}-\text{C}=\text{C}-\text{C}-\text{OCH}_3}$$

分極は共役系の端から端まで弱らないで，一つおきに伝わる．1,3-位が $\ominus$ にならないのはつぎの極限構造が不安定（電子が対にならない）からである．

$$\overset{\ominus\ \ \oplus}{\text{C}=\text{C}-\text{C}-\text{C}-\text{OCH}_3} \qquad \overset{\ominus\ \ \ \ \ \ \oplus}{\text{C}-\text{C}-\text{C}=\text{C}-\text{OCH}_3}$$

OCH_3 と同様のことは $-\ddot{\text{O}}\text{H}, -\ddot{\text{N}}\text{H}_2 (-\ddot{\text{N}}\text{HR}, -\ddot{\text{N}}\text{R}_2), -\ddot{\text{C}}\text{l}, -\ddot{\text{B}}\text{r}, -\ddot{\text{I}}$ でも成り立つ．

5.2 官能基内での分極と官能基による炭素骨格の分極

5.1節で述べた結合の分極の考え方を用いて，われわれが対象とする分子を考察するときには，官能基内での分極と，官能基によって引き起こされる炭素骨格の分極の双方を考えねばならない．さらにその各々において，σ電子系，π電子系の分極に分析して考察し，そのあと全体を総合する．

$$\text{分子の分極}\begin{cases}\text{官能基内の分極}\begin{cases}\sigma\text{電子系での分極}\\ \pi\text{電子系での分極}\end{cases}\\ \text{官能基による炭素骨格}\begin{cases}\sigma\text{電子系での分極}\\ \pi\text{電子系での分極}\end{cases}\end{cases}\text{全体を総合して考察する．}$$

◆ **官能基内での分極**　例題2, 3，問題2.1-2.3, 3.1のように分析する．

代表的な官能基の分極（官能基内）

官能基	σ電子系	π電子系	官能基	σ電子系	π電子系
$-\text{OH}$	$\overset{\delta-\ \delta+}{-\text{O}-\text{H}}$		$-\text{NO}_2$	$\overset{\delta+}{-\text{N}}\overset{\delta-}{\underset{\text{O}}{=\text{O}}}$	$-\text{N}\overset{\text{O}}{\underset{\text{O}}{=}} \leftrightarrow -\text{N}\overset{\text{O}}{\underset{\text{O}}{\cdot}}$
>C=O	$\overset{\delta+\ \delta-}{\text{>C}-\text{O}}$	$\overset{\delta+\ \ \delta-}{\text{>C}=\text{O}}$			
$-\text{COOH}$	$\overset{\delta+\ \ \delta-}{-\text{C}\underset{\text{O}-\text{H}}{\overset{\text{O}}{<}}}$	$-\text{C}\overset{\text{O}}{\underset{\text{O}-\text{H}}{<}}$	$-\text{NH}_2$	$\overset{\delta-}{-\text{N}}\overset{\text{H}}{\underset{\text{H}}{<}}$	

◆ **官能基による炭素骨格あるいは炭素骨格についている他の官能基の電子の分極（誘起効果とメソメリー効果）**

1) **誘起効果**（**I効果**, Inductive effect）官能基の分極がσ結合の電子系に起こす分極作用．

   電子求引性の誘起効果（I効果としての電子求引性）

   　　C－官能基間のσ結合の電子が官能基の方に引き寄せられるもの．
   　　電気陰性度の大きい原子あるいは正電荷を帯びた原子をCと結合する基のつけ根にもつもの．

   電子供与性の誘起効果（I効果としての電子供与性）

   　　C－官能基間のσ結合の電子がCの方へ押しやられるもの．
   　　電気陰性度の小さい原子（金属など）あるいは負電荷を帯びた原子をCと結合する基のつけ根にもつもの．

   I効果は炭素鎖のσ結合を伝わって官能基から離れたところまで影響を与える．しかし，炭素鎖を伝わるに従ってその効果は急速に弱まる．

2) **メソメリー効果**（**M効果**, Mesomeric effect）；**共鳴効果**（Resonance effect）ともいう．官能基の分極が共役系のπ電子系に起こす分極作用．

   電子求引性のメソメリー効果（M効果としての電子求引性）

   　　官能基－C＝C－C＝C……において官能基が共役系のπ電子を引き寄せるもの．
   　　官能基が共役系との接合部において空の軌道をもっていて，電子を受け入れられるもの（たとえば＞C＝O）．

   電子供与性のメソメリー効果（M効果としての電子供与性）

   　　官能基－C＝C－C＝C……において官能基が共役系のπ電子系に電子を押し出すもの．
   　　官能基が共役系との接合部において，非共有電子対のつまったp軌道を有していて，電子を供与できるもの（たとえば－$\ddot{\text{N}}$H$_2$，－$\ddot{\text{O}}$CH$_3$）．

   M効果は共役系の続く限り弱まらないので伝わる．電子求引の結果の⊕電荷，電子供与の結果の⊖電荷は共役系において一つおきに現れる．

◆ **超共役** アルキル基は二重結合と相互作用できるπ電子をもたない．しかし，アルキル基が共役系に対し電子供与のM効果を及ぼしていると考えないと説明できないことが多い（マルコヴニコフ（Markovnikov）則の解釈 p.83：芳香族化合物の置換反応におけるアルキル基のオルト，パラ配向性 p.48など）．このことを説明するのに，非常に無理に見えるがつぎのような共鳴が提案された．

$$-\underset{|}{\overset{|}{\text{C}}}=\text{C}-\underset{\text{H}}{\overset{\text{H}}{\text{C}}}-\text{H} \leftrightarrow -\overset{\ominus}{\underset{|}{\text{C}}}-\text{C}=\underset{\text{H}}{\overset{\text{H}^{\oplus}}{\text{C}}}-\text{H} \leftrightarrow -\overset{\ominus}{\underset{|}{\text{C}}}-\text{C}=\overset{\text{H}}{\text{C}} \quad \text{H}^{\oplus} \leftrightarrow -\overset{\ominus}{\underset{|}{\text{C}}}-\text{C}=\underset{\text{H}^{\oplus}}{\overset{\text{H}}{\text{C}}}-\text{H}$$

C－H結合のC⊖H⊕への解離はエネルギー的に無理なものと考えられる．しかし，実際にCH₃－CHOのCH₃とCHOの距離が1.50 Å＝150 pmと，典型的なC－C単結合の距離154 pmより短いのはCH₃とCHOとの間の結合二重結合性をもつことを示しており，上の一見無理な共鳴も決して単なるこじつけでないことがわかる．このようにアルキル基の電子が隣接のp軌道と共役する現象を**超共役**（Hyperconjugation）という．超共役はH⊕の性質を帯びることのできるHの数が多いほど大きい．

$$-CH_3 > -CH_2CH_3 > -CH(CH_3)_2$$

アルキル基は超共役で隣接のC上の⊕電荷，不対電子をも安定化する．

$$\overset{\oplus}{CH_3-C-}, \quad CH_3-\overset{\cdot}{C}-$$

◆ **種々の官能基のI効果とM効果**

	電子供与性	電子求引性
	官能基から電子が押し出される	官能基の方へ電子が引き込まれる
I 効果 単結合系の 電子を偏らせ る効果	$-O^\ominus$, $-S^\ominus$ $-R$ （$-CH_3, -CH_2CH_3$など）	$-F, -Cl, -Br, -I,$ $-OH, -OR, -NH_2, -NR_2, -\overset{\oplus}{N}R_3,$ $-CHO, -COR, -COOH, -COOR,$ $-CONH_2$ $-CN, -NO_2,$
M 効果 共役系の電 子を偏らせる 効果	$-O^\ominus$, $-S^\ominus$ $-OH, -OR, -NH_2,$ $-R$ （$-CH_3, -CH_2CH_3$など） $-F, -Cl, -Br, -I,$	$-CHO, -COR, -COOH, -COOR,$ $-CONH_2$ $-CN, -NO_2$

─ 例題 1 ─
つぎの分子の σ 結合の電子の分極（電子の偏り）を，電子の移動する方向の矢印によって示し，分極の結果，分子のどこが正に，分子にどこが負に帯電するかを示せ．また，これらの分子は全体としてどのような方向の双極子モーメントをもつか．

(1) H−Cl　　(2) 　Cl
　　　　　　　　|
　　　　　　H−C−Cl
　　　　　　　　|
　　　　　　　　Cl

(3) 　Cl
　　　|
　Cl−C−Cl
　　　|
　　　Cl

【解答】(1) H より Cl の方が電気陰性度が大きく H−Cl の共有結合の電子は Cl 側に引きつけられる．したがって，

$$\overset{\delta+}{H} \longrightarrow \overset{\delta-}{Cl} \quad (H-Cl \longleftrightarrow H^{\oplus} \ Cl^{\ominus})$$

電荷に δ をつけたのは電子の移動が完全でなく，イオンになってしまっているわけではないことを表現するためである．（　　）内は共鳴によって分極を表現したものである．

双極子モーメントは ⊖ 極から ⊕ 極へ向うベクトルで表される．そのベクトルを ⟵⟶ のような矢で示すとつぎの方向のベクトルとなる．

$$H \underset{\longleftarrow}{\text{―――}} Cl$$

(2) C−Cl 結合の電子は Cl の方に引き寄せられる．中心の C は 3 個の Cl の電子求引性のため，かなり強く ⊕ に帯電する．C−H 結合は普通の場合（CH_4 のような場合を指す）分極がほとんどないが，$CHCl_3$ の場合のように C が周囲の原子の影響で ⊕ に帯電している場合 H−C 結合の電子を引きつけ，Cl によって奪われた電子の損失分を少しでも補おうとする．かくしてつぎの電子の流れを生ずる．

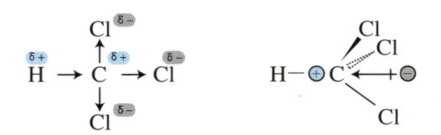

図 5.2

C の上にも H の上にも ⊕ があるのは，H から C への電子の偏りが Cl による C からの電子求引の一部しか埋合わせないことを意味する．C 上の ⊕ の電荷が H 上の ⊕ の電荷より大きい．

双極子モーメントの方向を求める一つの方法は，分子全体の中での ⊕，⊖ の電荷の中心を求めてから ⊕ から ⊖ にベクトルを引くことである．$CHCl_3$ において ⊖ の中心は三つの Cl の作る正三角形の重心，すなわち H−C の延長した線上にある．一方，⊕ の中心は C−H 上で C に近い方にある．したがって，双極子モーメントの方向は図 5.2 のようになる．

双極子モーメントを求めるもう一つの方法は，個々の結合の分極によって作られる部分的なモーメント（結合モーメント）を分子全体にわたってベクトル的にたし合わせることである．CHCl₃について各結合に分けて結合モーメントを書き表すと図5.3のようになる．

各結合モーメントのベクトル和

図 5.3

ここでH－Cについて注意を要する．Cは⊕に帯電しているが，C－Hに限って考えれば，H→Cの電子の偏りでありCを⊖にHを⊕にとっている．この偏りはC→Clの偏りよりもはるかに小さいので，ベクトルの長さ（双極子モーメントの絶対値）はC－Clのそれより小さい．四つのベクトルの和はH－Cの延長の方向．すなわち，分子全体の⊕，⊖の中心を考えて求めた場合と一致する．

（3）（2）と同様に考える．四つのC－Clによる結合モーメントのベクトル和は0になってしまう．

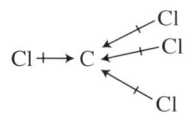

本書では，双極子モーメントおよび結合モーメントを－から＋に向かう矢印で表したが，矢印の向きが反対方向の表現もある．特に，⟵⟶ の表現は左端が＋を意味しているので，正確な意味では誤用である．しかし，シグマ結合の分極を表現する矢印との混同をさけるため，このような表現にした．他書を読むときには注意が必要である．

~~~ 問　題 ~~~

1.1 つぎのσ結合の電子はどちら側の原子に引き寄せられるか．

(1) H－Cl (2) I－Cl (3) Li－H (4) $(C_2H_5)_2B－CH_2CH_3$
(5) H－OCH_3 (6) HO－CH_3 (7) $H_2N－CH_3$ (8) $CH_3S－CH_3$
(9) $\overset{\ominus}{O}－CH_3$

1.2 つぎの分子は分子全体としてどのような向きに双極子モーメントをもつか．

(1) N(H, H, H)　(2) O(CH_3, CH_3)　(3) 立体配座がトランス形をとっている CH_2ClCH_2Cl
(4) 立体配座がゴーシュ形をとっている CH_2ClCH_2Cl
(5) （シクロヘキサン環にCl, Cl）　(6) （シクロヘキサン環にCl, Cl）

例題 2

つぎの分子の π 電子の分極について考察せよ．

(1) $\begin{matrix} H \\ H \end{matrix} \!\!> C = O$

(2) $CH_3 - C \begin{matrix} = O \\ O - H \end{matrix}$

【解答】(1) C と O との π 結合は，それぞれが p 軌道の電子 1 個ずつを出し合って作られているが，C より O の方が電気陰性度が大きいため，π 結合を作っている電子は O の方へ偏る．

A_1 理想的な共有結合の形

A_3 電子が→の方向に偏る

A_2 イオン構造

A

$\begin{matrix} H \\ H \end{matrix} \!\!> C = O$ (B_1) ⟷ $\begin{matrix} H \\ H \end{matrix} \!\!> \overset{\oplus}{C} - \overset{\ominus}{O}$ (B_2)

B（共鳴による表現）

$\begin{matrix} H \\ H \end{matrix} \!\!> \underset{\delta+}{C} = \underset{\delta-}{O}$ (C)

共鳴の考えで表現すると，理想的な共有結合の形の極限構造 B_1（A_1 の表現）とイオン性の極限構造 B_2（A_2 の表現）の共鳴として $CH_2 = O$ の π 電子の性格が表現されることになる．O の電気陰性度は大きいのでイオン構造 B_2（A_2）の寄与はかなり大きい．純粋な共有結合を基準にして，π 結合の電子の偏る方向を矢印で示したのが C であり，この表現もしばしば使われる．

(2) π 電子系は $>C=O$ 上だけでなく，OH の O 上の非共有電子対をもった p 軌道上にも広がっている．$>C=O$ 結合では (1) で考察したように O の方へ電子が偏り，C 上の電子密度が下がる．$>C=O$ が孤立している場合はこれで終わりであるが，-COOH の場合には，OH の O の p 軌道に入っている非共有電子対から C の方へ電子が流れ出し，C 上の ⊕ 電荷を中和すると同時に C と OH の O の間に結合ができる．

OH の O は ⊕ に帯電し，C の ⊕ 電荷は中和される．CH_3COOH の π 電子系の真の姿は極限構造 E_1，E_2，E_3 の共鳴として，三者の性格をあわせもつものである．純粋な共有結合を基準にして π 電子の偏る方向を矢印で示したのが F である．ここでは $C=O$ は $C=O$ の π 結合を作っていた電子が O の方に偏ることを示し，結合を表す－の中央から O への曲がった矢印を用いている．$C-\ddot{O}-H$ は O の非共有電子対の電子 1 個が C に供与され，C と OH との間で結合が作られることを表しており，O 上の ･･ より C－O の中央へ矢印がのびている．

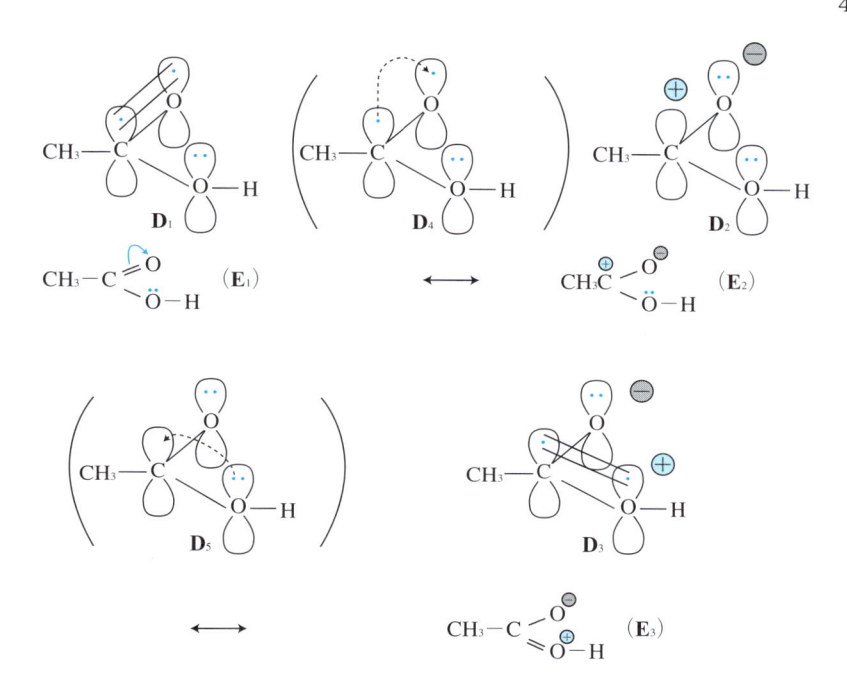

問題

2.1 つぎの π 電子系の分極について考察せよ.

(1) $CH_3-CH=N-CH_3$ (2) $CH_3C\equiv N$ (3) $CH_3-C{\overset{\displaystyle =O}{\underset{\displaystyle O-CH_3}{}}}$

(4) $CH_3-C{\overset{\displaystyle =O}{\underset{\displaystyle NH_2}{}}}$

2.2 $CH_3-\underset{\underset{\displaystyle H}{|}}{C}=O$ の **C** が帯びる ⊕ 電荷と $CH_3-\underset{\underset{\displaystyle OH}{|}}{C}=O$ の **C** が帯びる ⊕ 電荷とはどちらが大きいか.

2.3 CH_3CHO の **C** が帯びる ⊕ 電荷と $CH_3CH=N-CH_3$ の **C** が帯びる ⊕ 電荷とはどちらが大きいか.

例題 3

官能基 $-NO_2$ は N, O のどの原子軌道を用い,どのような種類の結合によって作られているか.

【解答】 N は 3 価で,その一つの原子価を使って C と,残りの二つを用いて O と二重結合を作る.これで $-\ddot{N}=O$ となり N の原子価は満足される. $-NO_2$ の第 2 番目の O は形式的には N 上に残る非共有電子対の供与を受けて配位結合によって N と結合する(式 **A**).

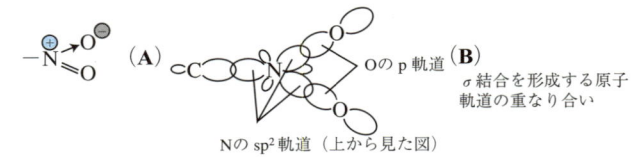

N は σ 結合 3 個と π 結合 1 個をもち, σ 結合は sp^2, π 結合は p 軌道を用いて作られていると考えられる(sp^2 軌道によって結合ができていることはニトロ基が平面構造をしており,原子価角が 120° であることから実験的に確かめられる).σ 結合に用いられる O の原子軌道は p 軌道である.σ 結合を形成する原子軌道の重なり合いは式 **B** で表される.

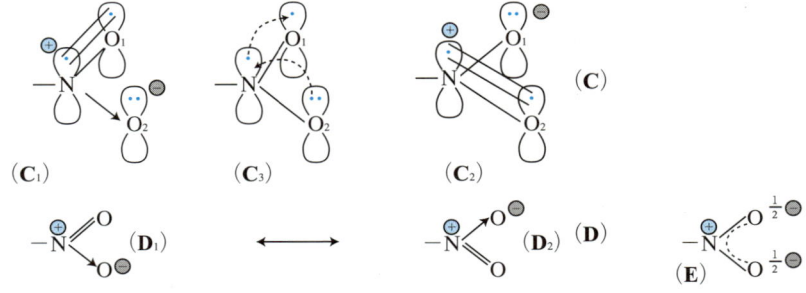

つぎに π 結合について考える. $-NO_2$ の π 電子系は例題 2(2)の $-COOH$ の π 結合系と似たところがある. $-N=O$ の π 結合は O_1 と N との p 軌道の重なりでできるが,配位結合で結ばれた O_2 上の非共有電子対を収容した p 軌道も共役に関与する. C_3 で示したような電子の動きによって(例題 2(2)参照) C_2 のような電子状態が作り出される.これは $N=O$ と $N \to O$ が入れかわった形である.すなわち, $-NO_2$ においては極限構造式 D_1 と D_2 が共鳴している. D_1, D_2 はまったく同等の形であり, D_1, D_2 の重要性はまったく同じであり,どちらが配位結合,どちらが二重結合という区別はない.二つの O は 1/2 ずつ ⊖ 電荷を分け合う.これらの状況を **E** で表すことがある.点線は π 電子がその範囲を動きまわり,二重結合が固定されていないことを示す.

~~~ 問 題 ~~~

3.1 官能基 $-COO^{\ominus}$ の電子状態を $-NO_2$ のそれと比べつつ考察せよ.

── 例題 4 ──────────────────────────────
つぎの分子のπ電子系の分極について考察し，正負電荷をもつ場所を指示せよ．
(1) $CH_2=CH-C\equiv N$ (2) $CH_2=CH-CH=CH-CH=CH-\underset{\underset{CH_3}{|}}{C}=O$

【解答】 p.36 の本章のまとめの解説の例と同じように考える．
(1) $CH_2=CH$，$-C\equiv N$ は $C=C-C=O$ と類似である．

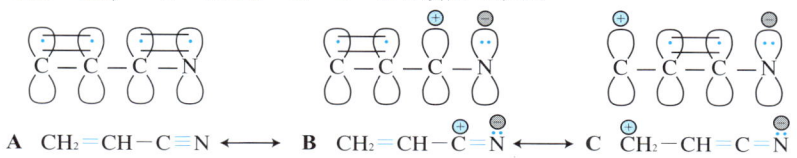

A $CH_2=CH-C\equiv N$ ⟷ B $CH_2=CH-\overset{+}{C}=\overset{-}{N}$ ⟷ C $\overset{+}{CH_2}-CH=C=\overset{-}{N}$

N は C より電気陰性度が大きく，$C\equiv N$ のπ電子を N の方に引き寄せる（B の極限構造の重要性）．さらに空席になった $-C\equiv N$ の C の 2p 軌道に $C=C$ のπ結合の電子が入ってくるが，D のような極限構造式は不対電子が 1 分子中に 2 個ある形で極めて不安定な形で，この分子の性格を決める上で大きな役割を果たし得ない．したがって，本文の分子のπ電子系においては，極限構造 A，B，C の共鳴が重要である．

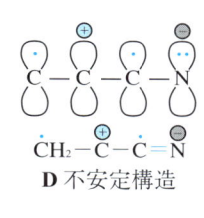

D 不安定構造

以上まとめると，$CH_2=CH-\overset{\delta+}{C}\equiv\overset{\delta-}{N}$．

(2) $C=O$ の O の強い電子求引によって引き起こされるπ電子系の分極を共鳴の考えで表現すると，

$CH_2=CH-CH=CH-CH=CH-\underset{\underset{CH_3}{|}}{C}=O$ ⟷ $CH_2=CH-CH=CH-CH=\overset{+}{CH}-\underset{\underset{CH_3}{|}}{C}-\overset{-}{O}$ ⟷

$CH_2=CH-CH=\overset{+}{CH}-CH=CH-\underset{\underset{CH_3}{|}}{C}-\overset{-}{O}$ ⟷ $CH_2=\overset{+}{CH}-CH=CH-CH=CH-\underset{\underset{CH_3}{|}}{C}-\overset{-}{O}$ ⟷

$\overset{+}{CH_2}-CH=CH-CH=CH-CH=\underset{\underset{CH_3}{|}}{C}-\overset{-}{O}$

上の 5 個の極限構造式の重要性はほぼ同じであり，⊕ 電荷は共役系の鎖状で一つおきにほぼ同じ大きさで現れる．他の位置に ⊕ 電荷のある形は (1) の D の構造と類似で不安定で共鳴において重要な役割をもたない．

以上まとめると

$\overset{\delta+}{CH_2}=CH-\overset{\delta+}{CH}=CH-\overset{\delta+}{CH}=\overset{\delta+}{CH}-\underset{\underset{CH_3}{|}}{C}=\overset{\delta-}{O}$

〜〜〜 問　題 〜〜〜

4.1 つぎの分子のπ電子系について考察し，正負電荷をもつ場所を指示せよ．
(1) $CH_2=CH-CH=O$　　　(2) $CH_2=CH-\underset{\underset{O}{\|}}{C}-CH=CH_2$
(3) $CH_2=CH-CH=CH-NO_2$

例題 5

右の分子の結合の分極を，σ結合，π結合のそれぞれについて考察せよ．電子の偏る方向を，σ結合については →，π結合については ⌒ で示せ．

$$\text{H}_2\text{C=CH--O--CH}_3$$

【解答】　σ結合；Oは電気陰性度が大きく，σ結合の電子を求引する．この求引の効果がσ結合系を次々と伝わっていくが，遠くにいくに従って弱まる．σ結合系だけについての分極は **A** のようになる．ここでは，電荷の大きさを模式的に $\delta > \delta\delta > \delta\delta\delta$ のようにして，Oから遠ざかるにつれてσ結合の分極が小さくなることを表した．

π結合；この分子のπ電子系は **C** に示すように C=C と p 軌道に入った O の非共有電子対で成り立っている．O は電気陰性度が大きく，電子を引きつける力も大きいが，この場合は O の p 軌道にすでに 2 個，定員いっぱいの電子がつまっている．O の非共有電子対が共役に関与するためには，O の p 軌道から C=C の方へ電子が流れ出さねばならない．結局 C_2 のような極限構造の寄与が重要な役割を果たすことになり，O が ⊕ に，末端の C が ⊖ に帯電する．上記の分極を純粋な共有結合からの変化として表すと **B** のような電子の流れということになる．ここで σ 結合系は --- で区別してある．なお，⊖ の電荷が左から 2 番目の C にたまる形は $\overset{\ominus}{\text{CH}_2}-\overset{\cdot}{\text{CH}}-\overset{\oplus}{\text{OCH}_3}$ という 1 分子中に 2 個の不対電子がある不安定な構造で，寄与が少ない．p.38 のまとめで解説したように，官能基の結合によって炭素骨格の σ 電子系に引き起こされる分極の作用を **I 効果**，官能基の結合によって共役系の π 電子系に引き起こされる分極の作用を **M 効果** という．本問で，$-\text{OCH}_3$ 基は I 効果電子求引，M 効果電子供与であることがわかる．

～～～　問　題　～～～

5.1 つぎの官能基のうち，σ電子系に対しては電子求引（I 効果電子求引），共役二重結合系に対しては電子供与（M 効果電子供与）のものを選び出せ．

(A) $-\text{OCH}_3$　　(B) $-\text{O}^{\ominus}$　　(C) Cl　　(D) $-\text{NH}_2$　　(E) $-\text{C}\equiv\text{N}$
(F) $-\text{NO}_2$　　(G) $-\text{COCH}_3$　　(H) $-\text{OCOCH}_3$　　(I) $-\text{COOCH}_3$

例題 6

右の分子の分極を σ 電子系，π 電子系のそれぞれについて考察し，その総合として分子の中で正電荷を帯びる位置を示せ．　　CH₃O—⟨benzene⟩

【解答】 例題5と同じように考える．

σ 電子系；O の大きな電気陰性度のために σ 電子系の電子は O に向かって引き寄せられる．O は ⊖ に O 以外は多かれ少なかれ ⊕ に帯電する．

π 電子系；$CH_2=CH-OCH_3$ の場合と同様に O 上の 2 個の電子のつまった p 軌道がベンゼン環と共役する．O 上の非共有電子対の電子は共役系に供与され，O は ⊕ にベンゼン環は ⊖ に帯電するが，共役系についての ⊖ の電荷は CH_3O- の o-, p-位に現れる．o-, p-位に ⊖ 電荷のたまる形には比較的に安定な極限構造が与えられるのに対し，m-位に ⊖ がたまる形は不対電子が 2 個存在する極限構造に対応し，不安定で分子の性格を決めるのに重要な役割を果たさないからである．

| ←寄与の最も大きい極限構造→ | ←―寄与のかなり大きい極限構造―→ | ←寄与のほとんどない極限構造→ |

例題 5 および 4 の考察の延長としては，本問の分子の π 電子系を CH₃O—⟨⟩ あるいは CH₃O—⟨⟩ と考えると，O の電子供与が π 電子系の二つ目毎に現れることから，o-, p-位における ⊖ の出現も容易に理解できる．

一般的に π 電子系を伝わっての分極の方が σ 結合系を伝わっての分極より大きいことを考慮して全体を総合すると右図のようになる．m-位には π 電子系を伝わっての分極 (M効果) が直接働かないのに対し，σ 結合を伝わっての効果は小さくはなっても着実に到達し，⊕ に帯電する．

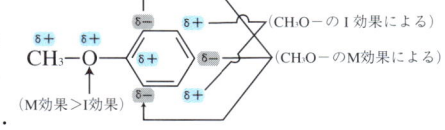

~~~ **問　題** ~~~

6.1 つぎの官能基の電子状態を考察せよ．さらに各官能基の I 効果，M 効果について電子求引性，電子供与性に分類せよ．また，どうしてそのような効果をもつかを簡単に説明せよ．

(1) $-OH$　　(2) $-CHO$　　(3) $-CONH_2$　　(4) $-COOH$　　(5) $-Br$
(6) $-N(CH_3)_2$　　(7) $-NO_2$

例題 7

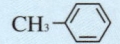

CH₃-⟨benzene⟩ においてベンゼン環のπ電子系はどのように分極するか．

【解答】 CH₃-基はベンゼン環（一般には共役二重結合系）と共役しうる p 軌道をもたない．しかし p.38 に述べた超共役によってπ電子系に電子を供与している．超共役の共鳴による表現には多少無理はあるが，細かいことには目をつぶって，CH₃-，C₂H₅- などのアルキル基は M 効果で電子を供与すると信じてしまおう．p.39 に挙げたような状況証拠はあるのだから，超共役の極限構造を用いて CH₃-⟨benzene⟩ のπ電子系について共鳴を考えるとつぎのようになり，CH₃-基の o-, p-位が ⊖ に帯電する．

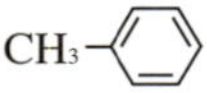

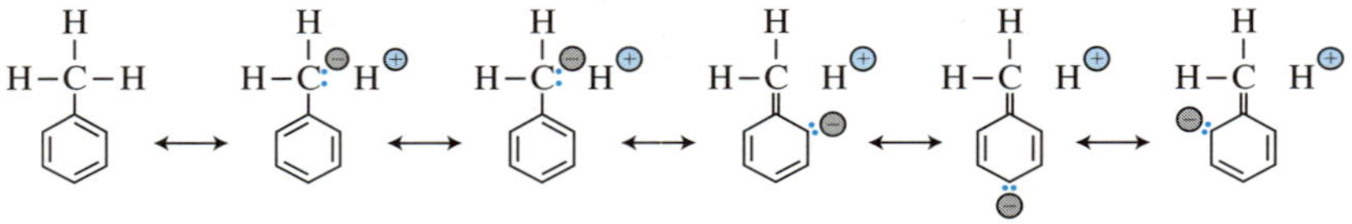

[共鳴構造式の図]

さらに，CH₃ の三つの H のおのおのについて同様な極限構造式が書ける．

例題 4, 5, 6 とそれに関連する問題において再三述べたことから理解されるように，この場合 m-位に ⊖ 電荷のたまる極限構造は不安定で重要性をもたない．

メチル基の M 効果による電子供与性は，メトキシル基，ヒドロキシル基，アミノ基など本来の共役によるものよりは小さい．

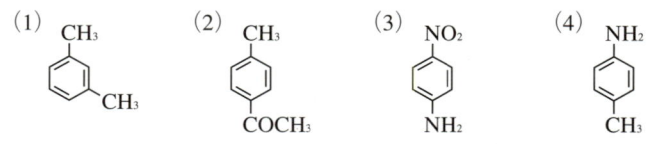

~~~ 問 題 ~~~

7.1 つぎの分子のπ電子系において正負の電荷が現れる場所を示せ．

(1) 1,3-ジメチルベンゼン　(2) 4-メチルアセトフェノン　(3) 4-ニトロアニリン　(4) 4-メチルアニリン

7.2 つぎの官能基の各組において，それぞれの指示する効果の大きい順に官能基を並べよ．

(1) －F, －Cl, －Br, －I （I 効果電子求引の強い順）
(2) －F, －Cl, －Br, －I （M 効果電子供与の強い順）
(3) －CH₃, －OCH₃, －NH₂, －O⊖ （M 効果電子供与の強い順）
(4) －NH₂, －N⊕(CH₃)₃ （I 効果電子求引の強い順）

6 分子の電子状態と化合物の物理的性質

化合物の沸点（揮発性），溶解度，酸性・塩基性などは分子の電子状態を基に統一的に理解することができる．

6.1 沸点（揮発性）

蒸発の分子レベルでの解釈——分子間力でお互いに引き合って接している分子が温度の上昇とともに熱エネルギーを受け入れ，運動が活発になり，ついに分子間力の束縛を断ち切って飛び出す．

揮発性は　分子間力が大きいほど　低い
沸点は　　分子間力が大きいほど　高い

分子間力は強い順に，

水素結合　　＞　　双極子－双極子相互作用　　＞　　ファン・デル・ワールス (van der Waals) 力

O, N, F など陰性原子の間に H が介在することによって生ずる結合†

極性分子の正・負電荷が他の分子の負・正の電荷を引くことによって生じる引力

無極性分子の中で電子が動きまわることによって生じる瞬間的分極による引力

融点を支配するものは分子間力とともに分子の対称性があり，化合物の融点を分子構造と関連させて理解するためにはこの両者を総合して考察する必要がある．

6.2 水に対する溶解度

水に溶解することの分子レベルでの解釈——水素結合で結ばれた水分子のネットワークの内に溶解分子が入りこむこと．

水分子と水素結合できるものは水に対する溶解度が大きい．——溶質分子が入りこむことによって水の水素結合が切れる．これはエネルギー的に不利なことである．このエネルギーの不利が溶質－水の間の相互作用（特に水素結合）によって埋め合わせられれば水－水間の結合切断の損失がカバーでき，エネルギー的に低い状態の方向へ変化が進行すると

---

† 水素結合も双極子－双極子相互作用の一種である．ただ H⊕ は裸の原子核で非常に小さく（原子核の大きさ，10^{-12}cm；原子の大きさ＝電子軌道の大きさ，10^{-8}cm）負電荷の中心に近づきやすく，強い相互作用の原因になる．そこで普通の双極子－双極子相互作用と区別して**水素結合**と呼ぶ．

いう自然の動きから溶解という現象が進行する．水－溶質分子の相互作用の小さなものは溶解しない．格言，"似たものは似たものを溶かす"（Like dissolves like.）．

6.3 化合物の酸性・塩基性

酸・塩基は相対的なものである．ある物質は一つの物質と相互作用するときは酸として行動しても，他の物質（強い酸）と相互作用するときは塩基にもなりうる．

◆ **酸・塩基の定義**

	酸	塩 基
アレニウス（Arrhenius）の定義	水溶液中で$H^{\oplus}$を与えるもの	水溶液中で$OH^{\ominus}$を与えるもの
ブレーンステッド（Brønsted）の定義	相手に$H^{\oplus}$を与えるもの	相手から$H^{\oplus}$を受け取るもの
ルイス（Lewis）の定義	相手から電子対を受け取り，相手と共有結合を作るもの	相手に電子対を与えて，相手と共有結合を作るもの

$$CH_3COOH + H_2O \rightleftharpoons CH_3COO^{\ominus} + H_3O^{\oplus} \quad (CH_3COO^{\ominus}はCH_3COOHの共役塩基)$$
　　酸　　　塩基　　　　　塩基　　　酸

◆ **有機化合物における代表的な酸・塩基**

酸
- カルボン酸　CH_3COOH　かなり強い酸．
- フェノール　⟨◯⟩－OH　弱い酸．
- アルコール　水溶液中で$H^{\oplus}$を遊離することはほとんどないが，Naのような陽性金属と反応してH_2を出す（金属と反応してH_2を発生するのは酸の特徴）．
- アミンの共役酸　$RNH_3^{\oplus}$　アミンの塩基性の小さいものほど共役酸の酸性大．

塩基
- アミン　アンモニアの誘導体．N上に非共有電子対をもち，これを供与するのが塩基性の原因．
- アルコラート　$RONa$　強い塩基．NaOHに匹敵する．
- フェノラート　⟨◯⟩－ONa　やや弱い塩基．フェノールの共役塩基．
- カルボン酸塩　カルボン酸の共役塩基．フェノラートより弱い塩基．

◆ **酸・塩基の強さ**　酸の強さは解離の平衡定数（K_a）あるいはその対数値の符号をかえた数値pK_aによって示される．

$$XH \rightleftharpoons X^{\ominus} + H^{\oplus} \qquad K_a = \frac{[X^{\ominus}][H^{\oplus}]}{[XH]} \qquad pK_a = -\log K_a^{\dagger}$$

---

† 濃度はmol/L（$L = 1000\ cm^3$）を単位にして表す．K_aは濃度の次元をもつので，pK_aにするときはK_aを濃度の単位mol/Lで割ってlogの中を無単位にしておく．

K_a が大きいほど,したがって pK_a が小さいほど強い酸になる.

	弱い酸	フェノール	pK_a	9.95
		酢酸	pK_a	4.76
	強い酸	塩酸	pK_a	-7

塩基の強さも,塩基としての解離定数 K_b あるいはその対数の符号をかえた値 pK_b によって表すことができる.

$$\text{YOH} \rightleftarrows \text{Y}^{\oplus} + \text{OH}^{\ominus} \qquad K_b = \frac{[\text{Y}^{\oplus}][\text{OH}^{\ominus}]}{[\text{YOH}]} \qquad pK_b = -\log K_b$$

しかし,有機塩基には $OH^{\ominus}$ を生成するものが少なく,アミンのようにブレーンステッドの塩基($H^{\oplus}$ の受容体)が多い.このようなときは,塩基の共役酸の pK_a を尺度に塩基性の強さを考えるとよい.この場合,<u>塩基性が強い→共役酸の酸性が弱い→共役酸の pK_a が大きい</u>,という関係を頭に入れておく必要がある.

	エチルアミン	共役酸の pK_a	10.63
	アニリン	共役酸の pK_a	4.60

◆ **有機化合物の酸性の強さを支配する因子** 有機化合物で酸性を示すものはほとんどが $H^{\oplus}$ を与えるものである.

$$\text{XH} \rightleftarrows \text{X}^{\ominus} + \text{H}^{\oplus}$$

においてXが強く電子を求引するほど $H^{\oplus}$ は解離しやすく,強い酸になる.したがって,Xの電子求引性を考察することによって化合物のもつ酸性を理解することができる.

(i) 化合物の酸性を支配する最も大きな因子:$H^{\oplus}$ を与える官能基としてどのようなものをもつか.

  酸の強さ: カルボン酸>フェノール>アルコール

(ii) 同じ官能基でも,分子内にある他の官能基の影響によって酸性が強くなったり,弱くなったりする.電子求引基は酸性を強くし,電子供与基は酸性を弱くする.

{ 酸性の原因となる官能基が飽和の炭素に結合している場合
 他の置換基のI効果によって影響される.I効果において電子求引性の強い基が数多く,また近くにあるほど酸性は強くなる.逆に電子供与性のI効果をもつ基は酸性を弱くする.

酸性の原因となる官能基が共役系,あるいはベンゼン環に直接結合している場合
 他の置換基のI効果,M効果の双方によって影響される.
 ベンゼン環においては p-位の置換基は通常M効果がI効果より大きな影響をもつ.m-位の置換基はI効果の影響もかなりきく(m-位に対してM効果は直接の影響をもたない.一方,I効果は酸性の原因となる基と影響を与える基との距離が p-位の場合より近いこともあって相対的な役割が大きくなる.).

o-位に置換基がある場合にはo-位特有の相互作用（問題6.2）があって，統一的な判断基準がない．

◆ **カルボン酸の酸の強さ**　具体例として酢酸・安息香酸のpKaにおよぼす置換基効果を表に示す．

表6.1　カルボン酸の酸の強さ

置換酢酸のpKa（水中25℃）		一置換安息香酸のpKa（水中25℃）			
置換基		置換基＼位置	o-	m-	p-
—H	4.757	H	4.21		
—F	2.586	—CH$_3$	3.91	*4.28*	*4.36*
—Cl	2.866	—OCH$_3$	4.09	4.09	*4.49*
—Br	2.903	—OH	3.00	4.08	*4.58*
—I	3.175	—Cl	2.94	3.82	3.99
Cl$_2$	1.29	—Br	2.85	3.81	4.00
Cl$_3$	0.1	—COCH$_3$	—	3.89	3.68
—CH$_2$Cl	4.08	—CN	—	3.60	3.53
—CH$_2$CH$_2$Cl	4.52	—NO$_2$	2.17	3.49	3.42
—CH$_3$	*4.88*				
—COO$^\ominus$	*5.69*				

イタリック（青字）は無置換のものより酸性が弱いもの

◆ **有機化合物の塩基性の強さを支配する因子**　有機化合物で塩基性を示すものはほとんどがH$^\oplus$を受け取るものである．

$$Y: + H^\oplus \rightleftharpoons YH^\oplus$$

（i）塩基性の強さの順

$$RO^\ominus > ArO^\ominus > RNH_2 > ArNH_2$$
アルコラート　フェノラート　アルキルアミン　アリールアミン

（ii）塩基性の原因となる基に対する他の置換基の影響

酸の場合と逆で，電子供与基は塩基性を高め，電子求引基は塩基性を低下させる．効果の方向は逆であるが，酸性についての p.51（ii）の考察がそのまま適用される．

―― 例題 1 ――
つぎの組合せに働く分子間力は，水素結合，双極子－双極子相互作用，ファン・デル・ワールス力のいずれか．
(1) $H_2O - D_2O$
(2) $CH_3CH_2CH_2CH_3 -$ ⟨benzene⟩
(3) $CH_3COCH_3 - CH_3COCH_3$
(4) $CH_3COCH_3 - H_2O$

【解答】(1) Dは水素の同位体 ^2_1H．同位体は原子核の質量数が異なるだけで，化学的性質を支配する電子の振舞いには影響がほとんどない．したがって $H_2O - D_2O$ の相互作用は $H_2O - H_2O$ と同じと考えてよい．すなわち $H_2O - D_2O$ に働く分子間力は水素結合．

(2) $CH_3CH_2CH_2CH_3$ とベンゼンはともに無極性（分子内で電子の偏りが少ない）分子．このような分子間に働くのはファン・デル・ワールス力である．

(3) CH_3COCH_3 分子の $>C=O$ は強く分極しており $>C^{\delta+}=O^{\delta-}$ となっている．この分極によって CH_3COCH_3 分子は双極子である．CH_3COCH_3 分子の ⊕ 極は他の CH_3COCH_3 分子の ⊖ 極と引き合い，⊖ 極は他の CH_3COCH_3 分子の ⊕ 極と引き合う．よって，双極子－双極子相互作用．

(4) CH_3COCH_3 の $>C=O$ のOは強く ⊖ に帯電している．ここに H_2O のH⊕が引き寄せられ水素結合が形成される．一方，⊕ に帯電したCには H_2O のOの非共有電子対が働きかける．この相互作用が進むと右辺のような化学種に変化する．アルデヒド，ケトンの水溶液中では水和した（$>C=O$ に H_2O が付加した形）化学種が平衡で存在する．

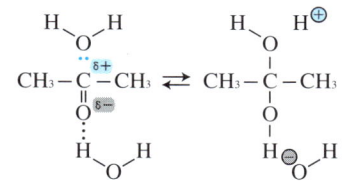

$CH_3COCH_3 - H_2O$ の相互作用では左辺の形が重要なので，分子間力には水素結合が主として働いていると言ってよい．

～～ 問　題 ～～

1.1 つぎの組合せの分子間に働く分子間力は何か．
(1) $CH_3CN - CH_3OCH_3$
(2) ⟨1,3,5-trioxane⟩ $- H_2O$
(3) $CH_3CHO - C_2H_5OH$
(4) ⟨C_6H_5⟩-Cl $-$ ⟨C_6H_5⟩-NO_2
(5) $CH_3CH_2CH_2CH_2CH_2CH_3 -$ ⟨benzene⟩

例題 2

つぎの各組の化合物を沸点が高い順に並べよ．
(1) $CH_3CH_2CH_2CH_3$, CH_3CH_2CHO, $CH_3CH_2CH_2OH$, CH_3COOH
(2) $CH_3CH_2CH_2CH_2CH_3$, $CH_3CHCH_2CH_3$ (枝分かれに CH_3), CH_3CCH_3 (中央Cに CH_3 と CH_3)

【解答】(1) 4種の化合物の分子量はほぼ同じで，分子間相互作用を比較しやすい．最も強い分子間相互作用は水素結合である．水素結合で結ばれる $CH_3COOH - CH_3COOH$，$C_2H_5OH - C_2H_5OH$ は沸点が高い．この中で，Hが強く ⊕ に帯電しているCOOHはOHより強い水素結合ができて，分子間引力が大きく沸点が高い．

CH_3CHO は例題1の CH_3COCH_3 と同じで，分極した $>C=O$ をもち双極子－双極子相互作用で引き合う．$CH_3CH_2CH_2CH_3$ の分子には分極した結合がなく，ファン・デル・ワールス力しか働かない．

上の考察から沸点の順番はつぎのように推定され，事実もその通りになっている．

$$CH_3COOH > CH_3CH_2CH_2OH > CH_3CH_2CHO > CH_3CH_2CH_2CH_3$$
沸点　　118℃　　　　97℃　　　　　48℃　　　　　−0.5℃

(2) これらの3種のペンタンの異性体には恒常的な分極はなく，ファン・デル・ワールス力による引き合いがあるだけである．ファン・デル・ワールス力は分子が他の分子と触れあったとき，一時的に生じる電気力であるから，分子と分子の接触面が広いほど強い．同じような分子量をもつ分子では分子の形によって沸点が決まることになる．

すなわち，細長い分子ほど沸点が高く，丸い分子ほど沸点が低いことになり，つぎの順番が推定され，事実もその通りである．

$$CH_3CH_2CH_2CH_2CH_3 > CH_3CHCH_2CH_3 > CH_3CCH_3$$
沸点　　　36℃　　　　　　28℃　　　　　　9.5℃

問題

2.1 つぎの各組の化合物の沸点の順序を推定せよ．

(1) ⬡, ⬡-COOH, ⬡-OH, ⬡-NH$_2$

(2) CH_3CH_2COOH, CH_3COOCH_3, $HOCH_2CH_2CH_2OH$

2.2 シス体 (H, Cl) (Cl, H) C=C (沸点，47℃)，トランス体 (Cl, Cl) (H, H) C=C (沸点，60℃) ではシス異性体の沸点が高い．この理由を考察せよ．

― 例題 3 ―

つぎの化合物のうち水に溶けやすいと思われるものを選び出せ(室温で水に対して5%以上溶けることを一応の目安とせよ).

(a) $CH_3CH_2CH_2CH_3$　　(b) $CH_3CH_2CH_2OH$　　(c) CH_3CHCH_3
(d) CH_3CH_2CHO　　(e) CH_3COOH　　　　　　　　　　$|$
　　　　　　　　　　　　　　　　　　　　　　　　　　　　　　　　OH
(f) $HOCH_2CH_2OH$　　(g) $CH_3CH_2OCH_2CH_3$　　(h) CH_2Cl_2
(i) $CH_3COOCH_2CH_3$

【解答】 本問では (a)–(i) の化合物について実測値を掲げ,その解釈を述べる行き方をとろう.有機化学は現実的な学問である.かなり系統的にまとまっているといっても化学現象は複雑な要素がからまる.解釈はあくまで解釈であり,実験事実が何よりも優先する.

化合物	H_2Oへの溶解度	考察
(a) $CH_3CH_2CH_2CH_3$	不溶	アルカン.無極性でH_2Oと水素結合できない.
(b) $CH_3CH_2CH_2OH$	自由に混ざる	H_2O分子と水素結合で作用しあう.
(c) $CH_3CH(OH)CH_3$	自由に混ざる	H_2O分子と水素結合で作用しあう.
(d) CH_3CH_2CHO	水100gに約14g	H_2O分子と水素結合で作るがアルコールほどでない.
(e) CH_3COOH	自由に混ざる	H_2O分子と水素結合を作る.
(f) $HOCH_2CH_2OH$	自由に混ざる	H_2O分子と2個のOHで水素結合でき,相互作用大.
(g) $CH_3CH_2OCH_2CH_3$	水100gに約6g*	H_2O分子のHとエーテルのOとで弱い水素結合ができるが,$>C=O$にはおよばない.
(h) CH_2Cl_2	水100gに約2g	H_2O分子と水素結合は作らないが,分極の結果生ずる⊕,⊖の電荷がH_2Oの⊖,⊕と作用しあって少し溶ける.
(i) $CH_3COOH_2CH_3$	水100gに約10g	COOの分極はエーテルよりも大きく,エーテルより水に溶けやすい.

* ジエチルエーテルは水に溶けないように思われているかもしれないが,事実はかなり水に溶ける.

~~~ 問　題 ~~~

3.1 つぎの各組の化合物の水に対する溶解度の順序を推定せよ.

(1) (a) $CH_3CH_2CH_2CH_2CH_2CH_3$
　　(b) $CH_3CH_2COCH_2CH_3$
　　(c) $CH_3CH_2CH_2COOH$

(2) (a) $CH_3COO(CH_2)_3CH_3$
　　(b) $CH_3COO(CH_2)_4CH_3$
　　(c) $CH_3COO(CH_2)_5CH_3$

例題 4

(1) つぎの各組の化合物は，どちらが酸として，どちらが塩基として働くか．
　　（ⅰ）酢酸とアンモニア　　（ⅱ）酢酸と水　　（ⅲ）酢酸と硫酸
(2) $HC(CN)_3$は水酸化ナトリウムの溶液に溶けることが知られている．この理由を説明せよ．

【解答】(1) (ⅰ) $CH_3COOH + NH_3 \rightleftarrows CH_3COO^{\ominus} + NH_4^{\oplus}$ の反応は右辺に偏っている．
CH_3COOHが$H^{\oplus}$供与体で酸，：NH_3は非共有電子対を用いて$H^{\oplus}$を受け入れている（塩基）．

　（ⅱ）　　　　　　　　　　$CH_3COOH + H_2O \rightleftarrows CH_3COO^{\ominus} + H_3O^{\oplus}$

CH_3COOHが酸，H_2Oは$H^{\oplus}$を受け取っており塩基．

　（ⅲ）酢酸は硫酸より弱い酸で酢酸の$H^{\oplus}$を硫酸に与えることはできない．逆に硫酸は酢酸に$H^{\oplus}$を与える．

$$H_2SO_4 + CH_3COOH \rightleftarrows HSO_4^{\ominus} + CH_3-\overset{\oplus}{C}\underset{OH}{\overset{OH}{<}}$$

(2) CNは電子求引性の基で，それが3個ついてくるので中心のCは強く$\oplus$に帯電し，したがって$H-C$結合の電子は強くCに引かれHは$H^{\oplus}$の性格を強くして酸性の原因となる．

$$CH(CN)_3 + OH^{\ominus} \rightleftarrows H_2O + \overset{\ominus}{C}(CN)_3$$

これは生成する$^{\ominus}\ddot{C}(CN)_3$の安定性からも説明できる．$^{\ominus}\ddot{C}(CN)_3$はつぎの共鳴によって$\ominus$電荷が分散していて安定化しており生成しやすい．

$$N \equiv C - \overset{\ominus}{\ddot{C}} - C \equiv N \leftrightarrow N \equiv C - C = C = \overset{\ominus}{\ddot{N}} \leftrightarrow N \equiv C - C - C \equiv N \leftrightarrow \overset{\ominus}{\ddot{N}} = C = C - C \equiv N$$
（下に $\underset{N}{\overset{|}{C}} \equiv$ 基）

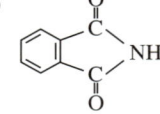

~~~~ 問　題 ~~~~

4.1 つぎの塩基の共役酸を示せ．
　(1) H_2O　　(2) CH_3OH　　(3) CH_3NH_2　　(4) $(CH_3)_3N$　　(5) $C_6H_5-O^{\ominus}$

4.2 つぎの酸の共役塩基を示せ．
　(1) H_2O　　(2) CH_3OH　　(3) $CH(CN)_3$　　(4) $C_6H_5-\overset{\oplus}{N}H_3$　　(5) HCl

4.3 つぎの化合物は水酸ナトリウムの溶液に溶ける．この理由を説明せよ．
　(1) $CH_2(COOCH_3)_2$　　(2) $CH_3COCH_2COCH_3$　　(3) CH_3NO_2　　(4) フタルイミド

―― 例題 5 ――

フェノール（pK_a＝9.95）はエタノール（pK_a＝18）より酸性が強い．この理由を説明せよ．

【解答】　フェノールもアルコールもO－Hをもつ．Oは電気陰性度が大きくO－H結合の電子を強く引くためH上の電子密度が小さくなりH$^{\oplus}$として解離しやすくなる．これが酸性の原因である．フェノールとエタノールを比べると，フェノールはO上の非共有電子対がベンゼン環と共役し（Oのp軌道はすでに2個の電子がつまっていて，共役によってベンゼン環への電子の流出が起こり），Oは $\oplus$ に帯電する．これを共鳴の考えで表現すると，

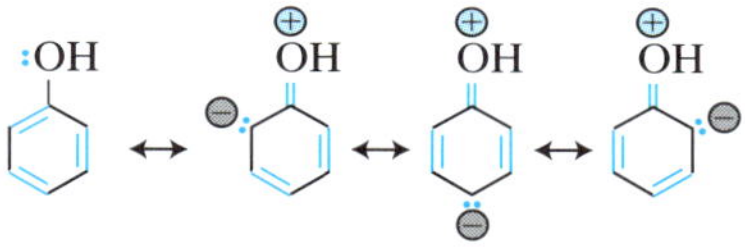

Oが $\oplus$ に帯電することは，O－H結合の電子をOの上に引き寄せることになり酸性を強くする．エタノールにはこのような効果がないので，フェノールの酸性がエタノールより大きいことが理解される．

この問題はつぎのように考えてもよい．解離平衡を考えて，

$$XH \rightleftarrows X^{\ominus} + H^{\oplus}$$

で，X$^{\ominus}$が安定な構造をもつものほど平衡が右に偏って酸性が強い．解離したフェノールにはつぎの共鳴があってO上の $\ominus$ 電荷をベンゼン環上に分散し安定化がある．

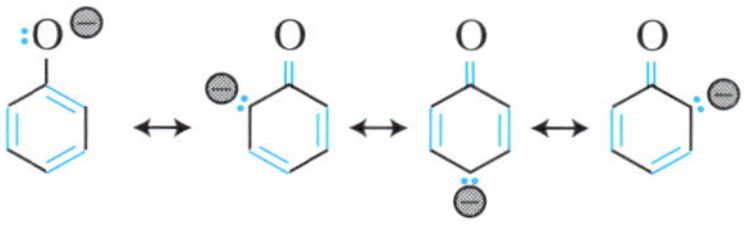

したがって，フェノールはこのような安定化のないアルコールより酸性が強い．

～～　問　題　～～

5.1　CH$_3$COOHはフェノールより強い酸である．この理由を説明せよ．

5.2　アルコラートCH$_3$CH$_2$ONaはフェノラート ⟨○⟩－ONa より強い塩基である．この理由を説明せよ．

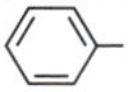

5.3　CH$_3$COO$^{\ominus}$，⟨○⟩－O$^{\ominus}$，CH$_3$CH$_2$O$^{\ominus}$を塩基性の大きい順に並べよ．

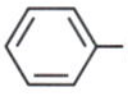

例題 6

つぎの各組の化合物を酸性の大きい順番に並べよ．

(1) CH_3COOH, $ClCH_2COOH$, $Cl_2CHCOOH$, $ClCH_2CH_2COOH$

(2)

　　　OH　　　　OH　　　　OH
　　　｜　　　　｜　　　　｜
　　（ベンゼン環）,（ベンゼン環-CN の p 位）,（ベンゼン環-CH_3 の m 位）

【解答】(1) カルボン酸ではC＝Oのπ結合の電子がOに偏り，空になったCのp軌道にOHの非共有電子対が流れ込んでOHのOが正に帯電する．正電荷を帯びたOがHからσ結合の電子を引きつけるのでHはH⊕として解離しやすくなる．
－COOHに電子を求引する基がつくとCOOHの正電荷が増してH⊕の解離が増進されて酸性が強くなる．X－CH_2－COOHにおいては，XとCOOHの間にCH_2があるのでXとCOOHは共役できず，XはCOOHに対しI効果のみで影響する．

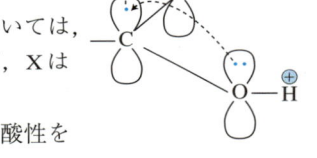

Clは電子求引のI効果をもつので，COOHから電子を引き酸性を強くする．

Clが2個あるとその効果は増してCOOHの正電荷はさらに大きくなるので$Cl_2CHCOOH$の酸性は$ClCH_2COOH$のそれよりも大きくなる．

$ClCH_2CH_2COOH$ではClが炭素2個を隔ててCOOHに作用している．ClのI効果による電子求引性はCの鎖を伝わるにつれて減少するので，$ClCH_2CH_2COOH$のClの電子求引効果は$ClCH_2COOH$のそれよりも小さい．しかし，Clが存在しないときに比べれば電子求引の効果は残っており，酸性はCH_3COOHより$ClCH_2CH_2COOH$の方が大きい．

以上まとめると，酸性の強い順に，

$$Cl_2CHCOOH > ClCH_2COOH > ClCH_2CH_2COOH > CH_3COOH$$

(2) フェノールの酸性の原因については例題5で解説した．フェノールの酸性は環に結合した置換基によって影響を受ける．置換基がOHの電子を求引すれば酸性は強くなる．逆に置換基からOHへの電子が供与されると酸性は弱くなる．フェノールのOHと置換基の間は共役系で結ばれており，電子はσ結合系，π結合系の双方を経由して偏る．それらの総合としてOH上の電子状態が決まる．ベンゼン環を通しての置換基効果のうちm-位の置換基効果はI効果が主体となりp-位の置換基効果はM効果が主体となる．

m-位の置換基効果でI効果が重要である理由は，(イ) m-位にはM効果の影響が直接伝わらない．(ロ) m-位はp-位よりも作用を与える官能基（この場合はOH）に近く，I効果が伝わりやすいからである．

p-位の置換基効果ではM効果が重要である．その理由は（イ）p-位にはM効果の影響が

直接伝わる．（ロ）p-位はm-位よりも作用を与える官能基に遠く，I効果が伝わりにくい．

フェノール（安息香酸についても同じ考え方が成り立つ）の酸性におよぼす置換基効果をまとめると，

m-位の置換基の効果 I効果が主体	I効果	電子供与 →	酸性を小さくする効果
	I効果	電子求引 →	酸性を大きくする効果
p-位の置換基の効果 M効果が主体	M効果	電子供与 →	酸性を小さくする効果
	M効果	電子求引 →	酸性を大きくする効果

ただし，p-位のハロゲンは例外的である．ハロゲンはその大きい電気陰性度のために大きな電子求引性のI効果をもつ．また電子供与性のM効果も（ハロゲンの大きな電気陰性度のために）それほど大きくない．p-位のハロゲン効果は，I効果がM効果をしのぎ全体として電子求引性を示すことになる．

上のことを本文に適用するp-CN基．p-位なのでM効果に着目する．－CNは電子求引性のM効果をもつ．したがって，p-CN基はフェノールの－OHの電子密度を下げ，p-シアノフェノールの酸性はフェノールのそれより大きくなる．

m-CH$_3$基．m-位なのでI効果に着目する．－CH$_3$は電子供与性のI効果をもつ．したがってm-CH$_3$はフェノールの－OHの電子密度を下げ，m-メチルフェノール（m-クレゾール）の酸性はフェノールのそれより小さくなる．

以上まとめると酸性の強い順に，

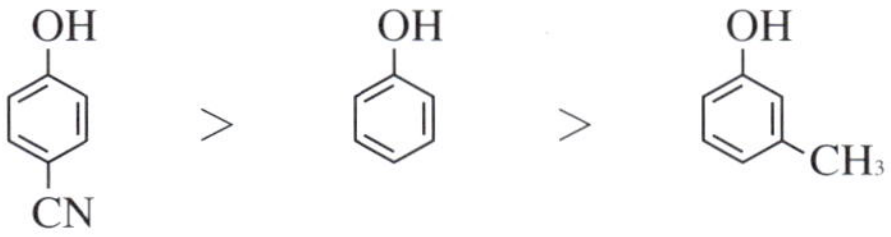

p-シアノフェノール ＞ フェノール ＞ m-クレゾール

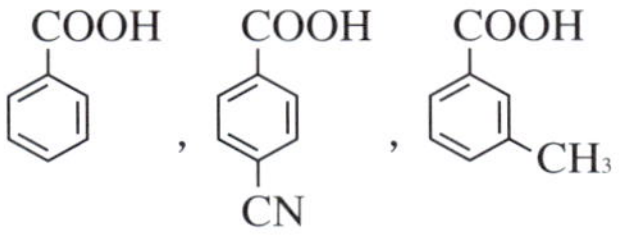

~~~ 問　題 ~~~

6.1 つぎの各組の化合物を酸性の大きい順に並べよ．またそのように判断する理由を述べよ．

(1) CH$_3$COOH, FCH$_2$COOH, ClCH$_2$COOH, BrCH$_2$COOH

(2) 安息香酸, p-シアノ安息香酸, m-メチル安息香酸

(3) 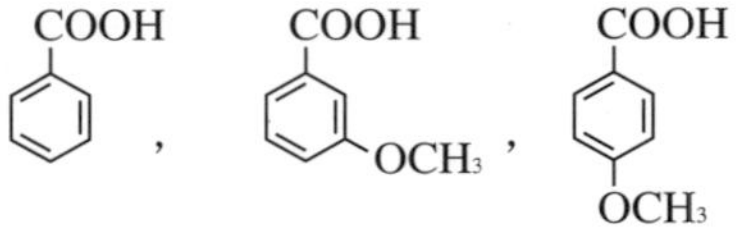

(4) 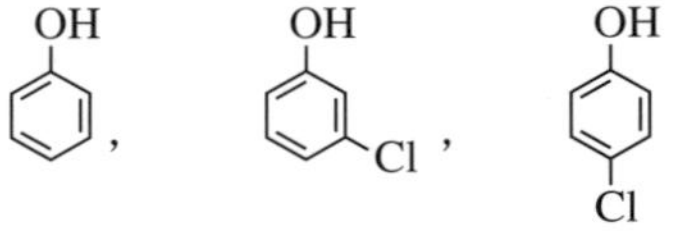

(5) 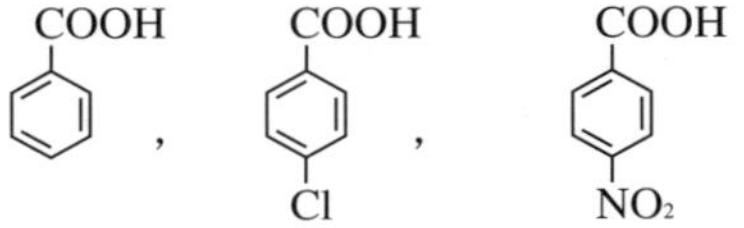

(6) 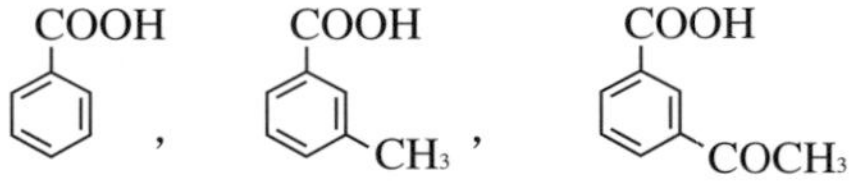

(7) 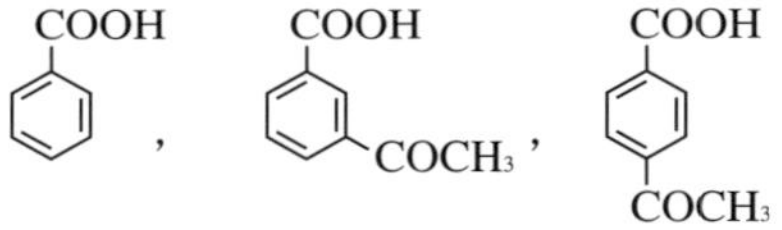

6.2 つぎの各組の化合物を酸性の大きい順に並べよ.

(1) 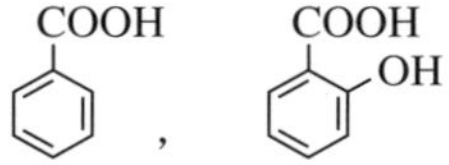

(2) 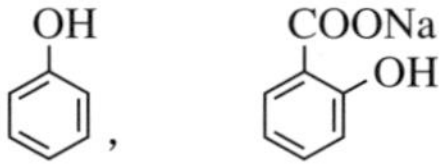

(3) 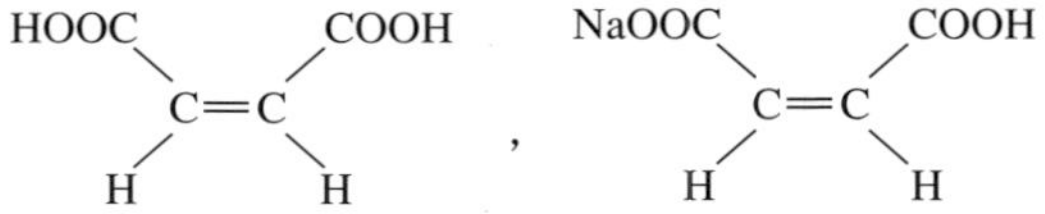

A　　　　**B**

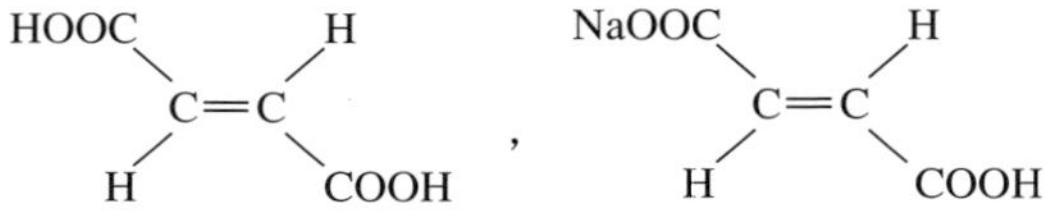

C　　　　**D**

― 例題 7 ―

つぎの三つの化合物を塩基性の強い順番に並べよ．

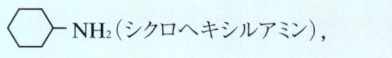

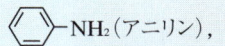

⟨C₆H₁₁⟩-NH₂（シクロヘキシルアミン），　⟨C₆H₅⟩-NH₂（アニリン），

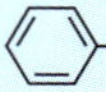

⟨C₆H₅⟩-NHCOCH₃（アセトアニリド）

【解答】 アミンの塩基性の原因はN上の非共有電子対の供与性にある．N上に非共有電子対が局在しているほど電子対を他の化合物に与えやすく，塩基性が高くなる．シクロヘキシルアミンのNH₂は飽和の炭素に結合していて，N上の非共有電子対は他の場所へ移動することができないので，塩基性が大きい．アニリンにおいては，非共有電子対を収容しているNのp軌道はベンゼン環のp軌道群と重なり合い共役している．元来N上のp軌道には2個電子が入っており，共役する際にはNの方から電子がベンゼン環の方へ流れ出さなければならない．一つの軌道へは2個しか電子をつめることができないので，ベンゼン環→Nへのπ電子の流れはない．したがって，アニリンのN上の非共有電子密度はシクロヘキシルアミンのそれよりも小さくなる．すなわち，塩基性は ⟨C₆H₁₁⟩-NH₂ > ⟨C₆H₅⟩-NH₂．アセトアニリドではアニリンのNにさらに−COCH₃が結合している．>C=Oのπ結合の電子はOの方に偏り，C上に生ずる正電荷をうめるためN上の非共有電子対が>C=Oの方へ流れ出す．アセトアニリドにあっては，Nの非共有電子対がベンゼン環，>C=Oの両方に引かれ，N上に残る電子の密度はアニリンよりさらに小さくなる．すなわち，塩基性は，

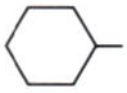

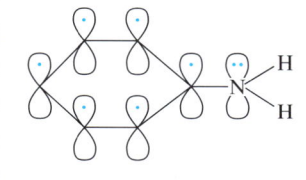

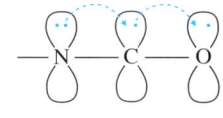

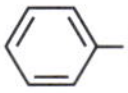

⟨C₆H₅⟩-NH₂ > ⟨C₆H₅⟩-NHCOCH₃

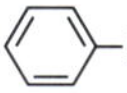

以上を総合して，塩基性は，

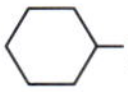

⟨C₆H₁₁⟩-NH₂ > ⟨C₆H₅⟩-NH₂ > ⟨C₆H₅⟩-NHCOCH₃

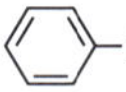

～～～ **問　題** ～～～

7.1 つぎの各組の化合物を塩基性の強い順に並べよ．

(1) 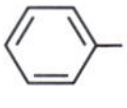 ⟨C₆H₅⟩-NHCH₃，　⟨C₆H₅⟩-NH-⟨C₆H₅⟩，　⟨C₆H₅⟩-NHCOCH₃

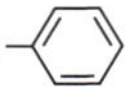

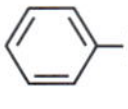

(2) CH_3NH_2，$CH_3NHCOCH_3$，$CH_3CONHCOCH_3$

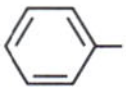

(3) ⟨C₆H₅⟩-NH₂，　⟨C₆H₅⟩-NH-⟨C₆H₅⟩，　⟨C₆H₅⟩-N(-⟨C₆H₅⟩)-⟨C₆H₅⟩

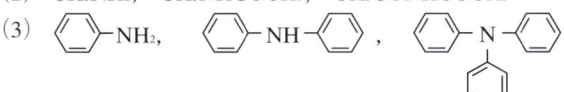

―― 例題 8 ――

つぎの各組の化合物を塩基性の強い順に並べよ．また，そのように判断した理由を述べよ．

(1) ⌬—NH₂(**A**)，　O₂N—⌬—NH₂(**B**)

(2) ⌬—NH₂(**A**)，　CH₃O—⌬—NH₂(**B**)，　⌬(CH₃O)—NH₂(**C**)

【解答】 アニリンの塩基性が置換基によってどのように影響されるかについての問題である．N上の非共有電子対の密度が高いほど塩基性は大きい．電子求引基はN上の電子密度を下げ，塩基性を小さくする．電子供与基は逆に塩基性を大きくする．フェノール，安息香酸の酸性に対する置換基効果とちょうど逆になる．したがって，

m-位の置換基の効果　I効果が主体	{	I効果	電子供与 →	塩基性を大きくする効果
		I効果	電子求引 →	塩基性を小さくする効果
p-位の置換基の効果　M効果が主体	{	M効果	電子供与 →	塩基性を大きくする効果
		M効果	電子求引 →	塩基性を小さくする効果

p-位にハロゲンがある場合：ハロゲンの大きな電子求引性のI効果が，電子供与性のM効果に勝り，p-ハロゲンは−NH₂の塩基性を小さくする．

(1) −NO₂がp-位に入るときの影響，p-位の置換基の影響はM効果を基礎に考える．−NO₂基は電子求引性のM効果をもち塩基性を弱める．すなわち，塩基性は**A**＞**B**．

(2) CH₃O−基であるが，m-位のときはI効果が，p-位のときはM効果が重要になる．CH₃O−基のI効果は電子求引，したがってm-位のCH₃O−は塩基性を小さくする．一方CH₃O−のM効果は電子供与．したがって，p-位のCH₃O−は塩基性を大きくする．

塩基性は**B**＞**A**＞**C**．

～～～ 問　題 ～～～

8.1 つぎの各組の化合物を塩基性の強い順番に並べよ

(1) ⌬—NH₂，　F—⌬—NH₂，　Cl—⌬—NH₂，　Br—⌬—NH₂

(2) ⌬—NH₂，　CH₃—⌬—NH₂，　NC—⌬—NH₂

(3) ⌬—NH₂，　Cl—⌬—NH₂，　Cl—⌬—NH₂

7 炭化水素：アルカン，アルケン，アレーン

◆ **分類** 飽和炭化水素（アルカン，alkane），二重結合をもつ不飽和炭化水素（アルケン，alkene），三重結合をもつ不飽和炭化水素（アルキン，alkyne），芳香族炭化水素（アレーン，arene）．

◆ **物理的性質** 揮発性に富んだ物質．水には溶けないが，炭化水素どうしはよく混り合う．

◆ **化学的性質** アルカン，アルケン，アレーンの反応性の比較．

アルカン	アルケン	アレーン
各種試薬に対し安定．苛酷な条件でのみ反応する．ハロゲンによる置換は高温か光の作用下で起こる． $RH + Cl_2 \xrightarrow{250-400℃ or 光} RCl$ 反応の選択性は高くなく，単一生成物は得にくい． Hの置き換わりやすさ $-\underset{|}{\overset{|}{C}}H > -\underset{|}{\overset{|}{C}}H_2 > -CH_3$	反応性豊かで，特に付加反応を起こしやすい． $-\overset{|}{C}=\overset{|}{C}- + Br_2 \rightarrow -\overset{|}{\underset{|}{C}}Br-\overset{|}{\underset{|}{C}}Br-$ $-\overset{|}{C}=\overset{|}{C}- + HX \rightarrow -\overset{|}{\underset{|}{C}}H-\overset{|}{\underset{|}{C}}X-$ $X = Cl, Br, I, HSO_4, OH$ （H_2SO_4を触媒にして） 付加重合 $CH_2=CHX \rightarrow -(CH_2-CHX)_n-$ $X = H, CH_3, Cl, OCOCH_3, CN, Ph$など	アルケンと異なり，付加反応ではなく置換反応をする． 置換反応の例． C₆H₆ + Cl_2 $\xrightarrow{Fe粉(触媒)}$ C₆H₅Cl （Br_2とも同様の反応） C₆H₆ $\xrightarrow[H_2SO_4]{HNO_3}$ C₆H₅NO₂ C₆H₆ + $RCOCl$ $\xrightarrow{AlCl_3(触媒)}$ C₆H₅COR （**フリーデル-クラフツ**（Friedel-Crafts）**反応**） （他の例は次ページ参照）
酸化 酸素と反応して燃える．穏やかな条件での部分酸化は難しい．	$C=C$は酸化を受け易い $-\overset{|}{C}=\overset{|}{C}- \xrightarrow{O_2} -\overset{|}{\underset{|}{C}}=O \; O=\overset{|}{\underset{|}{C}}-$ （アルデヒド，ケトンで反応が止まる．） $-\overset{|}{C}=\overset{|}{C}- \xrightarrow[K_2Cr_2O_7(H^⊕)]{KMnO_4(冷)} -\overset{|}{\underset{OH}{C}}-\overset{|}{\underset{OH}{C}}-$ ↓ $-\overset{|}{C}=O + O=\overset{|}{C}-$（CHOはCOOHまで酸化される．）	酸化に強く，トルエンでは側鎖のアルキルが酸化される． C₆H₅CH₃ $\xrightarrow{K_2Cr_2O_7(H^⊕)}$ C₆H₅COOH
還元 反応しない．	触媒（Ni, Pt, Pdなど）の存在下で水素が付加する． $-\overset{|}{C}=\overset{|}{C}- \xrightarrow[触媒]{H_2} -\overset{|}{\underset{|}{C}}H-\overset{|}{\underset{|}{C}}H-$	触媒の存在下でH_2と反応するが，アルケンに比べ，高温高圧を要する． C₆H₆ $\xrightarrow[触媒]{H_2}$ C₆H₁₂

◆ **共役二重結合の特徴的反応** 共役二重結合はアルケンと同じく付加反応をするが，付加が共役系の両端に起こり，二重結合が移動することがある．

$$CH_2=CH-CH=CH_2 \xrightarrow{Br_2} CH_2Br-CH_2Br-CH=CH_2 + CH_2Br-CH=CH-CH_2Br$$

1,2-付加　　　　　　　　1,4-付加

ディールス-アルダー（Diels-Alder）反応

◆ **芳香族化合物の置換反応** 種々の試薬と反応し，環のHが置き換わる．前ページに挙げた例の他につぎのようなものがある．（反応の解説は第8章にある．）

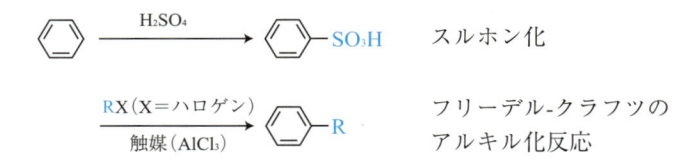

○—$\xrightarrow{H_2SO_4}$—○—SO_3H　　スルホン化

○—$\xrightarrow[触媒(AlCl_3)]{RX(X=ハロゲン)}$—○—R　　フリーデル-クラフツの
アルキル化反応

ベンゼン環に直接導入できない基にはつぎのようなものがある．
　−F，−OH，−NH_2，−I　（まったく不可能ではないが反応は困難）
　−Cl，−Brは，ベンゼンとCl_2，Br_2を$AlCl_3$のようなルイス酸の存在で反応させれば導入できるのに，同じやり方で−Fによる置換が不可能なのは，FがHと親和性が強く，F_2とベンゼンを混ぜると，F_2がHを奪ってHFとなり，ベンゼンは炭素の塊と化すためである．
　一方，ヨウ素による置換反応が実用的でないのはつぎの平衡が左に偏りすぎているためである．

○ + I_2 ⇌ ○—I + HI

この場合HIを系外に除く（HNO_3で酸化してI_2にする）と反応は右に進むようになる．

―― 例題 1 ――

C_3H_6 に対して可能な異性体の構造と名称（英語名，日本語名）とをすべて示せ．また，それらを化学反応によって識別する方法を考えよ．

【解答】 C_nH_{2n} の化合物であるから 1 個の二重結合か，1 個の環をもつ．可能な構造はつぎの 2 種しかない．

$$CH_3-CH=CH_2$$

propene，プロペンが IUPAC 組織名；
慣用名として propylene，プロピレンでも良い

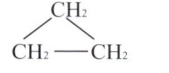

$$\begin{array}{c} CH_2 \\ / \ \backslash \\ CH_2-CH_2 \end{array}$$

cyclopropane，シクロプロパン

プロペンはアルケン，シクロプロパンはアルカンなので，その反応性の違いで容易に区別できる．たとえば臭素水の中にそれぞれの気体を吹き込むと，シクロプロパンは変化を受けず通り抜けるのに，プロペンは反応し，Br_2 の赤色を消すとともに白色の水に不溶の液体を生ずる．

$$CH_3-CH=CH_2 + Br_2 \longrightarrow CH_3-CHBr-CH_2Br$$

$KMnO_4$ 水溶液中に吹き込む方法でも判定できる．反応して $KMnO_4$ の紫色を消すのがプロペンでつぎのように反応する．

$$CH_3CH=CH_2 + KMnO_4 \longrightarrow CH_3-\underset{OH}{CH}-\underset{OH}{CH_2}$$

ただし，シクロプロパンはアルカンといっても三員環で歪（四価炭素の原子価角は 109.5° であるのに，三員環を作る C は 60° の角度でつながっている）がかかっており，環が開いて直鎖になることがある．H_2SO_4 との反応もその一例で，シクロプロパンは濃硫酸に吸収され，つぎのように反応する．

$$\begin{array}{c} CH_2 \\ / \ \backslash \\ CH_2-CH_2 \end{array} + H_2SO_4 \longrightarrow H-CH_2-CH_2-CH_2-OSO_3H$$

～～ 問　題 ～～

1.1 つぎの各組の化合物を化学的に識別する方法を示せ．解答はつぎの各項目について述べること．(イ) 用いる試薬，(ロ) 実験方法，(ハ) 観察されるであろう現象，(ニ) なぜそのような違いが見られるかの理由．
　(1) シクロヘキサン，シクロヘキセン
　(2) ベンゼン，シクロヘキサン
　(3) 灯油，トルエン

例題 2

つぎの反応の生成物の構造を示せ.

(1)

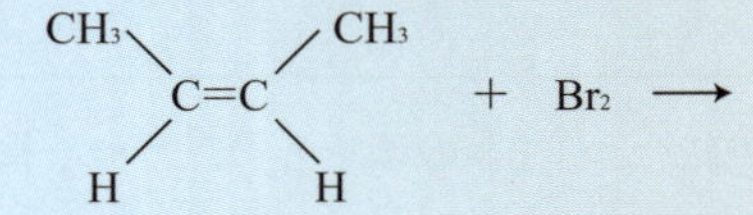

(2)

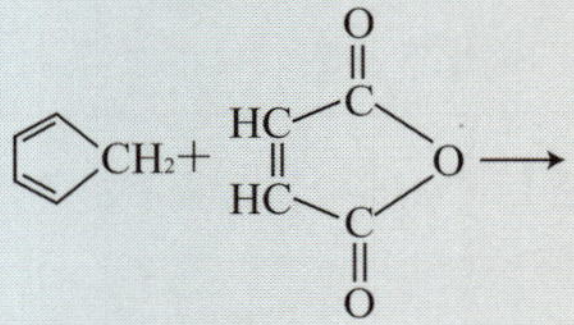

【解答】（1） Br_2が二重結合に付加するが，立体化学的な問題がある．すなわち，2個のBrは分子平面の反対側から付加する．もしBr_2の付加が実線の方向から起これば（**A**），点線の方向で起これば（**B**）になる．この二つは鏡像異性体である．実線方向の付加と点線の方向の付加は同じ確率で起こるので，結果としてラセミ混合物ができる．

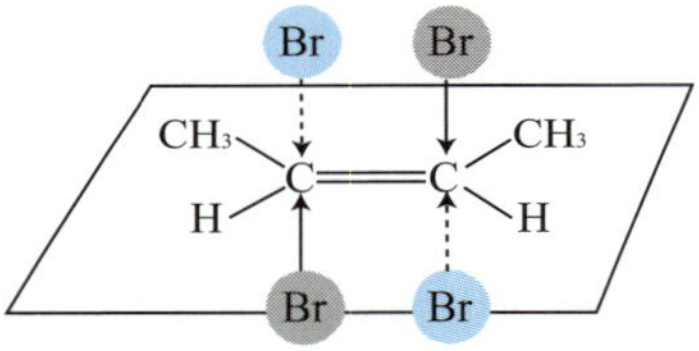

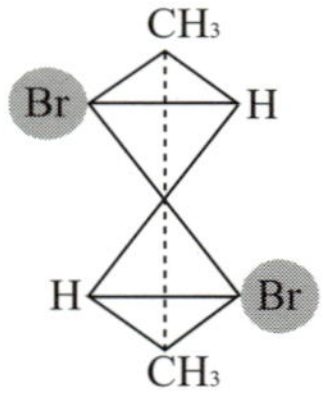

（**A**）

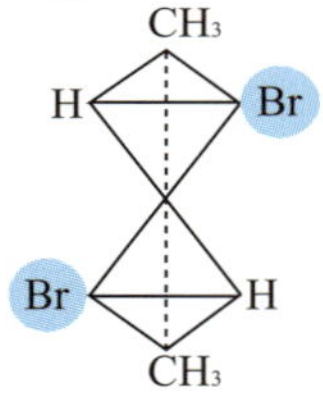

（**B**）

（2） ディールス-アルダー反応である．点線のように付加して環ができる．

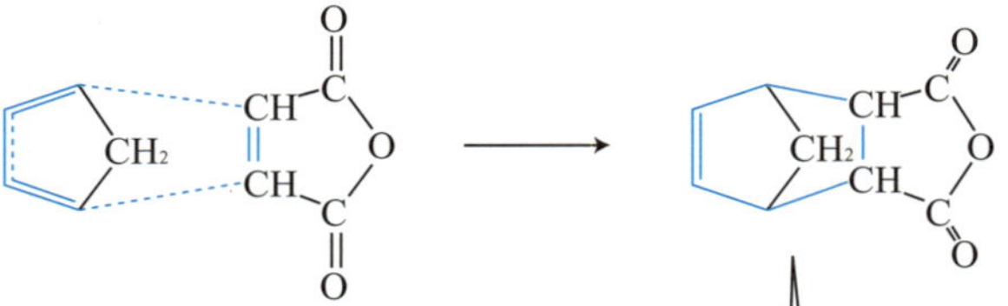

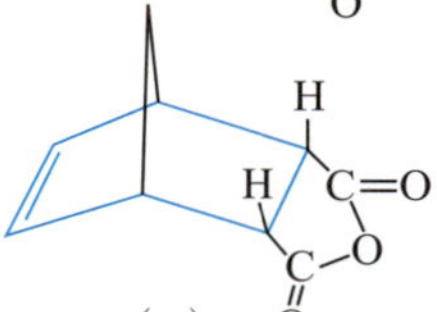

（**C**）

環は（**C**）のような構造である．すなわち舟型の六員環を$-CH_2-$が橋になって固定している．$-COOCO-$とHとの方向は入れかわることも可能だが，（**C**）に示した方向のものが多く生成することが知られている．

問　題

2.1　つぎの化合物に1モルのBr_2を作用させたときの反応生成物の構造を示せ．そのとき触媒などが必要なものはそれも記せ．

（1）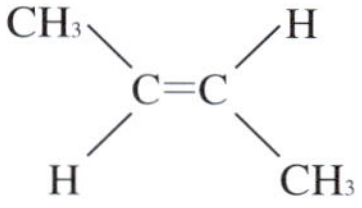

（2）

（3）CH_3CH_3

（4）$CH_2=CH-CH=CH_2$

2.2　つぎの変換を行うのに用いられる試薬（必要なら触媒も）を示せ．

（1）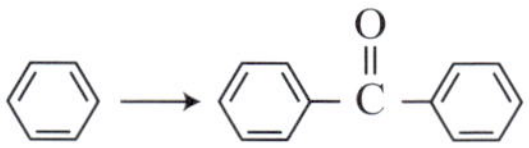

（2）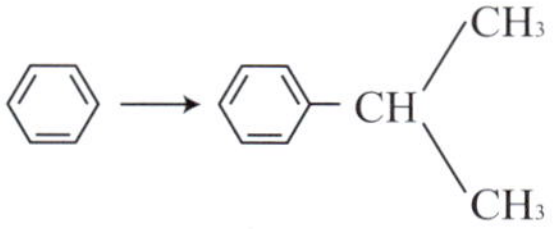

（3）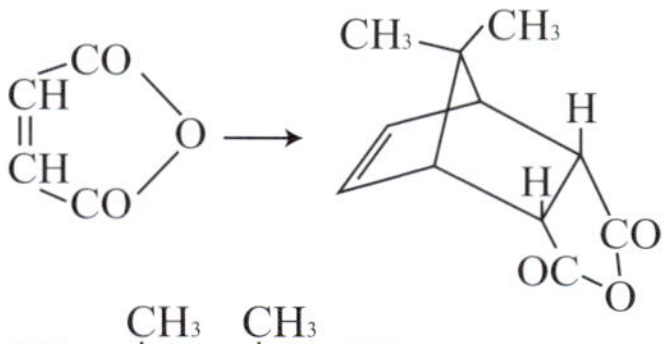

（4）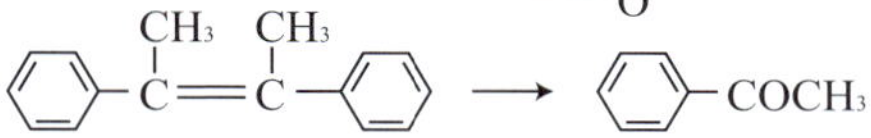

7 炭化水素：アルカン，アルケン，アレーン

例題3

つぎの $\boxed{A}-\boxed{G}$ にあてはまる化合物の化学式（有機化合物なら構造式）を示せ．

C₆H₅— $\xrightarrow{\boxed{A}}$ C₆H₅—COCH₃ $\xrightarrow{\text{LiAlH}_4}$ C₆H₅—CH(OH)—CH₃ $\xrightarrow[\text{(触媒ZnCl}_2\text{)}]{\text{脱水}}$ $\boxed{B}$ $\xrightarrow{\text{Br}_2}$ $\boxed{F}$ $\xrightarrow{\text{KOH}}$ $\boxed{G}$

$\boxed{C}$，$\boxed{D}$，ポリスチレン

C₆H₅— $\xrightarrow{\boxed{E}}$ C₆H₅—CH₂CH₃ $\xleftarrow[\text{(触媒ZnO}_2\text{)}]{\text{脱水素}}$

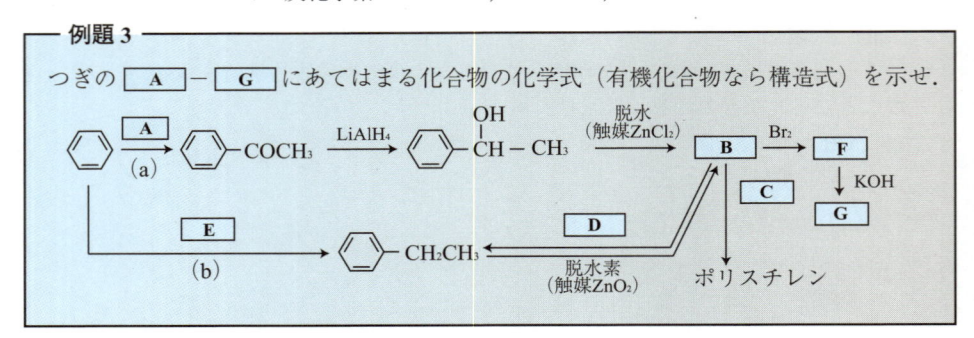

【解答】 炭化水素の相互変換を一覧する図式である．これによって炭化水素はどのように関連しているか，どのように合成するかを頭に入れてほしい．

ベンゼンの行う重要な反応にフリーデル–クラフツ反応がある．フリーデル–クラフツ反応にはアシル化（aの経路）とアルキル化（bの経路）がある．**A**として CH₃COCl あるいは (CH₃CO)₂O，触媒に AlCl₃（無水のもの）を用いると C₆H₅—COCH₃ を得る．一方，CH₃CH₂I と AlCl₃（**E**）によって C₆H₅—CH₂CH₃ が得られる．

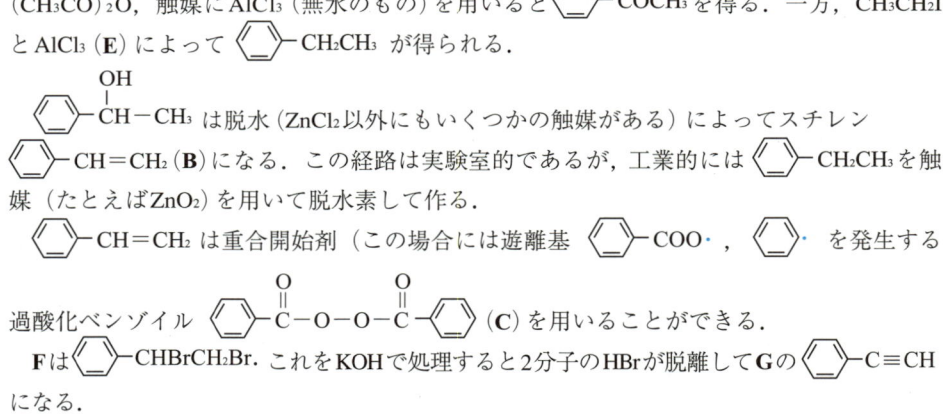

C₆H₅—CH(OH)—CH₃ は脱水（ZnCl₂以外にもいくつかの触媒がある）によってスチレン C₆H₅—CH=CH₂（**B**）になる．この経路は実験室的であるが，工業的には C₆H₅—CH₂CH₃ を触媒（たとえば ZnO₂）を用いて脱水素して作る．

C₆H₅—CH=CH₂ は重合開始剤（この場合には遊離基 C₆H₅—COO・，C₆H₅・ を発生する過酸化ベンゾイル C₆H₅—C(=O)—O—O—C(=O)—C₆H₅（**C**）を用いることができる．

F は C₆H₅—CHBrCH₂Br．これを KOH で処理すると2分子の HBr が脱離して **G** の C₆H₅—C≡CH になる．

D は H₂ と触媒（Ni や Pd が用いられる）で二重結合を水素化する．

～～ **問題** ～～

3.1 つぎの $\boxed{A}-\boxed{E}$ にあてはまる化合物の化学式を示せ．

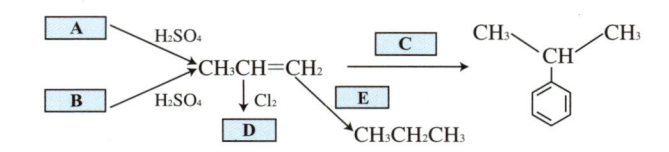

$\boxed{A}$ $\xrightarrow{\text{H}_2\text{SO}_4}$, $\boxed{B}$ $\xrightarrow{\text{H}_2\text{SO}_4}$ → CH₃CH=CH₂ $\xrightarrow{\boxed{C}}$ (CH₃)₂CH—C₆H₅

↓ Cl₂ ， $\boxed{E}$ → CH₃CH₂CH₃

$\boxed{D}$

8 有機反応

8.1 有機反応の分類

◆ **反応形式による分類**

置換反応 有機分子中の原子・原子団が他の原子・原子団によって置き換わる反応.

$$CH_3I + NaOH \longrightarrow CH_3OH + NaI$$

$$\text{C}_6\text{H}_6 + Br_2 \xrightarrow{\text{触媒(Fe 粉)}} \text{C}_6\text{H}_5Br$$

付加反応 多重結合に対しある種の分子が二つに分かれて結合する反応.

$$CH_2=CHCH_3 + HCl \longrightarrow CH_3CHCH_3 \text{ (H, Cl 付加)}$$

$$CH_3\overset{O}{C}CH_3 + CH_3OH \xrightarrow{H^{\oplus}} CH_3\underset{OCH_3}{\overset{OH}{C}}CH_3$$

脱離反応 1分子から比較的簡単な分子が離れて多重結合,環が生成する反応.

$$CH_2CH_2OH \xrightarrow{H_2SO_4} CH_2=CH_2 + H_2O$$

$$ClCH_2CH_2OH + NaOH \longrightarrow \underset{O}{CH_2-CH_2}$$

縮合反応 2分子が反応して,水,アンモニアなど簡単な分子がとれて2分子が結合し,新しい1個の分子を生ずる反応.

$$CH_3COOH + C_2H_5OH \xrightarrow{H^{\oplus}} CH_3COOC_2H_5 + H_2O$$

$$2CH_3CHO \xrightarrow{OH^{\ominus}} CH_3CH=CHCHO$$

転位反応 分子内で結合に組み替えが起こる反応. 置換, 付加, 脱離, 縮合に入らない反応を総括してよぶこともある.

$$\text{C}_6\text{H}_5\text{OCH}_2\text{CH}=\text{CH}_2 \xrightarrow{\text{加熱}} \text{o-HOC}_6\text{H}_4\text{CH}_2\text{CH}=\text{CH}_2$$

$$\text{o-C}_6\text{H}_4(COOK)_2 \xrightarrow{\text{加熱}} \text{p-C}_6\text{H}_4(COOK)_2$$

◆ **反応の原動力となる活性種による分類**

イオン性活性種．
- **カチオノイド試薬　求電子試薬**ともいう．陽イオン性活性種；外殻電子を6個しかもたず，他分子の電子対を受け入れて反応する．
  $:\overset{..}{\text{Cl}}^{\oplus}$,　$\text{NO}_2^{\oplus}$,　$\text{CH}_3^{\oplus}$　など
- **アニオノイド試薬　求核試薬**ともいう．陰イオン性活性種；他分子の $\oplus$ に帯電した部分に電子対を供与して反応する．
  $\text{OH}^{\ominus}$,　$\text{I}^{\ominus}$,　$:\text{NH}_3$　など

ラジカル性活性種．不対電子をもつ．他分子から水素原子などを引き抜いたり，多重結合に付加したりして反応する．ラジカルが攻撃したあとに依然としてラジカル種が残る．ラジカル反応は連鎖になることも多い．

◆ **反応形式と活性種（反応機構）とに基づいた反応の分類と代表例**（置換，付加の両反応についてのみ示す．）

	イオン反応		ラジカル反応
	求核反応	求電子反応	
置換反応	$\text{CH}_3\text{I}+\text{OH}^{\ominus}$ $\longrightarrow \text{CH}_3\text{OH}+\text{I}^{\ominus}$	⟨⟩ $+\text{Br}^{\oplus}$ $\longrightarrow$ ⟨⟩$-\text{Br}+\text{H}^{\oplus}$　ベンゼン環での置換反応はほとんどが求電子試薬の攻撃による．	$\text{CH}_4+\text{Cl}\cdot$ $\longrightarrow \text{CH}_3\cdot+\text{HCl}$　$\text{CH}_3\cdot+\text{Cl}_2$ $\longrightarrow \text{CH}_3\text{Cl}+\text{Cl}\cdot$　反応は連鎖的に進む．
付加反応	$\text{CH}_3\text{CH}=\text{O}+\text{HCN}$ $\longrightarrow \text{CH}_3\underset{\text{OH}}{\text{CHCN}}$　$\text{CH}_3\text{CH}=\text{O}$の$\oplus$に帯電したC上に$\text{CN}^{\ominus}$が攻撃する．	$\text{CH}_2=\text{CH}_2+\text{HI}$ $\longrightarrow \text{CH}_3\text{CH}_2\text{I}$　HIは$\text{H}^{\oplus}$と$\text{I}^{\ominus}$に分かれる．$\text{H}^{\oplus}$が先にC=Cのπ電子を攻撃する．$\text{CH}_2=\text{CH}_2 \xrightarrow{\text{H}^{\oplus}}$ $\text{CH}_3\text{CH}_2^{\oplus} \xrightarrow{\text{I}^{\ominus}}$ $\text{CH}_3\text{CH}_2\text{I}$	$\text{CH}_2=\text{CH}_2+\text{HBr}$ $\xrightarrow{\text{過酸化物}} \text{CH}_3\text{CH}_2\text{Br}$　反応機構は$\text{Br}\cdot$が生成しつぎのようになる．$\text{CH}_2=\text{CH}_2 \xrightarrow{\text{Br}\cdot}$ $\text{CH}_2\text{BrCH}_2\cdot \xrightarrow{\text{HBr}}$ $\text{CH}_2\text{BrCH}_3+\text{Br}\cdot$　反応は連鎖的に進む．

8.2 芳香族置換反応の配向性

ベンゼン環にニトロ化，ハロゲン化，スルホン化，フリーデル-クラフツ反応（アルキル化，アシル化）などが起こる場合，反応が起こる位置と反応の起こりやすさ（反応条件の厳しさ）は<u>あらかじめ存在していた基</u>によって規定される．

配向性とは"あとから入る基の位置が前から存在していた基によって規定される"のであって，新たに導入される基の性格によって決まるのでもなければ，新旧二つの基の電子効果の兼ね合いによって決まるのでもない．あくまでも"先住権"が強い．

あらかじめ存在していた基	反応の起こる位置	反応条件
M効果で電子供与基の大部分（$-OH$, $-OR$, $-O^{\ominus}$, $-NH_2$, $-NHR$, $-NR_2$, $-NHCOR$, R）	o-, p-	穏やか（低温，試薬低濃度）
$-F$, $-Cl$, $-Br$, $-I$	o-, p-	やや厳しい
M効果で電子求引基（$-NO_2$, $-NH_3^{\oplus}$, $-NR_3^{\oplus}$, $-COOH$, $-COOR$, $-CN$, $-CHO$, $-COR$）	m-	厳しい（高温，試薬高濃度）

◆ **芳香族置換反応**

配向性の原因 ベンゼン環はπ電子の雲によって覆われており，電子の $\ominus$ 電荷を求めて求電子試薬が攻撃する．攻撃を受けるベンゼン環にあらかじめ置換基が入っている場合，その置換基のM効果によってベンゼン環上のπ電子密度に疎密が生じている．求電子試薬はπ電子密度のより高い場所を攻撃する．反応は求電子試薬が電子密度の高いCに結合，**T**のような状態を経て$H^{\oplus}$を放出して終わる．

ここで T で表現した中間体（ベンゼン環の構造が破壊されており不安定な構造である）は環の共役が途切れており不安定な状態であるが，反応が起こるためには乗りこえなければいけない山である．上の例の場合，反応が o-, p-位に起きることを中間体 T の相対的安定性から理由づけることもできる．こえなければいけない山ではあるが，できるだけ低い山を通るように反応が進むと考えるのである．$NO_2^{\oplus}$ が OH 基の o-, m-, p-位についた中間体の共鳴構造を書くと，

o-, p-位に $-NO_2$ のついた形は正電荷が M 効果電子供与性の OH に分布し，正電荷が中和されている（極限構造式 (3), (10)）．一方 $-NO_2$ が OH の m-位に結合したものでは OH による正電荷の中和がない．したがって，$-OH$ の o-, p-位にニトロ基が結合した形は m-位に結合した形より安定である．反応はできるだけエネルギーの低い経路を通るから，フェノールのニトロ化は o-, p-位に起こる．フェノールの o-, p-位に $-NO_2$ がついた中間体は $-OH$ のない場合，すなわちベンゼンのニトロ化中間体に比べ安定化されているので，フェノールのニトロ化の条件は穏やかでよい．

これに反し，ニトロベンゼンの o-, p-位に $NO_2^{\oplus}$ の付加した形は ⊕ と ⊕ が向い合ったような極限構造式が関与している．この正電荷のぶつかり合いはエネルギーを高める．m-位に $-NO_2$ の結合した形は ⊕ と ⊕ の鉢合せが回避されており，o-, p-位に $-NO_2$ のついた形よりも安定である．したがって，ニトロベンゼンのニトロ化は m-位に起こる．しかし，m-位ではあっても $-NO_2$ 基はベンゼン環から電子を奪う性質の

基で，NO₂⊕の付加によって導入される正電荷と拮抗し，ベンゼンのニトロ化中間体よりは不安定である．それゆえ，ニトロベンゼンのニトロ化は反応の条件を厳しく（温度を高くし，濃硝酸の代りに発煙硝酸を用いる）しないと進行しない．

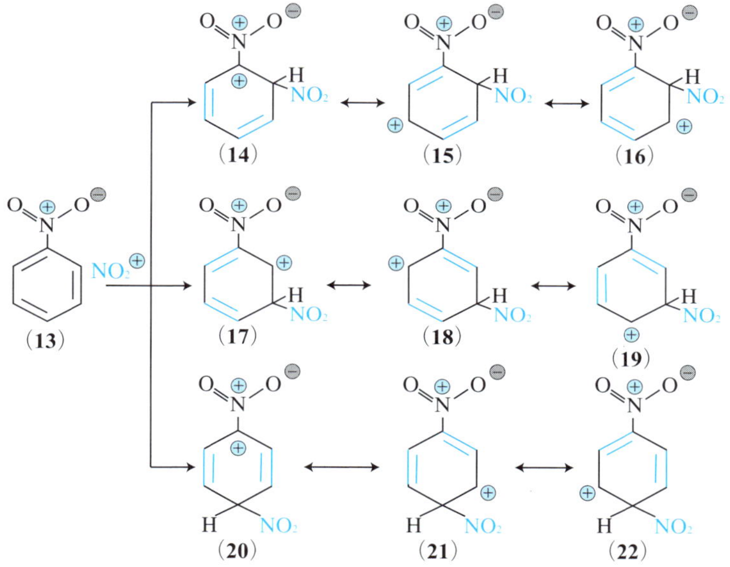

例題 1

つぎの反応を反応形式の面から分類せよ．

(1) $CH_2=CH_2 + H_2SO_4 \longrightarrow CH_3CH_2OSO_3H$

(2) ⟨benzene⟩$-CH_3 + Cl_2 \xrightarrow{光}$ ⟨benzene⟩$-CH_2Cl$

(3) ⟨benzene⟩$-CH_3 + Cl_2 \xrightarrow{触媒(AlCl_3)}$ $Cl-$⟨benzene⟩$-CH_3$

(4) $CH_3COOH + H_2N-$⟨benzene⟩ $\longrightarrow CH_3CONH-$⟨benzene⟩ $+ H_2O$

(5) $\underset{H}{\overset{HOOC}{>}}C=C\underset{H}{\overset{COOH}{<}} \xrightarrow{光} \underset{H}{\overset{HOOC}{>}}C=C\underset{COOH}{\overset{H}{<}}$

(6) $CH_2=CHBr \xrightarrow{KOH} CH\equiv CH$

【解答】(1) $\underset{CH_2-CH_2}{H \quad OSO_3H}$ 二重結合に硫酸が $H-OSO_3H$ で分かれてつく（付加反応）．

(2) $-CH_3$ の H に Cl が置き換わっている（置換反応）．

(3) ベンゼン環の H が Cl によって置き換わっている（置換反応）．

⟨benzene⟩$-CH_3$ の H が Cl によって置き換わる反応には2種類あり，側鎖の H が置き換わるのは光の作用下，ベンゼン環の H が置き換わるのは $AlCl_3$ などのルイス酸触媒下と反応条件によって反応の起こる場所が異なる．

(4) 二つの分子が結びついて H_2O を脱離している（縮合反応）．

(5) 異性体への変化，結合の組替えの一種である（転位反応）．この場合は異性化反応と言っても良い．

(6) HBr が脱離して二重結合が三重結合に変化している．多重結合の数が増しており，脱離反応．

～～ 問　題 ～～

1.1 つぎの一連の反応の各段階 (a)－(d) を反応形式の面から分類せよ．

$CH_3CH_2OH \xrightarrow[(a)]{H_2SO_4} CH_2=CH_2 \xrightarrow[(b)]{Br_2} CH_2Br-CH_2Br \xrightarrow{KOH} \begin{matrix}\xrightarrow{(c)} HOCH_2CH_2OH \\ \xrightarrow{(d)} HC\equiv CH\end{matrix}$

1.2 (イ) 付加，(ロ) 置換，(ハ) 脱離，(ニ) 縮合，(ホ) 転位 などの分類と別に (a) 酸化，(b) 還元 などという分類もできる．つぎの反応は (イ)－(ホ) のどれに分類されるか．また (a), (b) のいずれかであるか．

(1) ⟨benzene⟩$-CHO \xrightarrow{H_2(Ni触媒)}$ ⟨benzene⟩$-CH_2OH$　　(2) ⟨benzene⟩$-CH_3 \xrightarrow{Cl_2(光)}$ ⟨benzene⟩$-CHCl_2$

(3) $CH_3-CH=CH-CH_3 \xrightarrow{KMnO_4} CH_3-\underset{\overset{|}{OH}}{CH}-\underset{\overset{|}{OH}}{CH}-CH_3$

例題 2

つぎの試剤を求電子種，求核種，ラジカル種に分類せよ．
(1) ·OH (2) OH$^{\ominus}$ (3) NH$_3$ (4) NO$_2^{\oplus}$ (5) NO (6) CH$_3$CO$^{\oplus}$ (7) ·Br
(8) CH$_3$O$^{\ominus}$ (9) SO$_3$ (10) CH$_3^{\oplus}$ (11) ·CH$_3$ (12) [ベンゼン環から水素1個引き抜いたラジカル]

【解答】 ラジカル種は不対電子をもつものである．·OH, ·Br, ·CH$_3$, [フェニルラジカル]（ベンゼンからH原子1個が引き抜かれたもの）は対になっていない電子をもっており，ラジカル種であることが直ちにわかる．NOもラジカル種といえる．NOの電子配置は :N::O: で，3価のNと2価のOの結合ではNの上に不対電子が残る．NOはラジカルではあるが安定に存在しうる．

求電子種は $\oplus$ の電荷をもったり，6個の外殻電子しかもたず電子対を受け入れうるものである．CH$_3^{\oplus}$, CH$_3$CO$^{\oplus}$ は下の式を見ると上の二つの式の条件をともに満たしている．

[CH$_3^{\oplus}$ のルイス構造：空の軌道をもつ]   [CH$_3$CO$^{\oplus}$ のルイス構造：空の軌道をもつ]   [NO$_2^{\oplus}$ の共鳴構造：空の軌道と $\oplus$ 電荷をNにもつ]

NO$_2^{\oplus}$ は上式のような電子構造と共鳴をもつ（p.44の例題参照）．空の軌道と $\oplus$ 電荷をN上にもち，これも求電子種の二つの条件を満たしている．NO$_2^{\oplus}$ は，

$$HNO_3 + H_2SO_4 \rightleftharpoons NO_2^{\oplus} + H_2O + HSO_4^{\ominus}$$

で生成し，芳香族化合物のニトロ化の試剤である．

SO$_3$ はつぎのような共鳴をもちSは $\oplus$ に帯電していて，求電子反応を行う．スルホン化の試剤である（この場合には空の軌道はない）．

[SO$_3$ の3つの共鳴構造式]

求核種は $\ominus$ 電荷をもったり，非共有電子対をもったりして，$\oplus$ に帯電した分子，空の軌道をもつ分子を攻撃する．OH$^{\ominus}$, CH$_3$O$^{\ominus}$, :NH$_3$ がそれにあたる．

~~~ **問 題** ~~~

2.1 つぎの試剤を求電子種，求核種，ラジカル種に分類せよ．

(1) C$_6$H$_5$–O· (2) C$_6$H$_5$–O$^{\ominus}$ (3) (C$_6$H$_5$)$_3$P (4) CH$_3$ĊHCH$_3$

(5) ·Cl (6) Cl$^{\ominus}$ (7) Cl$^{\oplus}$

例題 3

つぎの各組の反応中間体を安定な順に並べよ．

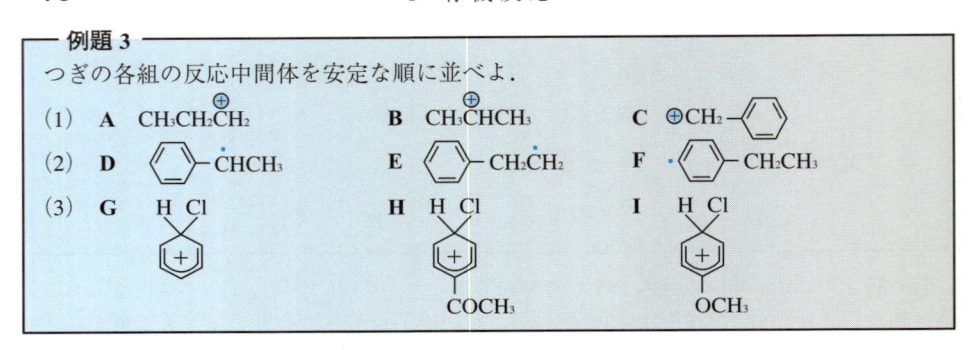

(1) **A** CH₃CH₂CH₂⊕　　**B** CH₃⊕CHCH₃　　**C** ⊕CH₂—C₆H₅

(2) **D** C₆H₅—·CHCH₃　　**E** C₆H₅—·CH₂CH₂　　**F** ·C₆H₅—CH₂CH₃

(3) **G** ベンゼン環(H, Cl, +)　　**H** ベンゼン環(H, Cl, +, COCH₃)　　**I** ベンゼン環(H, Cl, +, OCH₃)

【解答】 一般に化学反応はエネルギーの高い不安定な反応中間体を経由して進む．自然はできるだけエネルギーの低い経路をたどろうとする．したがって中間体の中で最もエネルギーの低いものを経由する反応が起こりやすい．反応の選択性を考察する場合，中間体の安定性の理解が不可欠である．

(1) 炭素陽イオン（カルボニウムイオンあるいはカルベニウムイオン）は ⊕ の電荷が分子の各所に分散する構造をもつものが安定．**C** は CH_2 上の空の軌道へベンゼン環の π 電子が流れ込んで ⊕ 電荷がベンゼン環に分散し安定化が大きい．

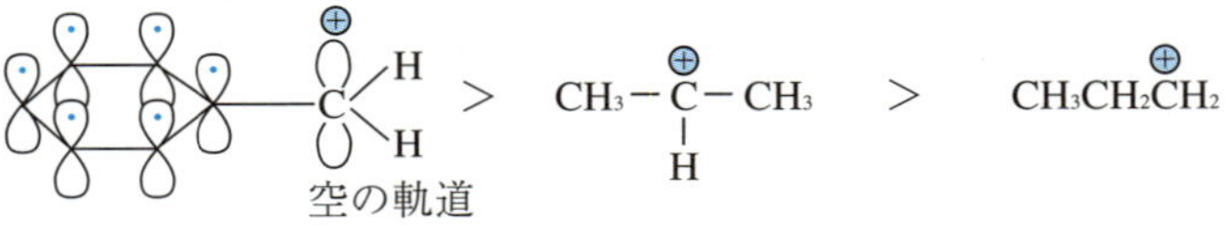

ベンゼン環との共役　　2個のCH_3—の超共役　　1個のC_2H_5—の超共役
　　C　　　　　　　　　　　**B**　　　　　　　　　　　　　**A**

アルキル基は超共役（p.38）によって隣接の C 上の正電荷を中和する．アルキル基の超共役による電子供与性は CH_3— $>$ C_2H_5— $>$ $(CH_3)_2CH$— の順であるから，大きな電子供与能をもつ CH_3— 2個に囲まれた **B** は CH_3— より電子供与力の劣る C_2H_5— が1個しかついていない **A** より安定である．共役による安定化は超共役のそれよりも大きいから，安定性は **C** $>$ **B** $>$ **A** となる．

(2) ラジカルの不対電子も共役系の中に組み込まれて非局在化できるほど安定である．**D** の不対電子はベンゼン環の π 電子と共役でき（前問の **C** と類似の状況）非局在化による安定化があるのに対し，**E** では不対電子とベンゼン環の間に CH_2 が挟っており，電子のやりとりができない．**F** では不対電子を収容した sp^2 軌道が共役系の π 軌道と直交しており，

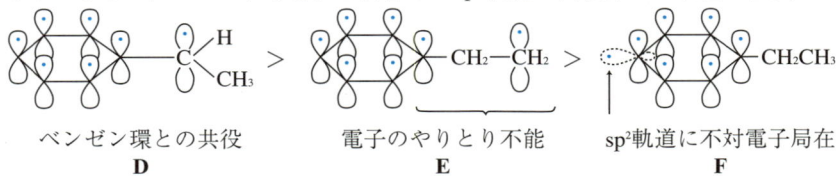

ベンゼン環との共役　　　　　電子のやりとり不能　　　　sp^2軌道に不対電子局在
　　　D　　　　　　　　　　　　　**E**　　　　　　　　　　　　**F**

ここでも不対電子は共役系に移れない．したがって，**E**, **F** は **D** に比べ不安定．

E と **F** とを比べると，**E** の方は隣の CH_2 の超共役（超共役は前問の炭素陽イオンと同じようにラジカルについても見られ，$CH_3-> C_2H_5- > (CH_3)_2CH-$ の順でこれに結合したラジカルを安定化する）によってやや安定化されるのに，**F** の不対電子対はまったく孤立・局在化しており，安定化していない．したがって，

安定   D   >   E   >   F   不安定

(3) 芳香環に $Cl^{\oplus}$ が付加した形．芳香族化合物のハロゲン化の遷移状態（中間体とよばれるほどの寿命をもたない不安定状態）と考えられる．環に残された $\oplus$ 電荷の分布によってその安定性が決まる．これには各構造の共鳴を考察する．**G**, **H**, **I** の極限構造は

G: $G_1 \leftrightarrow G_2 \leftrightarrow G_3$

H: $H_1 \leftrightarrow H_2 \leftrightarrow H_3 \leftrightarrow H_4 \leftrightarrow H_5 \leftrightarrow H_6$

I: $I_1 \leftrightarrow I_2 \leftrightarrow I_3 \leftrightarrow I_4$

この中で，I_3 はベンゼン環にある $\oplus$ 電荷を M 効果電子供与性の OCH_3 が中和した形になっており安定化している．一方 H_4 の構造では $\oplus$ 電荷が向き合っており，高いエネルギーの構造である．このような極限構造が書けることは **H** が不安定な構造であることを示している．

したがって，

安定   I   >   G   >   H   不安定

問　題

3.1 つぎの各組の活性種を安定な順に並べよ．

(1) **A** $CH_3CH_2\overset{\oplus}{C}H_2$,　　**B** $CH_3\overset{\oplus}{C}HCH_3$,　　**C** $CH_2=CH\overset{\oplus}{C}H_2$,

(2) **D** C₆H₅–ĊH₂ ,　　**E** (C₆H₅)₂ĊH ,　　**F** (C₆H₅)₃Ċ

(3) **G** [H, NO₂ 置換のベンゼン環カチオン（モノ置換）], **H** [1,4位に NO₂ を持つアレニウムイオン], **I** [1,3位に NO₂ を持つアレニウムイオン]

(4) **J** [4位に OCH₃ を持つアレニウムイオン], **K** [3位に OCH₃ を持つアレニウムイオン]

(5) **L** [4-Cl], **M** [4-I], **N** [4-OCH₃], **O** [4-COOH], **P** [4-CH₃]
（いずれも H, NO₂ 付加のアレニウムイオン）

―― 例題 4 ――
反応活性な試剤 $Br^⊕$, $Br·$, $Br^⊖$ のそれぞれについてつぎの問に答えよ.
(1) 求電子試薬,求核試薬,ラジカル試薬のいずれであるか.
(2) どのようにして発生させることができるか.
(3) どのような反応を起こすか.例を一つずつ挙げ,$Br^⊕$, $Br·$, $Br^⊖$ がどのように働いていくかを説明せよ.

【解答】(1) $Br^⊕$ は :Br:$^⊕$ の電子構造で ⊕ 電荷をもち,電子対を空いた軌道に受け入れるように働く.求電子試薬.

$Br·$ は :Br· の電子構造で中性.不対電子をもつラジカル.

$Br^⊖$ は :Br:$^⊖$ の電子構造で ⊖ 電荷をもち,電子対を相手の ⊕ に帯電した個所を攻撃する.求核試薬.

(2) $Br^⊕$ は Br_2 にルイス酸(たとえば $AlCl_3$)を作用させると生ずる.

$$:Br:Br: + \square AlCl_3 \longrightarrow :Br^⊕ + [:Br:AlCl_3]^⊖$$
(空いた軌道)

$Br·$ は Br_2 に光を作用させると発生する.Br_2 は赤褐色.すなわち可視部の光を吸収し,光エネルギーの作用で結合が切れて $Br·$ になる.

$$Br-Br \xrightarrow{h\nu} 2Br·$$

$Br^⊖$ は通常の陰イオンであって臭化物の塩あるいは HBr を極性溶媒に溶かすと生成する.

$$KBr \longrightarrow K^⊕ + Br^⊖ \ ; \ HBr \longrightarrow H^⊕ + Br^⊖$$

(3) $Br^⊕$ は ⊖ に帯電した場所を攻撃し,その場所に存在する電子対を受け入れる.そのような条件を満たすものとして C=C の π 電子,ベンゼン環の π 電子がある.ベンゼンを例にすると,付加して,

$$Br^⊕ + C_6H_6 \longrightarrow [\text{3個の極限構造の共鳴}] \xrightarrow{-H^⊕} C_6H_5Br \quad (1)$$

$Br^⊕$ の付加したものは3個の極限構造の共鳴で表現される.これはベンゼン構造が破れていて不安定.$H^⊕$ を失ってベンゼン構造を回復し,生成物ブロモベンゼンを与える.

$Br·$ は不対電子をもち,C=C に付加したり,他の分子から水素原子などを引き抜く.

$$Br· + CH_4 \longrightarrow HBr + CH_3· \quad (2)$$

CH₃· もフリーラジカルであって，Br₂からBrを引き抜きCH₃BrとBr· が生成する．

$$CH_3 \cdot + Br_2 \longrightarrow CH_3Br + Br \cdot \tag{3}$$

Br·は再び（**1**）式に従って反応する．したがって，光でBr·が1個できると多数の分子が連鎖的に反応する．

Br⊖は ⊕ の電荷をもった場所を攻撃する．

$$CH_3CH_2OH + HBr \longrightarrow CH_3CH_2Br + H_2O$$

CH₃CH₂OHはH⊕によってCH₃CH₂−O⃛H−H になる．Oの上に ⊕ があるためC−Oの電子が引かれCが ⊕ に帯電する．ここをBr⊖が攻撃する（この反応については9章でくわしく取扱う）．

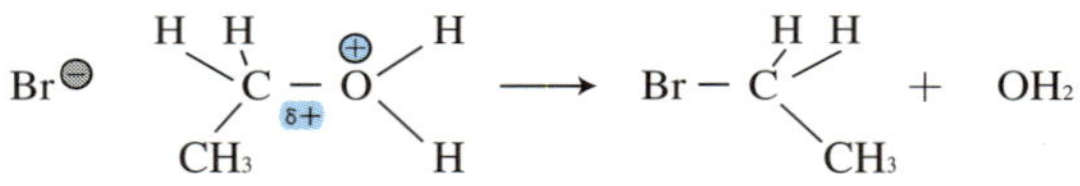

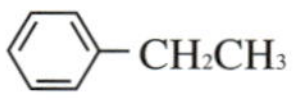

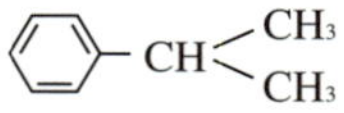

~~~ 問　題 ~~~

4.1 トルエンにCl₂を作用させる場合，光を照射すると側鎖のメチル基がClによって置換されるのに，光をあてないで，AlCl₃を触媒に用いると環のCH₃に対し*o*-, *p*-位にCl置換が起こる．この理由を説明せよ．

4.2 HClがCH₂＝CH−CH₃に作用する場合CH₂＝CH−CH₃に先に攻撃するのはH⊕かCl⊖か．H⊕，Cl⊖はそれぞれC＝Cのどちら側につくか．

4.3 ベンゼン環を攻撃し置換反応を起こすものは，ほとんどが求電子試薬と考えてよい（ベンゼン環はπ電子に覆われており，⊕電荷をもつものと反応しやすい）．ニトロ化，クロロ化，フリーデル-クラフツのアシル化での活性種を示せ．これらの活性種はどのようにして作り出されるか．

4.4 ベンゼン環に直接−OH，−NH₂を導入することが困難である理由を考えよ．

4.5 つぎの化合物に光を照射しながらBr₂を作用させたとき，最初に臭素が置換される位置を示せ．

(1) C₆H₅−CH₂CH₃　　(2) C₆H₅−CH(CH₃)(CH₃)　　(3) CH₃CH(CH₃)CH₂CH₃

例題 5

つぎの化合物のモノニトロ化（NO_2を1個だけ導入する）生成物の構造を示せ．また，ニトロ化の反応条件はベンゼンのニトロ化にくらべて厳しいか穏やかかを示せ．

(1) C$_6$H$_5$—COOH　　(2) C$_6$H$_5$—OH　　(3) CH$_3$—C$_6$H$_4$—OCH$_3$

【解答】 芳香族化合物の求電子置換反応における配向性は，攻撃を受ける前の化合物の分極の状態，求電子試薬の付加した遷移状態の安定性の二つで考察されるが，ここでは出発原料（反応物）の電子状態の考察からの推定を示そう．遷移状態についての考察は p.72，73 の例にならうのがよい．

(1) COOHは電子求引性のM効果をもちCOOHの o-, p-位を ⊕ に帯電させる．

[共鳴構造式：HO—C=O のカルボキシ基をもつベンゼン環の共鳴構造]

したがって，ニトロ化の試剤 $NO_2^{⊕}$ は —COOH の o-, p-位には近づかず m-位で反応する．m-位は —COOH の電子求引の M 効果が直接作用しないので，COOH の影響はそれほどでなく $NO_2^{⊕}$ と結合する π 電子の密度も高いからである．しかし，m-位の π 電子も COOH のないベンゼンに比べると小さい．なぜなら o-, p-位に生じる ⊕ 電荷によって m-位の電子が引かれるからである．このことは安息香酸の m-位ニトロ化がベンゼンより困難であることを推定させる．

(2) フェノールのOHは電子供与性のM効果をもち o-, p-位を ⊖ に帯電させる．

[共鳴構造式：OH をもつベンゼン環の共鳴構造]

求電子試薬は ⊖ に帯電した o-, p-位を攻撃する．この場所は置換基をもたないベンゼンよりも電子密度が高く反応は容易になる．したがって，フェノールのニトロ化は低温で，うすい硝酸を用いて行わなければならない．

(3) CH_3—，CH_3O—両基とも電子供与性のM効果をもち，それぞれの o-, p-位を ⊖ に帯電させる．したがって p-メトキシトルエンは環のどの位置も ⊖ になっている．しかし，

[構造式：p-メトキシトルエン]
　　　CH$_3$—による ⊖ の帯電
　　　CH$_3$O—による ⊖ の帯電

M効果としての電子供与性はCH₃Oの方が大きいので，CH₃O−のo-, p-位がまずニトロ化される．この場合も反応は容易になる．

(1) C₆H₅-COOH ⟶ 3-NO₂-C₆H₄-COOH

(2) C₆H₅-OH ⟶ o-NO₂-C₆H₄-OH + p-NO₂-C₆H₄-OH

(3) p-CH₃-C₆H₄-OCH₃ ⟶ 2-NO₂-4-CH₃-C₆H₃-OCH₃

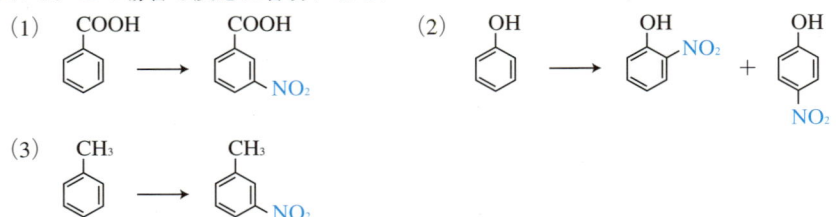

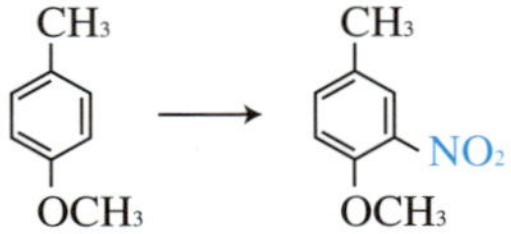

～～ 問　題 ～～

5.1 つぎの化合物のモノニトロ化生成物の構造を示せ．

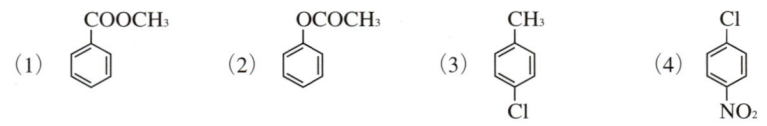

(1) C₆H₅-COOCH₃　(2) C₆H₅-OCOCH₃　(3) p-Cl-C₆H₄-CH₃　(4) p-NO₂-C₆H₄-Cl

5.2 ベンゼンを臭素化してブロモベンゼンを作る場合，よほど注意をして反応を制御（温度を上げないように，臭素を使いすぎないように）しないとp-ジブロモベンゼンが副生するのに，ベンゼンがニトロ化ではジニトロベンゼンを生成するおそれがほとんどないのはなぜか．

5.3 −NH₂はM効果で電子供与性であることからアニリンをニトロ化するとo-, p-ニトロアニリンが生成することが予想される．しかし実際にはm-ニトロアニリンがかなり生成する．この理由を考察せよ．

5.4 アニリンからo-, p-ニトロアニリンを得るには，アセトアニリドをニトロ化し，そのあとで−COCH₃基を加水分解で除く方法がとられる．アニリンのニトロ化ではm-位がニトロ化されるのに，アセトアニリドではo-, p-位がニトロ化される理由を説明せよ．

5.5 つぎの各組の化合物をニトロ化の容易な順に並べよ．

(1)  C₆H₆, C₆H₅-COOH, C₆H₅-CH₃　(2) 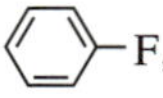 C₆H₅-F, C₆H₅-Cl, C₆H₅-I

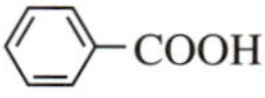

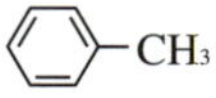

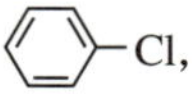

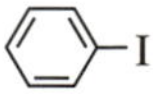

(3)  C₆H₆, C₆H₅-NO₂, 1,3-(NO₂)₂-C₆H₄

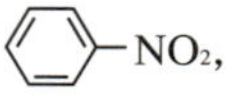

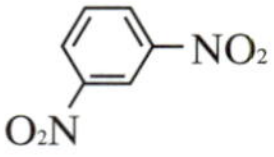

―― 例題 6 ――
右の反応の生成物の構造を示せ．　　$CH_2=CHCH_3 + HBr \xrightarrow[\text{暗所}]{\text{光}}$

【解答】 $C=C$ 結合に対する付加の配向性の問題である．マルコヴニコフ則の実際への適用であるが，規則を機械的に適用するのではなく，反応の機構を基に正しく判断する必要がある．

HBrの二重結合への付加は暗所では$H^{\oplus}$の$C=C$のπ電子への攻撃，光照射下では$Br\cdot$の$C=C$ π電子系への攻撃がそれぞれ最初に起こる反応であり，最初に攻撃した活性種，$H^{\oplus}$, $Br\cdot$が$C=C$のどちら側に付加するかによって配向性が決まる．

$H^{\oplus}$が攻撃する場合の中間体　　　　$Br\cdot$が攻撃する場合の中間体
$$CH_3-\overset{\oplus}{C}H-CH_3$$
A
$$CH_2Br-\overset{\cdot}{C}H-CH_3$$
C
あるいは　$\overset{\oplus}{C}H_2-CH_2-CH_3$　　　　あるいは　$\overset{\cdot}{C}H_2-CHBr-CH_3$
B　　　　　　　　　　　　　　　　　　　**D**

中間体**A**は $\oplus$ 電荷が両側の2個のメチル基の電子供与性（主として超共役による）によって中和されているのに対し，**B**の構造では $\oplus$ 電荷はメチル基より電子供与能の小さい$-CH_2CH_3$による中和だけである．**A**，**B**ともに不安定な中間体には違いないが，**A**の方の不安定度がやや小さい（安定性**A** > **B**）．自然は少しでもエネルギーの低い経路をとろうとするので**A**だけが生じ，これに$Br^{\ominus}$が結合して$CH_3-CHBr-CH_3$となる．

$Br\cdot$の攻撃の場合に想定される中間体**C**，**D**を比べると，**C**の不対電子は二つのCH_3との超共役でやや安定化しているのに対し，**D**の構造は不対電子の超共役による安定化は$-CH_2CH_3$ 1個だけによるものであり安定化が小さい．したがって**C**が**D**に優先して生成し，これが $CH_2Br\overset{\cdot}{C}HCH_3 + HBr \longrightarrow CH_2BrCH_2CH_3 + Br\cdot$ の反応で$CH_2BrCH_2CH_3$を与える．

～～ 問　題 ～～

6.1 $CH_2=CH-CH_3+HBr$の反応では，少しの光が当っても$CH_2BrCH_2CH_3$が優先的に生成されてしまう．この理由を説明せよ．

6.2 ハロゲン化水素の付加で，マルコヴニコフ則に反する現象はHBrで起こるのみでHCl，HIでは起こらない．この理由を考察せよ．

6.3 つぎの反応生成物の構造を示せ．

(1) $CH_3CH=CHCH_2CH_3+HI \longrightarrow$

(2) $CH_2=CHCH_3+H_2SO_4 \longrightarrow$

(3) ⟨benzene⟩$-CH=C(CH_3)_2+HI \longrightarrow$

例題 7

つぎの化合物をベンゼンから合成する場合，どのような順序で置換基を導入していったらよいか．合成の経路を示せ．

(1) $O_2N-\underset{}{\bigcirc}-CH_3$ (2) 3-クロロ-ニトロベンゼン（Cl と NO_2）

【解答】 $-CH_3$，$-NO_2$，$-Cl$ はすべて直接ベンゼン環に導入することができる基である．したがって本問では配向性に従って，置換基の導入順序を考えることにポイントがある．合成については15章で系統的に扱っているので，合成に関する問題に出会ったら常にそちらも参照してほしい．

合成の問題に取り組むときは常に 目的物 → 原料 と合成の逆を考える．一段階ずつ前に戻っていって最後に手に入れやすい原料——ここではベンゼン——に到達する．

(1) 二つの基を手に入れる順序として，つぎの2通りの道が考えられる．

$-CH_3$ は o-, p-配向性なので上側の経路は可能であるが，$-NO_2$ は m-配向性で下側の点線のような反応は起こらない．したがって上側の経路によって合成しなければならない．

$$\bigcirc \xrightarrow{CH_3I(AlCl_3)} CH_3-\bigcirc \xrightarrow{HNO_3(H_2SO_4)} CH_3-\bigcirc-NO_2 \quad (CH_3-\bigcirc-NO_2\ \text{が副生})$$

(2) 上と同様に置換基導入に2通りの道が考えられるが，上側の経路はだめ（$-Cl$ が o-, p-配向性でクロロベンゼンのニトロ化では o-, p-体ができ，m-体は生じない）．

下側の経路は $-NO_2$ の m-配向性のため，つぎに入る $-Cl$ は m-位に入って実行可能．したがって，

$$\bigcirc \xrightarrow{HNO_3(H_2SO_4)} \bigcirc-NO_2 \xrightarrow{Cl_2(AlCl_3)} Cl-\bigcirc-NO_2$$

～～～ 問　題 ～～～

7.1 つぎの化合物をベンゼンから合成する経路を示せ．

(1) 1,3-ジニトロベンゼン (O_2N, NO_2) (2) $Cl-\bigcirc-NO_2$ (3) $Br-\bigcirc-COCH_3$

9 ハロゲン化合物

9.1 ハロゲン化合物の物理的性質と反応

◆ **物理的性質** 炭素数の少ないものは常温で気体か液体．液体の場合は密度が高く，水に溶けにくい．炭化水素などとはよく混ざる．

◆ **化学的性質** C－X（Xはハロゲンを表す）結合の特性の一つは，求核試薬による置換反応であるが，ハロゲンの結合した炭素の状態によって反応のしやすさに大きな違いがある．求核試薬（Nu$^{\ominus}$）による置換反応

$$C-X + Nu^{\ominus} \longrightarrow C-Nu + X^{\ominus}$$

反応の起こりやすさの順は，おおよそつぎのようになる．

$$\mathrm{Ph}\text{-}\underset{|}{\overset{|}{\mathrm{C}}}\text{-}X,\ \ -\underset{|}{\overset{|}{\mathrm{C}}}=\mathrm{C}\text{-}\underset{|}{\overset{|}{\mathrm{C}}}\text{-}X \ > \ -\underset{|}{\overset{|}{\mathrm{C}}}\text{-}X \ > \ \mathrm{Ph}\text{-}X,\ \ \mathrm{C}=\mathrm{C}\text{-}X$$

二重結合をもつ化合物でも，C＝C－C－X（アリル，allyl）のハロゲンは反応しやすいのに，二重結合をもったCに直接結合したハロゲンの反応性は非常に小さい．これらの状況はつぎの脂肪族ハロゲン化合物（RX）と芳香族ハロゲン化合物（ArX）の比較によって理解される．

R－X	Ar－X
$R-X + Nu^{\ominus} \longrightarrow R-Nu + X^{\ominus}$ は起こりやすい．	$Ar-X + Nu^{\ominus} \longrightarrow Ar-Nu + X^{\ominus}$ は起こりにくい．反応を起こさせるためには高温・高圧を要する．
$RX \begin{array}{l} \xrightarrow{NH_3} RNH_2 \\ \xrightarrow{NaCN} RCN \\ \xrightarrow{R'ONa} ROR' \\ \xrightarrow{R'SNa} RSR' \end{array}$	Ph$-$Cl $\xrightarrow[350℃,300気圧]{6\text{-}8\% \ NaOH}$ Ph$-$OH Ph$-$Cl $\xrightarrow[200℃,60気圧]{NH_3(Cu_2O触媒)}$ Ph$-$NH$_2$

ハロゲンのハロゲンによる置換も起こる．この場合 I$^{\ominus}$ は最も反応性が高く，他のハロゲンを追い出して置換する．

RCl $\xrightarrow{KI}$ RI

OH⊖も同様の反応をするが，Xのついた隣のCがHをもっていると，アルケンの生成（脱離反応）と競争する．

$$\begin{matrix} H & X \\ | & | \\ -C-C- \\ | & | \end{matrix} \xrightarrow{OH^⊖} \begin{matrix} H & OH \\ | & | \\ -C-C- \\ | & | \end{matrix} + \begin{matrix} \\ -C=C- \\ | & | \end{matrix}$$

◆ **S_N1とS_N2**　求核置換反応（Nucleophilic substitution，S_Nと略す）は反応機構の面からつぎの二つに分類される．

	S_N1（単分子的求核置換反応）	S_N2（2分子的求核置換反応）
反応過程	C−X結合が自発的に解離し，生じたカルボニウムイオンに求核試薬Nu⊖が結合する． $≧C-X \longrightarrow ≧\overset{⊕}{C} + X^⊖$ 　　　　　　　↓ Nu⊖ 　　　　　$≧C-Nu$	求核試薬Nu⊖がハロゲンの結合したCを攻撃し，ハロゲンを追い出す． $Nu^⊖ + \overset{R^1}{\underset{R^3}{\overset{|}{R^2-}}}C-X \longrightarrow Nu\cdots C\cdots X$ $\longrightarrow Nu-\overset{R^1}{\underset{R^3}{\overset{|}{C-R^2}}} + X^⊖$
反応速度	[RX]に比例． [Nu⊖]によらない．	[RX]・[Nu⊖]に比例．
立体配置	ラセミ化（旋光性のある化合物から出発しても旋光性のない化合物ができる．）	反転（旋光性のある出発物質からの生成物は旋光性をもつ．）
反応の起こりやすさ	$\overset{R^1}{\underset{R^3}{\overset{|}{R^2-}}}C-X > \overset{R^1}{\underset{H}{\overset{|}{R^2-}}}C-X > \overset{R^1}{\underset{H}{\overset{|}{H-}}}C-X$ $-C=C-\overset{|}{C}-X, \text{⌬}-\overset{|}{C}-X$ で特に起こりやすい	$\overset{R^1}{\underset{H}{\overset{|}{H-}}}C-X > \overset{R^1}{\underset{H}{\overset{|}{R^2-}}}C-X > \overset{R^1}{\underset{R^3}{\overset{|}{R^2-}}}C-X$
溶媒	極性溶媒で起こりやすい．	無極性溶媒で起こりやすい．

◆ **置換反応と脱離反応**　アルカリとハロゲン化合物の反応では，置換反応と脱離反応が競争するが，一般に脱離反応はつぎの場合に起こりやすい．
　（ⅰ）　第三(級)ハロゲン化合物 ＞ 第二(級)ハロゲン化合物 ＞ 第一(級)ハロゲン化合物
　（ⅱ）　高温
　（ⅲ）　強い塩基を高濃度で用いるとき（よく用いるのは濃いKOHのアルコール溶液）

◆ **脱離反応の配向性**（ザイツェフ(Saytzeff)則）「ハロゲン化合物からハロゲン化水素が脱離してアルケンが生成する場合，二重結合ができるだけ多くのアルキル基をもつようなアルケンが選択的に生成する──すなわち，Hの少ないCからHが取り去られる」

$$CH_3CHCH_2CH_3 \xrightarrow{KOH-エタノール} CH_3CH=CHCH_3 + CH_2=CHCH_2CH_3$$
$$\quad\quad | \quad\quad\quad\quad\quad\quad\quad\quad\quad\quad\quad 81\% \quad\quad\quad 19\%$$
$$\quad Br$$

9.2 グリニャール反応

◆ **グリニャール試薬** RX，ArXはともに完全に乾燥した（Naで水分を取る）エーテル中でMg，Liなどの金属と反応し，反応活性な有機金属化合物を作る．Mgの化合物を**グリニャール（Grignard）試薬**という．

$$RX + Mg \longrightarrow RMgX \quad\quad ArX + Mg \longrightarrow ArMgX$$
$$RX + 2Li \longrightarrow RLi + LiX \quad\quad ArX + 2Li \longrightarrow ArLi + LiX$$

これらは単離することなく種々の試薬と反応させる．

◆ **グリニャール試薬の反応** グリニャール試薬において，C−Mg結合は強く分極し，$C^{\ominus}Mg^{\oplus}$のような状態になっている．この負に帯電したCは正に帯電したC（主として $>C=O$ あるいは電気陰性度の大きな原子と結合したC（C−C，C−ハロゲンなど）

と反応しC−C結合を作る．この反応は炭素骨格を作り上げる合成反応にきわめて有用である（第15章参照）．

第一アルコールの合成

$$RMgX + \text{HCHO} \longrightarrow RCH_2OMgX \xrightarrow{H^{\oplus}} RCH_2OH \text{（Cが1個分のびる）}$$

$$RMgX + \underset{\underset{O}{\diagdown\diagup}}{CH_2-CH_2} \longrightarrow RCH_2CH_2OMgX \xrightarrow{H^{\oplus}} RCH_2CH_2OH \text{（Cが2個分のびる）}$$

第二アルコールの合成（アルデヒドとの反応）

$$R^1MgX + R^2CHO \longrightarrow R^1CH(OMgX)R^2 \xrightarrow{H^{\oplus}} R^1CH(OH)R^2$$

第三アルコールの合成（ケトン，エステルとの反応）

$$R^1MgX + R^2COR^3 \longrightarrow R^1-\underset{\underset{R^2}{|}}{\overset{\overset{OMgX}{|}}{C}}-R^3 \xrightarrow{H^{\oplus}} R^1-\underset{\underset{R^2}{|}}{\overset{\overset{OH}{|}}{C}}-R^3$$

$$2R^1MgX + R^2\overset{O}{\underset{\|}{C}}OR^3 \longrightarrow R^1-\underset{\underset{R^1}{|}}{\overset{\overset{OMgX}{|}}{C}}-R^2 \xrightarrow{H^{\oplus}} R^1-\underset{\underset{R^1}{|}}{\overset{\overset{OH}{|}}{C}}-R^2$$

アルカンの合成

$$R^1MgX + R^2X \longrightarrow R^1R^2$$

9.3 酸・塩基の"かたさ", "やわらかさ"と求核性

S_N2反応は求核試薬 Nu: が $\oplus$ に帯電したCを攻撃することによって起こる．このことから Nu: の塩基としての強さとS_N2反応を起こす能力には平行関係が予想される．しかし，実際には塩基性と求核性が一致しない場合がある．この原因について最近研究が進んできて，酸・塩基に"かたさ", "やわらかさ"という性質を導入して統一的な理解を得ることができるようになってきた．

塩基性の強さとは，塩基と$H^\oplus$との親和力で表されるものである．ところで**求核反応性**は$\oplus C$との親和性である．$H^\oplus$は非常に小さな実体（原子核）であるのに対し，$\oplus C$ははるかに大きく空間にひろがっている．$H^\oplus$は $\oplus$ 電荷が一点に集中していて"かたい酸"であるのに対し，$C^\oplus$の $\oplus$ 電荷はひろがりがあって"やわらかい酸"．$H^\oplus$のようなものには $\ominus$ 電荷が集中してひろがりをもたない"かたい塩基"が合い性がよいのに対し，C上の陽電荷との反応には陰電荷の分布にひろがりのある"やわらかい塩基"が有利である．"やわらかさ"には $\oplus$, $\ominus$ の接近によって引き起こされる"誘起される分極"が大切である．やわらかい塩基はS_N2反応性が大きい．

かたい酸	かたい塩基
$H^\oplus, Li^\oplus, Na^\oplus, K^\oplus, Mg^{2\oplus}, AlCl_3, RCO^\oplus, Fe^{3\oplus}$	$NH_3, H_2O, OH^\ominus, ROH, RO^\ominus, F^\ominus, Cl^\ominus$
中間のかたさの酸	中間のかたさの塩基
$Fe^{2\oplus}, Co^{2\oplus}, Ni^{2\oplus}, Zn^{2\oplus}, R_3C^\oplus, C_6H_5^\oplus$	$C_6H_5NH_2, NO_2^\ominus, Br^\ominus$
やわらかい酸	やわらかい塩基
$Pd^{2\oplus}, Pt^{2\oplus}$	$H^\ominus, R^\ominus, CN^\ominus, SCN^\ominus, R_3P, RS^\ominus, I^\ominus$

◆ **求核性の順**

$$SH^\ominus \sim CN^\ominus > I^\ominus > SCN^\ominus > C_6H_5NH_2 > OH^\ominus > Br^\ominus > Cl^\ominus > CH_3COO^\ominus > F^\ominus > NO_3^\ominus > C_6H_5SO_3^\ominus > H_2O$$

―― 例題 1 ――

(1) つぎの三つの反応は臭素が他の原子を置換する反応であるが，反応の過程はどのように異なるか．

(A) ⟨benzene⟩ + Br_2 $\xrightarrow{AlCl_3}$ ⟨benzene⟩—Br   (B) CH_3—⟨benzene⟩ + Br_2 $\xrightarrow{光}$ $BrCH_2$—⟨benzene⟩

(C) $CH_3CH_2CH_2CH_2Cl + NaBr \longrightarrow CH_3CH_2CH_2CH_2Br$

(2) S_N1 反応と S_N2 反応とは反応の過程がどのように異なるか．

【解答】 (1) 第8章の例題4 (p.79) を参照．反応 **A** は Br_2 とルイス酸である $AlCl_3$ とで生成する $Br^⊕$ がベンゼン環の π 電子系を攻撃する求電子置換反応．

反応 **B** は，光の作用で Br_2 が開裂して生ずる $Br·$ がアルキル基から水素を引き抜くことによって開始されるラジカル連鎖反応によって進行する．

反応 **C** は $C_3H_7CH_2-Cl$ において $C-Cl$ の σ 電子の分極によって生じる C 上の ⊕ 電荷を $Br^⊖$ が攻撃することによって起こる求核置換反応である．**A** では $Br^⊕$ が，**B** では $Br·$ が，**C** では $Br^⊖$ が反応を引き起こしている．

(2) 求核置換反応は，反応の過程によって単分子的求核置換反応と2分子的求核置換反応に分けられる．

S_N1 反応は ≧C−X（X はハロゲンその他電子求引性の基で $X^⊖$ として脱離しやすいもの）が自発的に解離し，平面構造のカルボニウムイオンを形成し，そこに求核試薬 $Nu^⊖$ が結合する過程を通る．

S_N2 は，求核試薬 $Nu^⊖$ が ⊕ に帯電した $^{δ+}C-X^{δ-}$ の C を X の反対側から攻撃し，X を $X^⊖$ として追い出し $Nu-C$ の結合を生成する過程を通る（p.86 参照）．

S_N1
≧C−X ⟶ $\overset{⊕}{C}$ $\xrightarrow{Nu^⊖}$ ≧C−Nu

S_N2
$Nu^⊖ \cdots {}^{δ+}C-X^{δ-} \longrightarrow [Nu-C-X] \longrightarrow Nu-C≦ + X^⊖$

~~~ 問　題 ~~~

1.1 つぎの反応のうち求核置換反応を指示せよ．

(1) $CH_3CH_2Cl + KI \longrightarrow CH_3CH_2I$

(2) $CH_3CH_3 + Cl_2 \xrightarrow{h\nu} CH_3CH_2Cl$

(3) $(CH_3)_3COH + HCl \longrightarrow (CH_3)_3CCl$

(4) $CH_2=CH_2 + HI \longrightarrow CH_3CH_2I$

(5) ⟨phenyl⟩—$CH_2Br + NH_3 \longrightarrow$ ⟨phenyl⟩—CH_2NH_2

(6) ⟨phenyl⟩—$ONa + CH_3I \longrightarrow$ ⟨phenyl⟩—OCH_3

(7) $CH_3COCH_3 + CH_3MgI \longrightarrow (CH_3)_3COMgI$

(8) $CH_3MgI + CH_3CH_2Br \longrightarrow CH_3CH_2CH_3$

例題 2

つぎの化合物を，無水アセトン中でヨウ化カリウムと反応させる場合，反応性の高い順に並べよ（極性の比較的小さい溶媒中では S_N2 反応が起こりやすい）．

$$CH_3Br,\ CH_3CH_2Br,\ (CH_3)_2CHBr,\ (CH_3)_3CBr$$

【解答】（1）S_N2 反応では，攻撃試剤（この場合は $I^\ominus$）が脱離基（この場合 Br）の反対側から C に近づき，**T** のような遷移状態を経由して反応が進む．

$$I^\ominus + R^2\cdots\overset{R^1}{\underset{R^3}{C}}-Br \longrightarrow I\cdots\overset{R^2\ \ R^1}{\underset{R^3}{C}}\cdots Br \longrightarrow I-\overset{R^1}{\underset{R^3}{C}}R^2$$

$$(T)$$

したがって，$I^\ominus$ が Br の結合した C 原子にどれくらい近づけるかが反応の容易さを決定する一つの大きな因子である．R^1，R^2，R^3 のすべてが小さな H である CH_3Br では，$I^\ominus$ は容易に C に接近でき置換反応が起こりやすい．R^1，R^2，R^3 が大きくなるに従って反応性が落ちる．

この反応は，C－Br の分極で生ずる C 上の正電荷を $I^\ominus$ が攻撃するのであるから，C 上の正電荷の大きさも考慮せねばならない．アルキル基は電子供与性の I 効果をもつので，アルキル基のたくさんのついた C の正電荷は中和される．この観点からも R^1，R^2，R^3 が H から CH_3 にかわると反応性が低下することが予想される（S_N2 の場合，立体障害の影響が大きいとされている）．

いずれにしても，反応性の高い順につぎのようになる．

$$CH_3Br > CH_3CH_2Br > (CH_3)_2CHBr > (CH_3)_3CBr$$
$$145\qquad\quad 1\qquad\quad 0.0078\quad\ <0.00051$$

化合物の下の数字は反応速度定数の相対値である．

問 題

2.1 つぎの化合物を無水アセトン中で KI と反応させる場合，反応が速い順番に並べよ．

$$CH_3CH_2Br,\ CH_3CH_2CH_2Br,\ (CH_3)_2CHCH_2Br,\ (CH_3)_3CCH_2Br$$

2.2 つぎの求核試薬を CH_3CH_2Cl との反応が起こりやすい順に並べよ（p.88 の求核性についての解説を参照せよ）．

$$Br^\ominus,\ I^\ominus,\ CN^\ominus,\ OH^\ominus,\ SH^\ominus$$

2.3 C_2H_5OH に対して NaCl を作用させても C_2H_5Cl は生成しないのに，塩化水素を作用させると C_2H_5Cl が生ずる．この理由を考察せよ．

―― 例題 3 ――
下記の化合物をギ酸中で加熱し，つぎの反応（加溶媒反応）を起こさせるとき，化合物を反応の起こりやすい順に並べよ．
　反　応　　$HCOOH + RBr \longrightarrow HCOOR$
　化合物　　CH_3Br,　CH_3CH_2Br,　$(CH_3)_2CHBr$,　$(CH_3)_3CBr$
ただし，ギ酸のように極性の大きな溶媒（反応試剤と一人二役）中では S_N1 反応が起こりやすい．

【解答】　(1)　S_N1 では第一段階として $Br^{\ominus}$ が脱離し，炭素陽イオン（**I**）が生成する．このような陽イオンは不安定で，ごくわずかしか生成しないが，反応が起こるためにはどうしてもこれを経由しなければならない．そこで S_N1 反応の速さはこの炭素陽イオンの生成しやすさ（陽イオンの安定性）によって支配される．

$\oplus$ に帯電したCの周囲に電子供与性の基があると正電荷が中和され安定になる．CH_3 基は電子供与性であるから，CH_3 基の多くついた炭素陽イオンほど安定でできやすい．
したがって，つぎの順になる．下の数字は100℃での反応速度の相対値である．

$$(CH_3)_3CBr > (CH_3)_2CHBr > CH_3CH_2Br > CH_3Br$$
$$10^8 \qquad\qquad 44.7 \qquad\qquad 1.71 \qquad\qquad 1$$

～～～ **問　題** ～～～

3.1　S_N1 反応が極性溶媒中で起こりやすく，S_N2 が無極性溶媒中で起こりやすいのはなぜか．

3.2　つぎの各組の化合物を S_N1 反応の起こりやすい順に並べよ．
　(1)　$(CH_3)_2CHBr$,　$CH_2=CHCH_2Br$,　$CH_3CH=CHBr$
　(2)　⟨C₆H₅⟩-CH_2Cl,　⟨C₆H₅⟩-$CHCl$-⟨C₆H₅⟩
　(3)　⟨C₆H₅⟩-CH_2Br,　CH_3O-⟨C₆H₄⟩-CH_2Br,　O_2N-⟨C₆H₄⟩-CH_2Br

3.3　つぎの各組の化合物を化学的に識別する方法を示せ．
　(1)　CH_3-⟨C₆H₄⟩-Cl,　⟨C₆H₅⟩-CH_2Cl
　(2)　$CH_3CH_2CH_2CH_2I$,　$(CH_3)_3CI$

例題 4

旋光性を有する化合物に対して，つぎの反応を行うとき生成物は旋光性をもつか．

(1) H-C(Ph)(CH₃)-I + HCOOH → Ph-CH(CH₃)-OCOH

(2) H-C(C₂H₅)(CH₃)-OH + SOCl₂ → C₂H₅-CHCl-CH₃

【解答】(1) $I^{\ominus}$ の脱離で生成する [Ph-C⁺(H)(CH₃)] は ⊕電荷がベンゼン環の π 電子系との共役で中和されるため安定である．また溶媒も極性の大きいギ酸であり，S_N1 反応が起こりやすい．S_N1 反応では，いったん平面構造のカルボニウムイオンが生成し，その上下から同じ確率でHCOOHが攻撃するので，鏡像異性体が1：1で生成する．したがって，生成物は旋光性をもたない．ただし，S_N1 といっても脱離基が完全に離れないうちにHCOOHが攻撃するので，Iの結合していた側からの攻撃が抑制され，立体配置の反転した生成物が多くできるため，S_N1 でも生成物は旋光性をもつ場合が多い．

(2) 本問の反応は，

H-C(C₂H₅)(CH₃)-OH $\xrightarrow{SOCl_2}$ H-C(C₂H₅)(CH₃)-O-SO-Cl → [遷移状態] → H-C(C₂H₅)(CH₃)-Cl + SO₂

の過程で進む．ここでは−Clは−OHがあったのと同じ側からCを攻撃する．したがって，生成する化合物は旋光性をもつ．

S_N2 機構で反応が進むときも不斉炭素原子のところで置換が起こる場合，旋光性をもった生成物が生ずるが，S_N2 の場合は立体配置が反転する（ワルデン（Walden）反転）．SOCl₂によるOH → Clの置換では立体配置が保持される（S_Ni とよばれる）．

問 題

4.1 $CH_3CH_2CHBrCH_3 + KI \longrightarrow CH_3CH_2CHICH_3$ の反応について，これが S_N1 で起こっているか，S_N2 で起こっているかを知る実験的方法を述べよ．

4.2 つぎの反応生成物の構造を示せ．

(1) Cl-C(COOH)(H)-CH₂COOH $\xrightarrow{NaOH}$

(2) H-C(CH₂CH₃)(CH₃)-OCOCH₃ $\xrightarrow{H_2O(NaOH)}$

(3) (シクロペンタン環, CH₃, Cl) $\xrightarrow{KI}$

4.3 つぎの結果は機構的にどのように解釈されるか．

Ph-CH=CHCH₂Cl $\begin{cases} \xrightarrow{CH_3COO^{\ominus}Na^{\oplus}/(CH_3CO)_2O中} Ph-CH=CHCH_2OCOCH_3 \\ \xrightarrow{CH_3COOH} Ph-CH=CHCH_2OCOCH_3 + Ph-CH(OCOCH_3)-CH=CH_2 \end{cases}$

── 例題 5 ──

(1) $CH_3CHClCH_3$をアルコール中で**KOH**と反応させた場合の$CH_3CH=CH_2$/$CH_3CHOHCH_3$の生成比は，アルコール中でC_2H_5ONaと反応させたときの$CH_3CH=CH_2$/$CH_3CH(OCH_2CH_3)CH_3$の生成比より大きいという（脱離反応は$OH^{\ominus}$を作用させた場合の方が$C_2H_5O^{\ominus}$を作用させた場合より有利になる）．この理由について考えよ．

(2) ⌬−CH_2−$CHBr$−CH_3の脱HBr生成物の構造を示せ．

(3)
$$\begin{array}{c} C_6H_5 \\ CH_3 {-}\!\!{-}\!\!{-} H \\ Br {-}\!\!{-}\!\!{-} H \\ C_6H_5 \end{array}$$
の脱HBr生成物の構造を示せ．

【解答】 (1) 脂肪族ハロゲン化合物に対するアルカリの作用では，求核置換反応とハロゲン化水素の脱離が平行して起こる．どちらの反応が起こるかは塩基がClの結合したCを攻撃するのか，Clの電子求引のI効果によって⊕に帯電したHを引き抜くかによって決まる．求核置換は攻撃試薬の求核性が大きいほど起こりやすい．一方，$H^{\oplus}$の引抜きは攻撃試薬の塩基性が大きいほど起こりやすい．

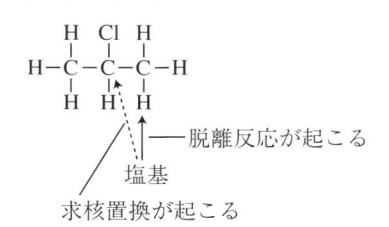

$$\begin{array}{ccc} H & Cl & H \\ | & | & | \\ H-C-C-C-H \\ | & | & | \\ H & H & H \end{array}$$

（塩基が中央Cを攻撃：求核置換が起こる／塩基が端のHを引き抜く：脱離反応が起こる）

p.88で解説したように，塩基性と求核性は必ずしも一致しない．

$OH^{\ominus}$は$C_2H_5O^{\ominus}$よりかたい塩基であり，$H^{\oplus}$の引抜きを起こしやすい．したがって，かたい，強い塩基である**KOH**を用いるとアルケンの生成に有利になる．

(2) この化合物の場合，ハロゲンの結合したCの両隣のCにHがあり，どちらのHが脱離するかによって2種類の生成物ができる可能性がある．ハロゲン化水素の脱離においては水素の少ない側のCからHが失われる（ザイツェフ則）傾向がある．換言すると生成するC＝Cの炭素ができるだけ多くのアルキル基，アリール基をもつ方向（C＝Cが共役，超共役によって安定化を受ける）に脱離が起こる．本問にザイツェフ則を適用すると

$$⌬-CH=CHCH_3$$

が生成することが推定される．

(3) ハロゲン化水素が脱離するときは，脱離するHとハロゲンは *anti*-立体配座をとるこ

とが知られている．本問の分子をニューマンの投影式で表すと，H と Br とが *anti*-立体配座をとるのはつぎの一つの場合に限られる．

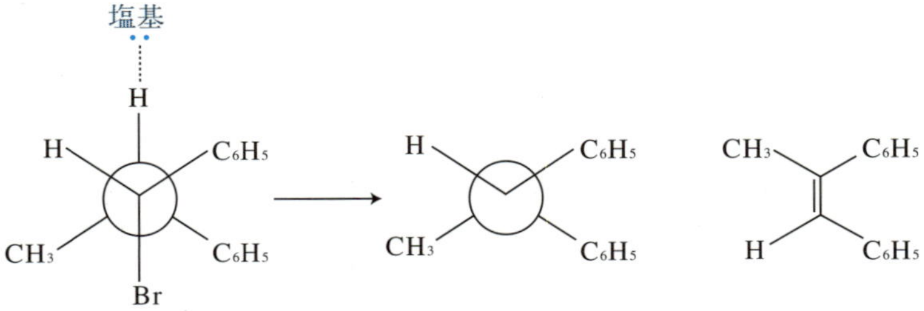

この立体配座から HBr が抜けると，二つのフェニル基が同じ側にある Z-配置のアルケンが生成する．

～～ 問　題 ～～

5.1 $CH_3CH_2CH_2CH_2Br$ につぎの試薬を作用させたとき生成する化合物の構造を示せ．
 (1) KOH のアルコール溶液
 (2) $CH_3C\equiv C^{\ominus}Na^{\oplus}$
 (3) アセトン中で NaI
 (4) $CH_3O^{\ominus}Na^{\oplus}$

5.2 つぎの化合物の脱ハロゲン化水素反応の生成物の構造を示せ．
 (1) $(CH_3)_2CHCHBrCH_3$
 (2) 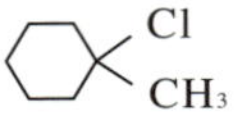 シクロヘキサン環に Cl と CH_3 が付いた構造
 (3) CH_3―C_6H_5/H と H―C_6H_5/Br のフィッシャー投影式
 (4) $(CH_3)_2CH$ 置換シクロヘキサンに Cl と CH_3
 (5) $(CH_3)_2CH$ 置換シクロヘキサンに Cl と CH_3

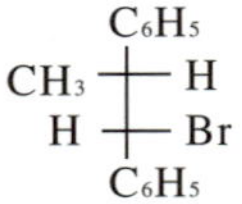

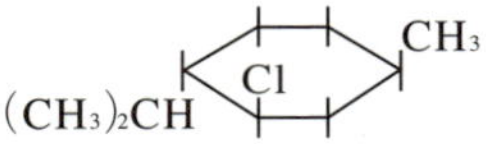

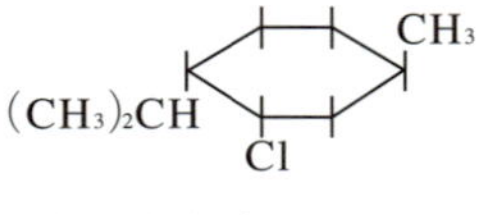

5.3 つぎの変換を行う過程を示せ．

$$CH_3CH_2CH_2\underset{CH_3}{\overset{CH_3}{C}}BrCH_3 \longrightarrow CH_3CH_2CHBr\underset{}{\overset{CH_3}{C}}HCH_3$$

5.4 $CH_3CH_2CH_2CH_2Br$ に $Na^{\oplus}SCH_3^{\ominus}$ を作用させると $CH_3CH_2CH=CH_2$ は生成せず，ほとんど定量的に $CH_3CH_2CH_2CH_2SCH_3$ になる．この理由を説明せよ．

10 アルコールとフェノール（ヒドロキシ化合物），エーテル

◆ **アルコールとフェノール** 官能基OHがアルキル基に結合したものがアルコール，アリール基（芳香環）に結合したものがフェノールである．⌬—CH₂OH ベンゼン環はもつが，環に直接結合していないのでアルコールである．

◆ **合成法** p.87

◆ **物理的性質** OH基の水素結合形成能力のために，同程度の分子量をもった炭化水素，エーテルなどより著しく沸点が高い．また水にもかなり溶ける．

◆ **化学的性質** アルコールとフェノールは共通の反応をすることが多い．ただ，フェノールではベンゼン環との共役のためO上の非共有電子密度がアルコールのそれよりも低いため，各種求電子試薬との反応性は小さい．フェノールの塩はOが負に帯電しており，求電子試薬との反応性は大きくなる．したがって，求核性はつぎの順になる．

$$R-O^{\ominus} > Ar-O^{\ominus} > R-OH > Ar-OH$$
アルコラート　　フェノラート　　アルコール　　フェノール

アルコール（ROH）	フェノール（ArOH）
1) 酸性 　水より弱い酸（C_2H_5OHの$pKa=18$）．したがって，水溶液は中性．アルカリ金属と反応してH_2ガスを発生する． $2ROH + 2Na \longrightarrow 2RONa + H_2$ 　　　　　　　　　　アルコラート	1') 酸性 　弱い酸（C_6H_5OHの$pKa=9.95$）．Na_2CO_3のような強い塩基と反応して塩を作るが，$NaHCO_3$のような弱い塩基とは反応しない． ⌬—OH + Na_2CO_3 ⟶ 　　　　　　　⌬—ONa + $NaHCO_3$ 　　　　　　　（フェノラート） ベンゼン環上の置換基によって酸の強さが異なる．
2) 求核試薬としての働き 　O上の非共有電子対によって，さまざまな求核反応を行う．	2') 求核試薬としての働き 　フェノールの求核性はアルコールに劣るが，$ArO^{\ominus}Na^{\oplus}$は十分な求核性をもつ．

$R^1O^{\ominus}Na^{\oplus} + R^2X \longrightarrow R^1OR^2$ $R^1OH + R^2COOH \xrightarrow{H^{\oplus}} R^2COOR^1$	$ArO^{\ominus}Na^{\oplus} + RX \longrightarrow ArOR$ ArOHとRCOOHの反応はフェノールの求核性不足のため起こらない．
RCOCl, $(RCO)_2O$は十分な求電子性をもち，ROH, ArOHの双方と反応する．	
$R^1OH + R^2COCl \longrightarrow R^1OCOR^2$	$ArOH + RCOCl \longrightarrow ArOCOR$

3) 酸化
　第一アルコールはアルデヒドを経てカルボン酸に，第二アルコールはケトンに酸化される．第三アルコールはそのままの形では酸化されにくいが，脱水などを経て複雑に反応する．

$$RCH_2OH \xrightarrow{酸化剤} RCHO \xrightarrow{酸化剤} RCOOH$$

$$R^1CH(OH)R^2 \xrightarrow{酸化剤} R^1COR^2$$

4a)　ハロゲン化水素との反応
　OHのハロゲンによる置換（S_N反応）と脱水反応（OHのつくCの隣のCがHをもつとき）が平行する．

$$-\overset{|}{C}H-\overset{|}{\underset{|}{C}}-OH \xrightarrow{HX} \begin{array}{l}-\overset{|}{C}H-\overset{|}{\underset{|}{C}}-X \\ -\overset{|}{C}=\overset{|}{C}-\end{array}$$

4b)　H_2SO_4との反応
　分子内，分子間の脱水反応が起こる．

$$CH_3CH_2OH \xrightarrow{H_2SO_4} \begin{array}{l}\xrightarrow{165℃} CH_2=CH_2 \\ \xrightarrow{130-140℃} (C_2H_5)_2O\end{array}$$

アルケンを生じる場合，枝分れの多いCにつくHほどH_2Oとなって脱離しやすい．

3') 酸化
　強く酸化するとキノンになる．

フェノール $\xrightarrow{K_2Cr_2O_7-H^{\oplus}}$ p-ベンゾキノン

5)　OHによるベンゼン環の活性化
　OHは電子供与性のM効果をもつのでフェノールは穏かな条件で求電子置換し，o-, p-位に置換基が入る．

フェノール $\xrightarrow{Br_2}$ 2,4,6-トリブロモフェノール

$Ar^1O^{\ominus}Na^{\oplus}$は$Ar^2N_2^{\oplus}$のような弱い求電子試薬とも反応する．

（ジアゾカップリング反応式）

◆ エーテル (ether)　R−O−R′

　比較的揮発性の大きい化合物．エーテルの特色は非常に多種類の有機化合物と混り合うことである．種々の反応の溶媒に用いられる．グリニャール反応ではエーテルは溶媒以上の働きをしている．水とあまり混らず，有機化合物の抽出に用いられる．

　エーテル結合は歪のかかった $CH_2\underset{\diagup O \diagdown}{-}CH_2$ のような場合を除くと反応性に乏しい．自身反応性の乏しいことは溶媒としてすぐれた性質の一つである．

　エーテル結合の生成

$$RX + R'ONa \longrightarrow ROR' \ ; \ 2ROH \xrightarrow{H_2SO_4} ROR$$

例題 1

つぎの試薬をエタノールとフェノールに作用させたときの反応の違いを比較せよ.
(1) 水酸化ナトリウム　(2) 酢酸（硫酸存在下）　(3) 無水酢酸
(4) 二クロム酸カリウム

【解答】(1) フェノールは pK_a10 程度の酸性をもつため，強アルカリである NaOH と反応し塩を作って水に溶けやすくなる.

$$C_6H_5OH + NaOH \longrightarrow C_6H_5O^{\ominus} Na^{\oplus}$$

アルコールの pK_a は 18 と小さく，非常に小さな酸性しか示さずアルカリと反応しない.

(2) アルコールの O 上の非共有電子対は局在しており，電子供与能力が大きく（求核性大で）$\oplus$ 電荷を帯びた COOH の C を攻撃する. フェノールの O 上の非共有電子対はベンゼン環との共役により環の方に流れ出し，局在しておらず，求核性が小さく，反応しない. なお，この反応における硫酸の作用は COOH に H$^{\oplus}$ を与え，C の求電子性を高めることにある.

$$\underset{CH_3}{\overset{HO}{\underset{|}{C}}\!\!=\!\!O} \xrightarrow{H^{\oplus}} \underset{CH_3}{\overset{HO}{\underset{|}{C}}\!\!\overset{\oplus}{\!\!-\!\!}OH} \xrightarrow{ROH} \underset{CH_3}{\overset{OH}{\underset{|}{\underset{H}{\overset{|}{C}}\!-\!\overset{\oplus}{O}\!-\!R}}} \xrightarrow{-H_2O} \underset{CH_3}{\overset{O}{\underset{|}{\overset{||}{C}\!-\!OR}}} \text{（エステル）}$$

(3) 無水酢酸 $(CH_3CO)_2O$ の C は求電子性が大きく，求核性の小さなフェノールとも反応でき，エステルを与える.

$$C_2H_5OH + (CH_3CO)_2O \longrightarrow C_2H_5O-\overset{\overset{O}{||}}{C}-CH_3 + CH_3COOH$$

$$\text{C}_6\text{H}_5\text{-OH} + (CH_3CO)_2O \longrightarrow \text{C}_6\text{H}_5\text{-O}-\overset{\overset{O}{||}}{C}-CH_3 + CH_3COOH$$

(4) エタノールは酢酸に，フェノールは黄金色の p-ベンゾキノンにそれぞれ酸化される.

$$C_2H_5OH + K_2Cr_2O_7 \xrightarrow{H^{\oplus}} CH_3COOH$$

$$\text{C}_6\text{H}_5\text{OH} + K_2Cr_2O_7 \xrightarrow{H^{\oplus}} \text{p-benzoquinone}$$

問 題

1.1 つぎの変換を行うとき用いられる試薬を示せ．

(1) 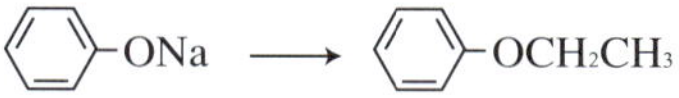 C₆H₅-ONa ⟶ C₆H₅-OCH₂CH₃

(2)  CH₃CH(OH)CH₃ ⟶ CH₃COCH₃

(3) 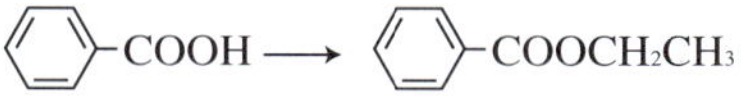 C₆H₅-COOH ⟶ C₆H₅-COOCH₂CH₃

(4) 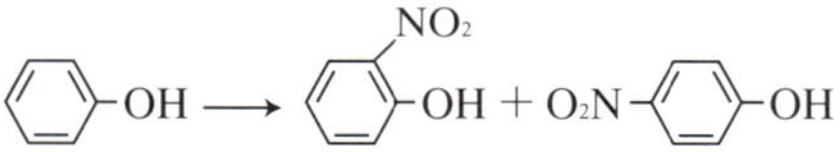 C₆H₅-OH ⟶ o-O₂N-C₆H₄-OH + p-O₂N-C₆H₄-OH

1.2 つぎの反応の生成物の構造式を示せ．

(1) $(CH_3)_3COH + HCl \longrightarrow$

(2)  C₆H₅-ONa + ClCH₂COONa ⟶

(3) 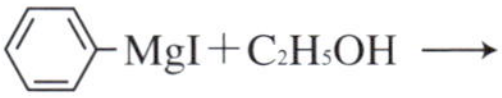 C₆H₅-MgI + C₂H₅OH ⟶

(4) C₆H₅-CH(OH)-CH₃ $\xrightarrow{H_2SO_4}$

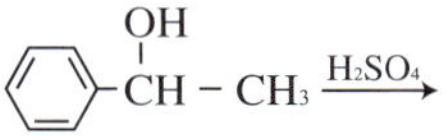

(5) 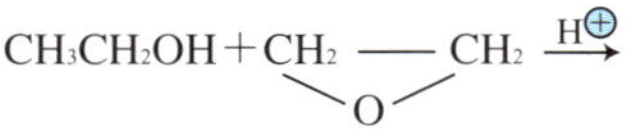 $CH_3CH_2OH + \underset{O}{CH_2-CH_2} \xrightarrow{H^{\oplus}}$

(6)  CH₃CH₂CH(OH)CH₃ $\xrightarrow[165℃]{H_2SO_4}$

例題 2

分子式が$C_5H_{12}O$である液体物質**A**がある．**A**に金属ナトリウムを作用させると気体(H_2)を発生する．酸性下$K_2Cr_2O_7$で酸化すると分子式が$C_5H_{10}O$であるケトン**B**を生じた．濃硫酸を加えて加熱して生じる気体を過マンガン酸カリウムと反応させるとケトンとカルボン酸が得られた．**A**の構造式と名称を示せ．

【解答】 **A**の分子式から，**A**は飽和鎖式のアルコールまたはエーテルの可能性があるが，Naと反応することからアルコールであることが結論される．**A**を酸化するとケトンが生成することから**A**は第二アルコールであることがわかる．炭素数5の飽和鎖式第二アルコールにはつぎの3種が考えられる（ただし，（イ），（ハ）には立体異性体が考えられるがここでは考慮外とする）．

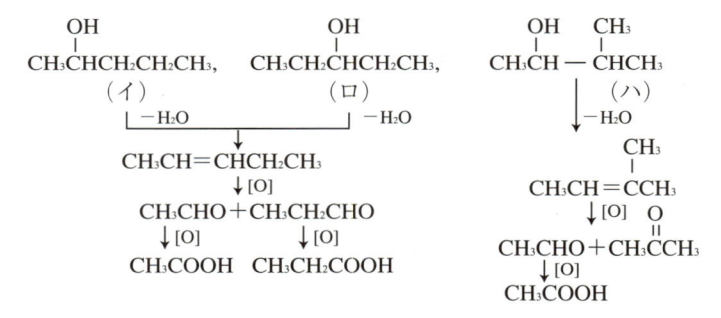

$$\underset{(イ)}{CH_3\overset{OH}{\underset{|}{C}}HCH_2CH_2CH_3} \quad \underset{(ロ)}{CH_3CH_2\overset{OH}{\underset{|}{C}}HCH_2CH_3} \quad \underset{(ハ)}{CH_3\overset{OH}{\underset{|}{C}}H-\overset{CH_3}{\underset{|}{C}}HCH_3}$$

(イ), (ロ) $\xrightarrow{-H_2O}$ $CH_3CH=CHCH_2CH_3$ $\xrightarrow{[O]}$ $CH_3CHO + CH_3CH_2CHO$ $\xrightarrow{[O]}$ $CH_3COOH \quad CH_3CH_2COOH$

(ハ) $\xrightarrow{-H_2O}$ $CH_3CH=\overset{CH_3}{\underset{|}{C}}CH_3$ $\xrightarrow{[O]}$ $CH_3CHO + CH_3\overset{O}{\underset{\|}{C}}CH_3$ $\xrightarrow{[O]}$ CH_3COOH

それぞれに対する脱水, 酸化の反応は上のようになる．3種の異性体のうちケトンとカルボン酸を与えるのは（ハ）のみ，ゆえに**A**は（ハ）3-methyl-2-butanol（3-メチル-2-ブタノール）．アルコールの脱水では枝わかれの多いアルケンが生じることも注意．

~~~ 問　題 ~~~

2.1 つぎの各組の化合物を識別するにはどのような実験を行えばよいか．（イ）用いる試薬，（ロ）実験方法，（ハ）観察されるであろう現象，（ニ）なぜそのような違いが見られるかの理由，を各項目別に答えよ．

(1) ⌬-OH, ⏣-OH, ⏣-COOH

(2) $CH_3CH_2CH_2CH_2OH$, $CH_3CH_2\overset{OH}{\underset{|}{C}}HCH_3$, $CH_3\overset{CH_3}{\underset{\underset{|}{CH_3}}{\overset{|}{C}}}OH$

2.2 前問の化合物の名称（英語名, 日本語名）を示せ．

例題 3

アルデヒド，ケトンを還元してアルコールを合成する方法を大別すると，
1. 還元試薬を用いる方法
2. 接触還元法（触媒の存在下でH_2を用いて還元する）

になる．おのおのの例を挙げ，例に基づいて，試薬を用いる還元法および接触還元法の長所・欠点を比較せよ．

【解答】 ケトン，アルデヒドをアルコールに変換するための還元試薬としてはもっぱら金属水素化物が用いられる．入手しやすい$LiAlH_4$が最もよく用いられる．

$$CH_3\overset{O}{\overset{\|}{C}}CH_2CH_3 \xrightarrow{LiAlH_4} CH_3\overset{OH}{\overset{|}{C}H}CH_2CH_3, \quad \text{Ph-CHO} \xrightarrow{LiAlH_4} \text{Ph-CH}_2\text{OH}$$

接触還元の触媒としてはPt黒（PtO_2を使用直前にH_2で還元する），ラネーNi（$Ni-Al$の合金を$NaOH$水溶液で処理しAlを溶解し，清浄な表面積の大きいNi微粒子を作る），漆原Ni（$NiCl_2$とZnの反応でZnの表面にNiの微粒子を析出させ，Znを$NaOH$あるいは酢酸で溶かし，ラネーNiと同じように清浄な表面積の大きいNi微粒子を作る）などが用いられる．触媒と原料をH_2中で撹拌して反応させる．オートクレーブを用い100気圧くらいの高圧下で反応することもある．

$$CH_3\overset{O}{\overset{\|}{C}}CH_2CH_3 \xrightarrow[\text{ラネー}Ni]{H_2} CH_3\overset{OH}{\overset{|}{C}H}CH_2CH_3, \quad \text{Ph-CHO} \xrightarrow[\text{ラネー}Ni]{H_2} \text{Ph-CH}_2\text{OH}$$

（高温で反応させるとベンゼン環も水素化されることがある）

還元試薬を用いる方法	接触還元法
長所（i）特別な技術が必要でなく，誰がやっても成功する． （ii）特別な装置を必要としない．	欠点（i）触媒を作るのに技術やコツが必要． （ii）特別な装置が必要（特に高圧のH_2を安全に扱うため）．
欠点（i）反応混合物から目的のものを取り出すのに分離操作が必要．	長所（i）反応後，触媒をろ過し，溶媒を除去するとほとんど純粋な生成物が得られる． （ii）いったん，装置を作ると連続して大量に反応させることが可能．
どこでも行えること，簡便なので，たまにしか利用しない場合はこの方が便利．	連続運転に向いていて工場で使われる．

例題 4

グリニャール反応でつぎの化合物を合成するためのグリニャール試薬とカルボニル化合物の組合せを示せ．

(1) $CH_3-CH(CH_3)-CH_2-CH_2OH$

(2) フェニル基2個, CH_3, OH が結合した炭素（トリフェニル型ではなく, ジフェニルメチルカルビノール: $(C_6H_5)_2C(OH)(CH_3)$）

【解答】 第9章p.87のグリニャール反応の表を参考にしながら考える．また，合成の問題に取り組む場合の基本的考え方と合成に有用な反応の一覧表を第15章にまとめておいたので，今後，合成の問題を解くときにはくり返し活用し，また必要に応じ，自分で表を増補しながら有機化学の"活用できる知識"を養成していって欲しい．グリニャール反応はC-C結合を作る方法としてきわめて重要で，炭素骨格を組み上げていくときに有用である．

(1) グリニャール反応による第一アルコールの合成はRMgXにHCHOか CH_2-CH_2（エチレンオキシド, Oが橋架け）を作用させることによって行われる．HCHOではRより炭素1個，CH_2-CH_2（エチレンオキシド）では炭素が2個多い第一アルコールが生成する．本問に即して考えるとHCHOを用いるときは実線，CH_2-CH_2（エチレンオキシド）を用いるときは点線の位置でC-C結合を作ることになる．

$$CH_3-CH(CH_3)-CH_2 \;|\; CH_2OH$$

$$CH_3-CH(CH_3) \;\vdots\; CH_2-CH_2OH$$

したがって

$$CH_3CH(CH_3)CH_2MgI + HCHO \longrightarrow CH_3CH(CH_3)CH_2CH_2OH$$

$$CH_3CH(CH_3)MgI + \underset{\text{(エチレンオキシド)}}{CH_2-CH_2} \longrightarrow CH_3CH(CH_3)CH_2CH_2OH$$

(2) 第三アルコールはケトンとグリニャール試薬から作る．OHのついているCから出ている三つの結合のどれをグリニャール試薬から導入するかを考える．つぎの二つの組合せがある．

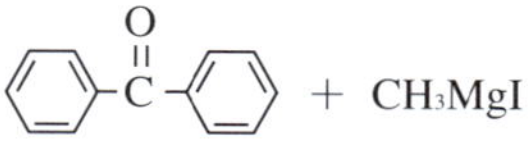

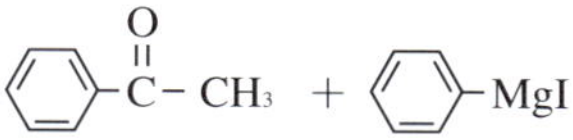

$$\underset{\text{(ベンゾフェノン)}}{\text{Ph–CO–Ph}} + \text{CH}_3\text{MgI}$$

$$\text{Ph–CO–CH}_3 + \text{Ph–MgI}$$

OHのついているCが2個の同じ基（この場合 —Ph ）をもつことに着目すると，もう一つの合成経路が考えられる．カルボン酸エステルは2分子のグリニャール試薬と反応して第三アルコールを与える．

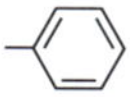

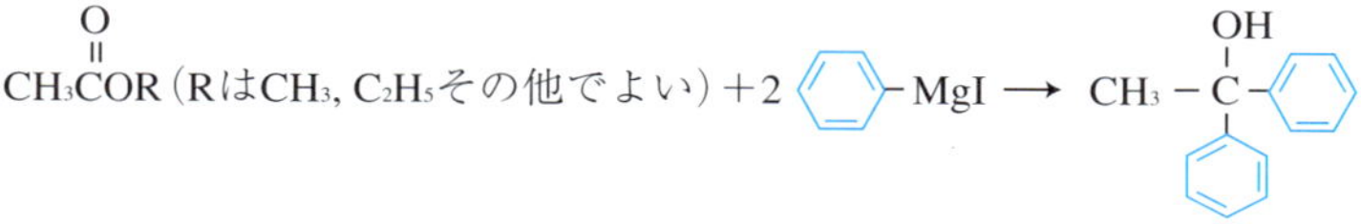

$$\text{CH}_3\overset{\text{O}}{\underset{\|}{\text{C}}}\text{OR (RはCH}_3\text{, C}_2\text{H}_5\text{その他でよい)} + 2\,\text{Ph–MgI} \longrightarrow \text{CH}_3-\underset{\text{Ph}}{\overset{\text{OH}}{\underset{|}{\overset{|}{\text{C}}}}}-\text{Ph}$$

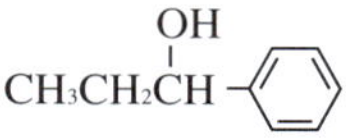

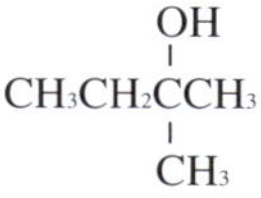

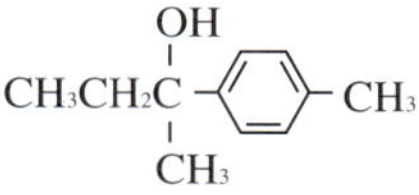

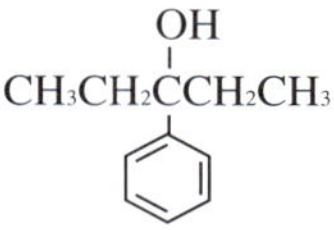

~~~ 問　題 ~~~

4.1 CH$_3$CH$_2$MgIに何を作用させるとつぎの化合物が生成するか．

(1) CH$_3$CH$_2$CH$_2$OH

(2) CH$_3$CH$_2$CH$_2$CH$_2$OH

(3) CH$_3$CH$_2$CH(OH)CH$_3$

(4) CH$_3$CH$_2$CH(OH)–Ph

(5) CH$_3$CH$_2$C(OH)(CH$_3$)CH$_3$

(6) CH$_3$CH$_2$C(OH)(CH$_3$)–C$_6$H$_4$–CH$_3$

(7) CH$_3$CH$_2$C(OH)(Ph)CH$_2$CH$_3$

例題 5

つぎの A – H にあてはまる化合物の化学式(有機化合物なら構造式)を示せ.

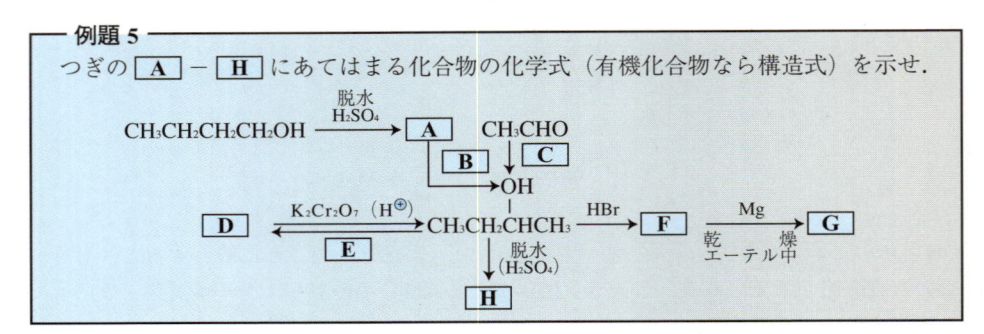

$$CH_3CH_2CH_2CH_2OH \xrightarrow[H_2SO_4]{脱水} \boxed{A} \xrightarrow[B]{CH_3CHO \atop \downarrow C} OH$$

$$\boxed{D} \xleftrightarrow[E]{K_2Cr_2O_7 (H^\oplus)} CH_3CH_2\underset{|}{C}HCH_3 \xrightarrow{HBr} \boxed{F} \xrightarrow[乾燥エーテル中]{Mg} \boxed{G}$$

$$\downarrow 脱水 (H_2SO_4)$$

$$\boxed{H}$$

【解答】 アルコールの合成法とその反応の重要なものの系統図である.アルコールの主な反応は酸化,置換,脱水である.酸化(たとえば二クロム酸による)によって,第二アルコールである $CH_3CH_2CH(OH)CH_3$ はケトン (**D**) $CH_3CH_2COCH_3$ になる.

脱水によって二重結合ができるが,できるだけ枝わかれの多いアルケンを生ずるというザイツェフ則によって,**H** は $CH_3CH=CHCH_3$ である($CH_3CH_2CH=CH_2$ ではない).

HBr を作用させると S_N 反応によって OH は Br に置き換わる.**F** は $\underset{CH_3CH_2CHCH_3}{\overset{Br}{|}}$ である.

これに乾燥エーテル中 Mg を作用させるとグリニャール試薬 (**G**) $\underset{CH_3CH_2CHCH_3}{\overset{MgBr}{|}}$ を生ずる.

第二アルコールを合成する方法にはケトンの還元,アルケンへの水の付加,グリニャール反応などがある.ケトンの還元には金属水素化物($LiAlH_4, NaBH_4$)を用いるか,Ni や Pd を触媒にして水素化するのがよい(**E**).

$CH_3CH_2CH_2CH_2OH$ の脱水で生ずる(**A**)$CH_3CH_2CH=CH_2$ に硫酸を触媒にして水を付加する(**B** は H_2O(H_2SO_4 触媒))と $CH_3CH_2CH(OH)CH_3$ になる.H_2O の付加はマルコヴニコフ則に従う.

グリニャール反応で第二アルコールを作るにはグリニャール試薬にアルデヒドを作用させればよい.**C** は CH_3CH_2MgI である.このアルコールは CH_3CH_2CHO と CH_3MgI の組合せでもできるが,前の組合せの原料の方が安価であろう.

問題

5.1 つぎの A – E にあてはまる化合物の化学式を示せ.

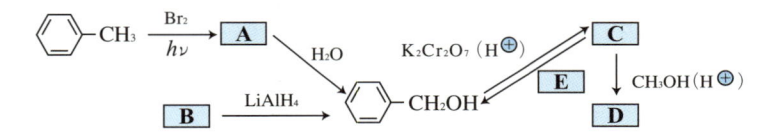

$$C_6H_5-CH_3 \xrightarrow[h\nu]{Br_2} \boxed{A} \xrightarrow{H_2O} C_6H_5-CH_2OH \xrightleftharpoons[E]{K_2Cr_2O_7 (H^\oplus)} \boxed{C} \xrightarrow{CH_3OH (H^\oplus)} \boxed{D}$$

$$\boxed{B} \xrightarrow{LiAlH_4} C_6H_5-CH_2OH$$

11 カルボニル化合物（アルデヒド・ケトン・キノン）

◆ **カルボニル基の電子状態と反応**

● カルボニル化合物の反応

1) ⊕に帯電した >C=O の C に電子対をもった求核試薬（アミン(RNH$_2$, RR'NH)），ヒドラジン(ArNHNH$_2$)，ヒドロキシルアミン(H$_2$NOH)，セミカルバジド(H$_2$NCONHNH$_2$)，シアン化物イオン(CN$^\ominus$)，亜硫酸水素イオン(HSO$_3{}^\ominus$)，カルボアニオン（炭素陰イオン($^\ominus$CH(COOEt)$_2$, $^\ominus$CH$_2$NO$_2$, $^\ominus$CH$_2$CHO, グリニャール試薬など)）と反応する．

例

$$>C=O \xrightarrow{RNH_2} >\underset{|}{\overset{OH}{C}}-NHR \xrightarrow{-H_2O} >C=NR \quad \begin{pmatrix} ArNHNH_2, & H_2NOH \\ H_2NCONHNH_2 も同様 \end{pmatrix}$$

$$>C=O \xrightarrow{NaHSO_3} -\underset{|}{\overset{OH}{\underset{|}{C}}}-OSO_2Na \xrightarrow{NaCN} -\underset{|}{\overset{OH}{\underset{|}{C}}}-CN$$

$$>C=O \xrightarrow{{}^\ominus CH_2CHO} -\underset{|}{\overset{OH}{\underset{|}{C}}}-CH_2CHO \xrightarrow{-H_2O} -\underset{|}{C}=\underset{|}{C}-CHO$$

● グリニャール反応については→p.87

2) 還元

● 還元試薬による還元

$$>C=O \xrightarrow{LiAlH_4 （あるいは NaBH_4）} >\underset{|}{\overset{H}{C}}-OH$$

$$>C=O \xrightarrow{Zn-Hg, H^\oplus} >CH_2 \quad （クレメンセン(Clemmensen)還元）$$

$$>C=O \xrightarrow{H_2NNH_2, OH^\ominus} >CH_2 \quad （ウォルフ-キッシュナー(Wolff-Kischner)還元）$$

● 接触還元

$$>C=O \xrightarrow{H_2（触媒）} -\underset{|}{\overset{H}{C}}-OH$$

触媒；Pt, Pd, Ni, Co など．

11 カルボニル化合物（アルデヒド・ケトン・キノン）

3) α-水素の反応 $-\overset{H}{\underset{|}{C}}-\overset{}{C}=O$（$>C=O$ の強い電子求引によって $>C=O$ に隣接したCに結合するHがアルカリによってH⊕として引き抜かれ，カルボアニオン（炭素陰イオン）になる．

$$CH_3CHO \xrightarrow{OH^⊖} {}^⊖CH_2CHO \xrightarrow{CH_3CHO} CH_3\overset{OH}{\underset{|}{CH}}CH_2CHO \xrightarrow{-H_2O}$$

$$CH_3CH=CHCHO \quad （アルドール縮合）$$

$$\text{C}_6\text{H}_5-CHO + CH_3COCH_3 \xrightarrow{OH^⊕} \text{C}_6\text{H}_5-\overset{OH}{\underset{|}{CH}}CH_2\overset{O}{\underset{\|}{C}}CH_3 \xrightarrow{-H_2O}$$

$$\text{C}_6\text{H}_5-CH=CH\overset{O}{\underset{\|}{C}}CH_3$$

● アルデヒドに特有の反応

酸化を受けて（他の化合物を還元して），カルボン酸になる．

$$RCHO \xrightarrow{[O]} RCOOH$$

酸化剤　$KMnO_4$, $K_2Cr_2O_7$, O_2, $Cu^{2⊕}$, $Ag^⊕$ など．
フェーリング（Fehling）反応，銀鏡反応

● 不飽和カルボニル（$C=C-C=O$）の反応

$C=O$ の分極が共役した $C=C$ に伝わり太字の **C** 上に ⊕ 電荷を作り出す．これによって種々の試薬（HCN，カルボアニオンなど）が付加する（$^⊖CH(COOEt)_2$ などのカルボアニオンの付加を特に**マイケル**（Michael）**反応**とよぶ）．

$$RCH=CH-\overset{O}{\underset{\|}{C}}-R' \xrightarrow{HCN} R-\overset{CN}{\underset{|}{CH}}-CH=\overset{OH}{\underset{|}{C}}-R' \longrightarrow R\overset{CN}{\underset{|}{CH}}CH_2-\overset{O}{\underset{\|}{C}}-R'$$

他の求核試薬（グリニャール試薬などの有機金属化合物）が反応する場合には，試薬性格と反応条件とによって，カルボニル部位に付加する場合と二重結合部位に付加する場合とがある．

◆ **キノン**　カルボニルの性格，芳香環の性格の双方が弱まっている．ベンゼン構造を回復するような反応が起こりやすい．

（ディールス-アルダー反応）

── 例題 1 ──────────────────────────────
つぎの構造の化合物の名称（英語名，日本語名）を書け．（第1章参照）

(1) CH₃COCH₂COCH₃　　(2) CH₃C(OH)=CHCCH₃ (with O on second C)　　(3) CH₃CH=CHCHO

(4) ⬡=NOH　　(5) CH₃CO–⬡　　(6) ⬡–OCH₂CHO

【解答】 (1) C5個の鎖で2個のCOを含む．この化合物は対称形をしており番号は右からつけても左からつけても変わらない．2,4-pentanedione（2,4-ペンタンジオン），慣用名としてacetylacetone（CH₃COCH₃のHがacetyl基CH₃CO−によって置換されたものと見る）も使われる．

(2) 上記化合物のエノル形．主基は >CO だからCOに小さい番号がつくようにする．4-hydroxy-3-penten-2-one（4-ヒドロキシ-3-ペンテン-2-オン）pentenのあとのeがつぎのoとの関連で脱落する．

(3) 2-butenal（2-ブテナール），CHOは末端なので位置は指示しなくてよい．

(4) cyclohexanone oxime（シクロヘキサノンオキシム）．⬡=O cyclohexanoneとH₂NOH（hydroxylamine）とが反応し脱水して生じた化合物．ケトン，アルデヒドとヒドロキシルアミンとで生成する >C=NOH の構造の化合物をoxime（オキシム）と総称し，ケトン，アルデヒド名と並べて命名する．英語名は2語，日本語名は切れ目なしであることに注意．

(5) 慣用名acetophenone（アセトフェノン）がIUPACで認められている．acetylbenzene（アセチルベンゼン），methyl phenyl ketone（メチルフェニルケトン）も可能．

(6) phenoxyacetaldehyde（フェノキシアセトアルデヒド），phenoxyethanal（フェノキシエタナール）．CH₃CHOのH1個がC₆H₅O（phenoxy-）基によって置換されたものと見る．

~~~ 問　題 ~~~

1.1 つぎの構造の化合物の名称（英語名，日本語名）を書け．

(1) OHCCH₂CHClCH₂CHO　　(2) CH₃CH₂COCHO　　(3) ⬡–CHO （環内に二重結合）

(4) シクロブタン-1,3-ジオン構造　　(5) CH₃CH(CHO)CH₂COOH　　(6) テトラクロロ-1,4-ベンゾキノン構造

11 カルボニル化合物（アルデヒド・ケトン・キノン）

例題 2

ケトンCH_3COCH_3とカルボン酸エステルCH_3COOCH_3との $-\overset{O}{\underset{\|}{C}}-$ 基の電子状態はどのように異なるか．またそれが両者の反応性にどのように影響するか．

【解答】 アルデヒド，ケトンの性質は $>C=O$ のπ結合の電子状態に基づいて理解できる．π電子は電気陰性度の大きなOの方に偏りCのp軌道はほとんど空になっており，ここに非共有電子対を受容できる．これがアルデヒド，ケトンの反応（陰イオン，アミン，グリニャール試薬との反応など）の原因である．

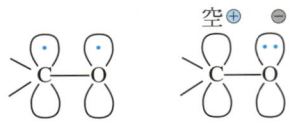

さらに，C上に生じた ⊕ 電荷は隣のCに結合したHの正電荷を増大させ，$H^⊕$としての脱離（塩基による引抜き）を容易にする．これがp.106に述べた反応性の原因である．

一方，$-COOR$（エステル）では $>C=O$ の隣にOがあり，非共有電子対をもったp軌道と $>C=O$ のp軌道が共役する．$-OCH_3$上の電子はC上の空の軌道を一部うめ，したがってC上の正電荷を減少させる．

したがって，p.105-106に述べた $>C=O$ の反応は$-COOCH_3$では起こり難くなることが推定される．エステルはケトン，アルデヒドと類似の反応を起こすことも多いが，エステルの反応に対しては強い反射条件（触媒の必要性，高温）などが要求されることが多い．

～～ **問　題** ～～

2.1 CH_3COCH_3および$CH_3COOC_2H_5$とアミンとの反応条件はどのように異なるか．必要なら適当な実験書について調べよ．

2.2 置換基をもったアセトフェノン $X-C_6H_4-COCH_3$ と $C_6H_5-NHNH_2$ との反応性は置換基$X-$の性質によってどのように影響されるか．

例題 3

つぎの各化合物から C6H5-CHO（ベンズアルデヒド）を合成する方法を示せ．
(1) C6H5-CHCl2 (2) C6H5-CH3 (3) C6H5-COOH

【解答】（1）加水分解すればよい．C6H5-CHCl2+H2O ⟶ C6H5-CHO+2HCl．実際にこの反応を行うときは，C6H5-CHCl2とCaCO3とを水の中にけんだくさせ加熱する．CaCO3はHClと反応し溶液を中性に保つ．

(2) いくつかの方法がある．(a) C6H5-CH3 $\xrightarrow{Cl_2(光)}$ C6H5-CHCl2でC6H5-CHCl2を作り，(1)の方法でC6H5-CHOにする．(b) 触媒（たとえばV_2O_5）の存在下で空気で酸化する．C6H5-CH3 $\xrightarrow{O_2(V_2O_5)}$ C6H5-CHO．ただし，この方法では原料より酸化されやすいアルデヒドが空気でさらに酸化されるのをできるだけ抑えるため，条件の設定を厳密に行う必要がある．常に同一条件で稼働する工場ではよいが，たまにしかアルデヒドを作る機会のない一般実験室には不向き．(c) 酢酸－無水酢酸溶液中でCrO_3を作用させる．生成するアルデヒドはアセタールとなり酸化剤CrO_3の攻撃を免れる．アセタールは塩酸で加水分解するとアルデヒドを再生する．

C6H5-CH3 $\xrightarrow[(CH_3CO)_2O-CH_3COOH]{CrO_3}$ C6H5-CH(OCCH3)2(=O) $\xrightarrow{HCl}$ C6H5-CHO

(3) カルボン酸から直接アルデヒドに還元することはできないが，C6H5-COClを経由し，ローゼンムント（Rosenmund）法を適用することによって可能になる．

C6H5-COOH $\xrightarrow{SOCl_2}$ C6H5-COCl $\xrightarrow{H_2(触媒Pd-BaSO_4)}$ C6H5-CHO

$BaSO_4$上につけたPd触媒を用い，H_2を通じで還元する．HClが発生しなくなったところで反応を止める．

問題

3.1 つぎの各化合物からベンゾフェノン C6H5-CO-C6H5 を合成する方法を示せ．
(1) C6H5-CH(OH)-C6H5 (2) C6H5-COCl

3.2 ベンズアルデヒドは C6H5, CO, HClを$AlCl_3-CuCl$の存在下で反応させても生ずる（ガッターマン-コッホ（Gattermann-Koch）反応）．この反応はフリーデル-クラフツ反応の変形であるが，反応がどのようにして起こるか考えよ．

3.3 つぎの反応生成物の構造を示せ．
(1) $(CH_3CH_2CH_2COO)_2Ca$ $\xrightarrow{加熱}$
(2) $CH_3C(CH_3)=CHCH_2CH_3$ $\xrightarrow{O_3}$
(3) $(CH_3)_2N$-C6H4 + ClCOCl $\xrightarrow{ZnCl_2}$
(4) アントラセン $\xrightarrow{K_2Cr_2O_7-H_2SO_4}$

11 カルボニル化合物（アルデヒド・ケトン・キノン）

--- 例題 4 ---

ベンズアルデヒドと何とを反応させればつぎの化合物が合成されるか．
(1) $C_6H_5CH=NC_6H_5$
(2) $C_6H_5CH=NNHCONH_2$
(3) $C_6H_5CH=CHCOCH_3$
(4) $C_6H_5\overset{OH}{\underset{|}{C}}HCOOH$

【解答】（1）

$$C_6H_5\overset{O^{\delta-}}{\underset{H}{\overset{\|}{C}}}{}^{\delta+}:N\underset{H}{\overset{H}{-}}C_6H_5 \longrightarrow C_6H_5\overset{OH}{\underset{H}{\overset{|}{C}}}-\underset{H}{\overset{H}{N}}-C_6H_5 \xrightarrow{-H_2O} C_6H_5CH=NC_6H_5$$

(2) $C_6H_5CHO + H_2NNHCONH_2 \xrightarrow{H^{\oplus}} C_6H_5CH=\mathbf{N}NHCONH_2$ （セミカルバジド）

(1)と同様の反応であるが $H_2NNHCONH_2$ の3個のNのうち $>C=O$ の影響を受けていないNの非共有電子対が反応に関与する．

(3) アルカリの存在下で CH_3COCH_3 を作用させ，つぎに酸で脱水する．

$$CH_3COCH_3 \xrightarrow{OH^{\ominus}} {}^{\ominus}CH_2COCH_3$$

C_6H_5CHO は α-水素をもたないのでカルボアニオンにならない．$\oplus$ に帯電した C_6H_5CHO のCがカルボアニオンの電子対を受容する．

$$C_6H_5CHO + :\!\overset{\ominus}{C}H_2COCH_3 \longrightarrow C_6H_5\overset{OH}{\underset{|}{C}}HCH_2COCH_3 \xrightarrow{-H_2O} C_6H_5CH=CHCOCH_3$$

(4) $C_6H_5CHO \xrightarrow{NaHSO_3} C_6H_5\overset{OH}{\underset{|}{C}}HSO_3Na \xrightarrow{NaCN} C_6H_5\overset{OH}{\underset{|}{C}}HCN \xrightarrow{H_2O\,(H^{\oplus})} C_6H_5\overset{OH}{\underset{|}{\mathbf{C}}}HCOOH$

形式的には C_6H_5CHO に対する HCN の付加，太字の **C** は不斉炭素であるが，通常の化学合成なのでラセミ体が生成する．

~~~ 問　題 ~~~

4.1 ベンズアルデヒド（⌬—CHO）につぎの試薬を作用させたときの生成物の構造を示せ．

(1) H_2NOH　　(2) ⌬—NH_2　　(3) CH_3COCH_3（アルカリ）

(4) HCHO（アルカリ）　　(5) ⌬—MgI　　(6) 2,4-ジニトロフェニルヒドラジン（$NHNH_2$, NO_2, NO_2 置換ベンゼン）

(7) NaOH　　(8) Znアマルガム－濃塩酸

―― 例題 5 ――
つぎの化合物を区別するための化学的方法を示せ.

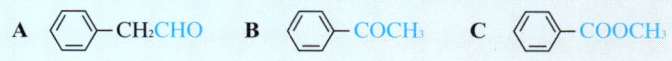

A C₆H₅–CH₂CHO   B C₆H₅–COCH₃   C C₆H₅–COOCH₃

【解答】 **A**はアルデヒド,**B**はケトン,**C**はカルボン酸エステルであり,官能基の性質の違いを利用区別する.まず,カルボニル化合物(アルデヒド,ケトン)とエステルを区別し,つぎにアルデヒドとケトンとを区別するのがよいであろう.カルボニル化合物は,p.105に述べたように−NH₂をもつ化合物と容易に反応して結晶性のよい,検出しやすい誘導体を生成する.試薬としてはフェニルヒドラジン C₆H₅–NHNH₂, 2,4-ジニトロフェニルヒドラジン O₂N–C₆H₃(NO₂)–NHNH₂,ヒドロキシルアミン HONH₂,セミカルバジド H₂NCONHNH₂ などが用いられるが,黄色の結晶性のよい誘導体を与える2,4-ジニトロフェニルヒドラジンが便利に用いられる.

アルデヒドとケトンを区別するには,フェーリング試薬(CuSO₄と酒石酸カリウムナトリウム KNaC₄H₄O₆ より作る.アルデヒドと反応して赤色の酸化銅(I)が沈殿する),トレンス試薬(AgNO₃とアンモニア水から作る.アルデヒドと反応して銀を析出する.銀は反応容器が清浄であるとガラス表面に銀鏡として生成する.)との反応を利用する.

Cをエステルと確認するためには,加水分解してカルボン酸が生成することを確認するのがよいであろう.以上をフローチャートでまとめると,

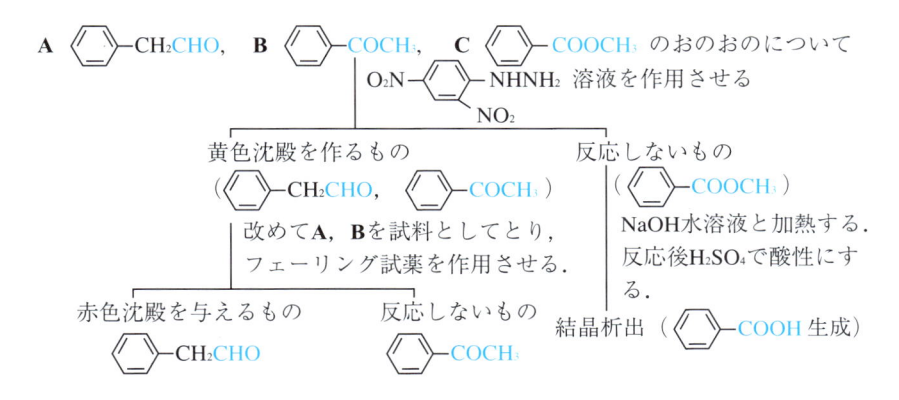

```
A C₆H₅–CH₂CHO,  B C₆H₅–COCH₃,  C C₆H₅–COOCH₃ のおのおのについて
                    O₂N–C₆H₃(NO₂)–NHNH₂ 溶液を作用させる
        ┌──────────────────────────┴──────────────────────────┐
  黄色沈殿を作るもの                                    反応しないもの
  (C₆H₅–CH₂CHO, C₆H₅–COCH₃)                         (C₆H₅–COOCH₃)
  改めてA,Bを試料としてとり,                       NaOH水溶液と加熱する.
  フェーリング試薬を作用させる.                     反応後H₂SO₄で酸性にす
        ┌──────────────┴──────────────┐              る.
  赤色沈殿を与えるもの        反応しないもの      結晶析出(C₆H₅–COOH 生成)
  C₆H₅–CH₂CHO                C₆H₅–COCH₃
```

～～ 問 題 ～～

5.1 つぎの各組の化合物を区別する方法を示せ.

(1) CH₃COCH₃, CH₃CH₂OH, CH₃COOH

(2) C₆H₅–CH=CHCHO, CH₃–C₆H₄–OH, C₆H₅–CH₂COCH₃

11 カルボニル化合物（アルデヒド・ケトン・キノン）

例題 6

つぎの反応生成物の構造を示せ．

(1) $CH_3CHO + Br_2 \xrightarrow{\text{塩基}}$

(2) C₆H₅–CH=CHCOCH₃ + $CH_2(COOC_2H_5)_2 \xrightarrow{C_2H_5ONa}$

(3) (p-ベンゾキノン) + HCl ⟶

【解答】 (1) $BrCH_2CHO$, Br_2CHCHO, Br_3CCHO が生成する．CH_3CHO はアルカリの作用でエノール陰イオンになる．これが Br_2 と反応する．

$$CH_3CHO \xrightarrow{\text{アルカリ}} CH_2\text{–}\overset{H}{C}\text{–}O^{\ominus} \xrightarrow{Br_2} BrCH_2\text{–}CHO + Br^{\ominus}$$

CHOの隣にHがある限り反応はくり返される．

(2) $C=C-C=O$ は $\overset{\oplus}{C}-C=C-\overset{\ominus}{O}$ のように分極し，負電荷をもつ試剤が末端のCを攻撃する．

C₆H₅–CH=CH–CO–CH₃ + ⁻CH(COOC₂H₅)₂ ⟶ C₆H₅–CH(CH(COOC₂H₅)₂)–CH=C(O⁻)–CH₃ $\xrightarrow{H^{\oplus}}$ C₆H₅–CH(CH(COOC₂H₅)₂)–CH=C(OH)–CH₃ ⇌ C₆H₅–CH(CH(COOC₂H₅)₂)–CH₂–CO–CH₃

$CH_2(COOC_2H_5)_2 \xrightarrow{\text{アルカリ}} {}^{\ominus}CH(COOC_2H_5)_2$ で炭素陰イオンが生じて，$>C=O$ に共役した $C=C$ に種々の求核試剤が付加する反応を**マイケル付加反応**と呼ぶ．

(3) キノンの $>C=O$ は $C=C$ と共役しており，$>C=$（点線で囲った部分に注目）型の反応を行う．付加体はケト型→エノール形の異性化によって最終生成物になる．

(p-ベンゾキノン + H⁺ + Cl⁻) ⟶ (4-ヒドロキシ-2-クロロシクロヘキサジエノン) ⟶ (2-クロロヒドロキノン)

問題

6.1 つぎの反応で生成する化合物の構造を示せ．

(1) C₆H₅–CH=CH–CO–CH₃ + NCCH₂COOCH₃ $\xrightarrow{\text{アルカリ}}$

(2) (p-ベンゾキノン) + (シクロペンタジエン CH₂) ⟶

(3) C₆H₅–CHO $\xrightarrow[\text{NH}_3\text{存在下}]{H_2(\text{Ni触媒})}$

例題 7

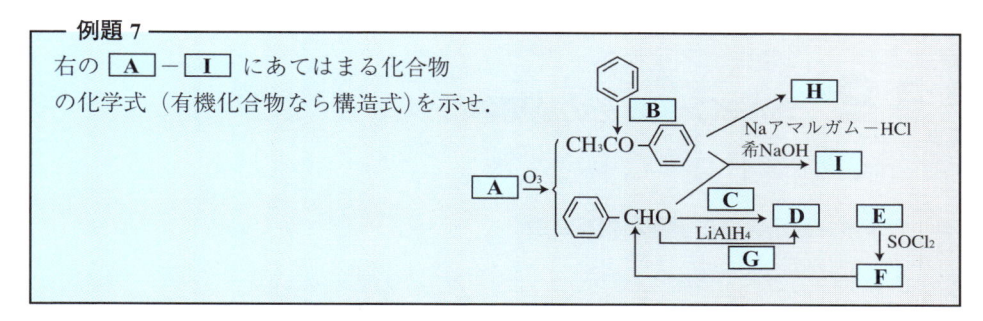

右の **A** – **I** にあてはまる化合物の化学式（有機化合物なら構造式）を示せ。

【解答】（1）アルデヒド，ケトンとその関連化合物の相互関係を頭に入れるための図式である．

A は $\mathrm{C_6H_5{-}CH{=}C(CH_3){-}C_6H_5}$．アルケンをオゾン分解すると $-\mathrm{C}=\mathrm{C}-$ が $-\mathrm{C}=\mathrm{O}$ にかわる．

B は芳香族ケトンの合成法として重要なフリーデル-クラフツ反応で，$\mathrm{CH_3COCl}$ あるいは $\mathrm{(CH_3CO)_2O}$ と触媒としての $\mathrm{AlCl_3}$（無水のもの，ルイス酸である）．

D は C$_6$H$_5$–CHO の LiAlH$_4$ 還元でできるから C$_6$H$_5$–CH$_2$OH．

CHO のついた C に H をもたないアルデヒド（芳香族アルデヒドは皆この構造である）の特徴的な反応にカニッツァーロ（Cannizzaro）反応がある．水酸化アルカリ（KOH がよく用いられる）の作用で不均化（2分子のアルデヒドが一方は酸化，一方は還元され）でアルコールとカルボン酸になる．したがって，**C** は KOH，**E** は C$_6$H$_5$–COOH．

カルボン酸に SOCl$_2$（PCl$_5$ でもよい）を作用させると C$_6$H$_5$–COCl（**F**）になる．

C$_6$H$_5$–COCl を C$_6$H$_5$–CHO にする方法としてローゼンムント還元がある．**G** は H$_2$ 触媒として BaSO$_4$ 上に析出させた Pd 金属の組合せ．

$>$C$=$O は Na–Hg と HCl の作用（クレメンゼン還元）で $>$CH$_2$ にすることができる．**H** は C$_6$H$_5$–CH$_2$CH$_3$．

C$_6$H$_5$–CHO と C$_6$H$_5$–COCH$_3$ は希アルカリの存在で縮合する（アルドール縮合）生成物は C$_6$H$_5$–CH(OH)CH$_2$CO–C$_6$H$_5$ であるが容易に脱水して C$_6$H$_5$–CH=CHCO–C$_6$H$_5$（**I**）．

問題

7.1 つぎの **A** – **G** にあてはまる化合物を示せ．

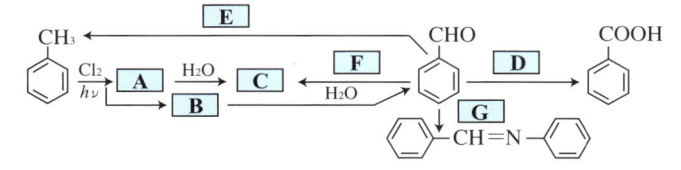

12　カルボン酸とその誘導体

◆ **カルボン酸誘導体の種類と相互交換**

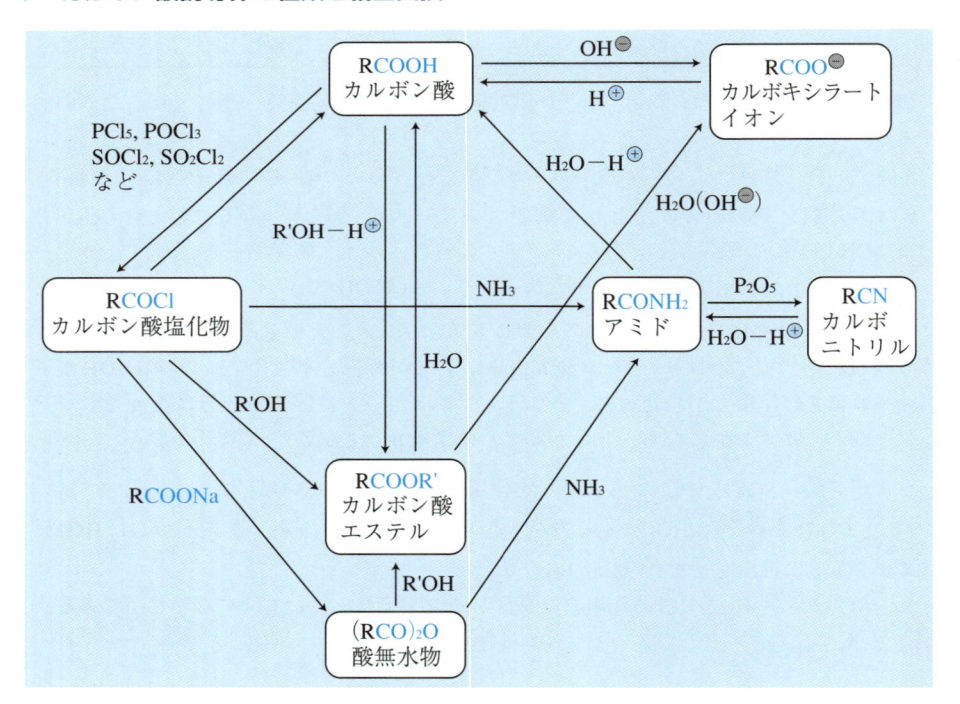

```
                    OH⁻
          RCOOH  ⇌  RCOO⁻
          カルボン酸  H⁺   カルボキシラート
                             イオン
PCl₅, POCl₃
SOCl₂, SO₂Cl₂        H₂O−H⁺
など
                              H₂O(OH⁻)

          R'OH−H⁺
   RCOCl              RCONH₂   P₂O₅    RCN
   カルボン酸塩化物  NH₃  アミド   H₂O−H⁺  カルボ
                                        ニトリル
              H₂O
        R'OH
                 RCOOR'
   RCOONa       カルボン酸   NH₃
                 エステル
                  R'OH
                 (RCO)₂O
                  酸無水物
```

◆ **カルボン酸誘導体の電子状態**　ケトン，アルデヒドと同じように >C=O の分極が重要である．しかし，カルボン酸誘導体ではC=Oの隣に非共有電子対をもつ原子 O, N などがあり，非共有電子対がC=OのC上のほとんど空になったp軌道に流れ込むので，カルボン酸誘導体のCの求電子性はケトン，アルデヒドの求電子性より小さい．

Cの求電子性は，

$$-COCl \sim CO(OCOR) > -COOR > -CONH_2 > -COO^{\ominus}$$

化合物の性質はC=Oの周辺でほぼ決まってしまい，それがアルキル基に結合しているか，アリール基に結合しているかはほとんど影響を与えない．

◆ **カルボン酸アミド（カルボキサミド）**　カルボン酸とアンモニア（あるいはアミン）の縮合した形．タンパク質，ナイロンなどはアミド結合によって分子が連結されている．

　　炭素数の小さなアミドは水に溶ける．溶液はほとんど中性である．$-NH_2$をもつが，塩基性の原因であるN上の非共有電子対が $>C=O$ との共役によって非局在化するので塩基としての働きはほとんどない．

　　カルボン酸アミドの性質，p.114の図の反応の他にホフマン（Hofmann）分解が重要である．ここにはアルキル基の転位が含まれている．

$$RCONH_2 + Br_2 + KOH \longrightarrow RNH_2$$

　　（Br_2の代りにCl_2でもよい，次亜塩素酸，次亜臭素酸でもよい．）

◆ **カルボニトリル**　カルボン酸アミドが脱水された形をもつ．RX（X；ハロゲン）からS_N反応によって容易に合成される．この方法でニトリルを作り，加水分解でカルボン酸にする方法は合成上の応用が広い．芳香族ニトリル合成はザントマイヤー（Sandmeyer）反応による．

$$RX \xrightarrow{CN^\ominus} RCN \xrightarrow{H_2O(H_2SO_4)} RCOOH$$

◆ **酸ハロゲン化物**　カルボン酸にPCl_5, $SOCl_2$などを作用させて作る．揮発性のかなりある物質．反応性が大きく，非共有電子対をもった場所を攻撃するとともにハロゲン化水素を脱離して反応する．

　　フリーデル-クラフツ反応も重要である．

◆ **酸無水物**　2個のカルボキシル基から水がとれて結合した形をもつ．酸ハロゲン化物とほとんど同じ反応を示す．

◆ **過酸化物**　酸無水物よりOが1個多い形．過酸化水素のHがRCO－で置き換わった形をもつ．酸塩化物に過酸化水素を作用させて作る．

$$2\,Ph\text{-}COCl + H_2O_2 + 2NaOH \longrightarrow Ph\text{-}\underset{O}{\overset{O}{C}}\text{-}O\text{-}O\text{-}\underset{O}{\overset{O}{C}}\text{-}Ph$$

中央のO－O結合は弱いので加熱でホモリシスを起こし，ラジカルを生成する．この性質のため過酸化物はビニル化合物の重合に多量に使われている．

$$Ph\text{-}\overset{O}{C}\text{-}O\text{-}O\text{-}\overset{O}{C}\text{-}Ph \xrightarrow{加熱} 2\,Ph\text{-}\overset{O}{C}\text{-}O\cdot \longrightarrow 2\,Ph\cdot + 2CO_2$$

例題 1

つぎの構造の化合物の名称（英語名，日本語名）を書け（第1章を参照）．
(1) $CH_3CH_2CH_2COOH$　　(2) $CH_3(CH_2)_{16}COOH$
(3) $HOOC(CH_2)_7CH=CH(CH_2)_7COOH$　　(4) C₆H₁₁—COOH (シクロヘキシル-COOH)
(5) C₆H₅—COCl　　(6) C₆H₅—CH₂CN

【解答】 カルボン酸は古くから知られていたものが多くIUPAC命名規則でも慣用名の使用を認めているものが多い．また，組織名も -oic acid の方式と -carboxylic acid の方式の二つがあり複雑である．

(1) IUPACで認めた慣用名　酪酸；butyric acid（1でなくrであることに注意．ドイツ語のButter（バター）に由来．）．組織名　butanoic acid（ブタン酸），propanecarboxylic acid（プロパンカルボン酸）．-oic acidではCOOHのCも骨格の一部と見る．-carboxylic acidではCOOHは骨格に付着した官能基と見ている．

(2) IUPACで認めた慣用名　stearic acid（ステアリン酸）．octadecanoic acid（オクタデカン酸），-oic acid方式では−COOHは鎖の末端にあることになるので，位置を指示する必要はない．

(3) IUPACで認められた慣用名　シス形はoleic acid（オレイン酸），トランス形はelaidic acid（エライジン酸）．組織名は9-octadecenedioic acid（9-オクタデセン二酸），シス形はZ，トランス形はE．したがってオレイン酸は（Z）-9-octadecenedioic acid．

(4) cyclohexanecarboxylic acid（シクロヘキサンカルボン酸）この化合物は -oic acid の方式では表現が困難．

(5) benzoyl chloride（塩化ベンゾイル），C_6H_5COOHはbenzoic acid　C_6H_5COはbenzoyl基．

(6) CH_3CNのH−がC_6H_5−で置き換わったものと見る．phenylacetonitrile（フェニルアセトニトリル）．

問 題

1.1 つぎの構造の化合物の名称（英語名，日本語名）を書け．
(1) $HOOC(CH_2)_2COOH$　　(2) $HOOC$—C₆H₄—$COOH$
(3) $CH_2=C(CH_3)-COOH$　　(4) $CH_3CHClCOOCH_3$
(5) $(CH_3CO)_2O$　　(6) Cl—C₆H₄—$CONH_2$

1.2 つぎの名称をもつ化合物の構造式を書け．
(1) hexanamide　　(2) benzanilide　　(3) 2-hexenedicarbonitrile
(4) 1,2,3-butanetricarboxylic acid　　(5) 2-hepten-5-ynedioic acid

例題 2

つぎの変換を行うには，原料にどんな試薬をどんな条件で作用させればよいか．

(1) $CH_3CH_2CH_2I \longrightarrow CH_3CH_2CH_2COOH$

(2) Ph-CH(CH_3)-CONH_2 ⟶ Ph-CH(CH_3)-NH_2

(3) Ph-CH=CH-Ph ⟶ 2 Ph-COOH

(4) Ph-CHO ⟶ Ph-CH=CHCOOH

【解答】(1) RX → RCOOH の変換には (i) グリニャール試薬と CO_2 の反応，(ii) RCN 経由の反応がある．

$$CH_3CH_2CH_2I \begin{array}{c} \xrightarrow{Mg, \text{エーテル中}} CH_3CH_2CH_2MgI \xrightarrow{CO_2(\text{ドライアイス})} \\ \xrightarrow{KCN} CH_3CH_2CH_2CN \xrightarrow{H_2O(H_2SO_4)} \end{array} CH_3CH_2CH_2COOH$$

(2) $-CONH_2$ を $-NH_2$ に変換する方法としてホフマン分解がある．次亜ハロゲン酸を作用させる．NaOBr，NaOCl を用いてもよいし，Br_2–NaOH，Cl_2–NaOH の組合せを利用してもよい．

(3) $>C=C<$ を $-COOH$ に酸化するには $K_2Cr_2O_7$，$KMnO_4$ のような強い酸化剤を酸性で加熱しながら作用させる．

$$Ph-CH=CH-Ph \xrightarrow{K_2Cr_2O_7-H^{\oplus}} 2\ Ph-COOH$$

(4) 無水酢酸および無水酢酸ナトリウムとともに 180 ℃ に加熱する（パーキン（Perkin）の合成）．$(CH_3CO)_2O$ の H は $>C=O$ のために酸性をもつ．塩基である酢酸ナトリウムの作用で $H^{\oplus}$ が引き抜かれて生ずる炭素陰イオンとアルデヒドが反応する．

$$(CH_3CO)_2O \xrightarrow{\text{アルカリ}^{\ominus}} {}^{\ominus}CH_2COOCOCH_3 \xrightarrow{Ph-CHO} Ph-CH(OH)-CH_2COOCOCH_3$$
$$\xrightarrow{\text{加水分解}} \xrightarrow{\text{脱水によるC=Cの生成}} Ph-CH=CHCOOH$$

問題

2.1 つぎの変換を行うにはどんな試薬を作用させればよいか．

(1) Ph-CH=CH-Ph ⟶ 2 Ph-CHO

(2) Ph-CH_3 ⟶ Ph-COOH

(3) Ph-NH_2 ⟶ Ph-CN

(4) Ph-I ⟶ Ph-COOH

(5) Ph-COCl ⟶ (Ph-COO)_2

(6) Ph-COCl ⟶ Ph-CHO

例題3

CH₃COOH, CH₃CONH₂, CH₃COCl, (CH₃CO)₂O のアニリンに対する反応性を比較せよ．また，その原因を電子論的に考察せよ．

【解答】 CH₃COCl, (CH₃CO)₂O は室温でアニリンと速やかに反応しアセトアニリドを生成する．

$$\text{C}_6\text{H}_5-\text{NH}_2 + \text{CH}_3\text{COCl} \longrightarrow \left[\text{C}_6\text{H}_5-\overset{+}{\underset{\underset{H}{|}}{\overset{\overset{H}{|}}{N}}}-\overset{\overset{O^{\ominus}}{|}}{\underset{\underset{Cl}{|}}{C}}-\text{CH}_3\right] \xrightarrow{-\text{HCl}} \text{C}_6\text{H}_5-\text{NHCOCH}_3$$

CH₃COCl, CH₃COOCOCH₃ にあっては >C＝O につく Cl, O－COCH₃ が電子を引く力がかなり強く，Cl, あるいは O の非共有電子対が >C＝O の C 上の正電荷をうすめる作用が弱い．したがってアニリンの N 上の非共有電子対は >C＝O を攻撃しやすい．また，HCl, CH₃COOH（無水酢酸を使った場合）は脱離しやすいので，反応は用意に進んでしまう．

CH₃COOH はアニリンと塩を作り室温ではアセトアニリドを与えないが，水を除きながら 100℃以上で熱しているとアセトアニリドになる．

$$\text{C}_6\text{H}_5-\text{NH}_2 + \text{CH}_3\text{COOH} \rightleftarrows \text{C}_6\text{H}_5-\text{NHCOCH}_3 + \text{H}_2\text{O}$$

この反応は平衡反応なので，発生する H₂O を系外に除くことによって反応を生成系に偏らせることができる．反応が加熱下でないと起こらないことは CH₃COOH の >C＝O 上の正電荷が CH₃COCl より小さいこと（OH の非共有電子対の流入による正電荷の中和が大きいこと）を意味している．

CH₃CONH₂ はアニリンとほとんど反応しない．NH₃ とアニリンを比べると NH₃ の方が非共有電子対の供与能が大きく，CH₃CONH₂ の安定度は CH₃CONH－C₆H₅ の安定度より大きい．

問 題

3.1 カルボン酸アミドを硫酸を触媒にしてエタノール中で加熱するとカルボン酸のエチルエステルに変化する．この反応で酸はどのような役割を果たすか．

3.2 カルボニトリル RC≡N の加水分解は H₂SO₄ の作用によっても NaOH の作用によっても起こる．この理由を説明せよ．

3.3 アルコールは硫酸の存在下カルボン酸と加熱することによってエステルとすることができる．しかし，フェノールはアルコールと同じ方法でエステルを作ることができない．この理由を考察し，フェノールとカルボン酸のエステルを作る方法を考えよ．

3.4 カルボン酸エステルを LiAlH₄ で還元するとアルコールを作ることができる．これに対し，遊離カルボン酸の LiAlH₄ による還元はあまり行われない．この理由を考えよ．

― 例題 4 ―
つぎの各組の化合物を識別するにはどのような実験を行えばよいか．
(1) C₆H₅-COOH, C₆H₅-OH
(2) $CH_3COOC_2H_5$, CH_3COCl

【解答】(1) フェノールとカルボン酸の酸性の違いを利用する．強い酸であるカルボン酸は強い塩基であるNa_2CO_3はもちろん弱い塩基である$NaHCO_3$とも反応し，ともにCO_2を発生させる．

$$2\,\text{Ph-COOH} + Na_2CO_3 \longrightarrow 2\,\text{Ph-COONa} + CO_2$$
$$\text{Ph-COOH} + NaHCO_3 \longrightarrow \text{Ph-COONa} + CO_2$$

一方，弱い酸であるフェノールは強い塩基であるNa_2CO_3とは反応する（ただしCO_2を発生させることはない）が，弱い塩基である$NaHCO_3$とは反応しない．

$$\text{Ph-OH} + Na_2CO_3 \longrightarrow \text{Ph-ONa} + NaHCO_3$$

$NaHCO_3$あるいはNa_2CO_3の水溶液を作り，Ph-COOH, Ph-OHに作用させる．気体（CO_2）を発生させる方がPh-COOHである．

(2) エステルは比較的安定であるが，酸塩化物は反応性が高く，H_2O, ROH, RNH_2などと常温で容易に反応する．一番簡単には$CH_3COOC_2H_5$, CH_3COCl（ともに液体）を水の上に落としてみる．変化なく水の上に浮くのが$CH_3COOC_2H_5$．反応して，HCl（臭気でわかる）を発生しつつ溶けていくのがCH_3COCl．

$$CH_3COCl + H_2O \longrightarrow CH_3COOH + HCl$$

～～～ 問　題 ～～～

4.1 安息香酸とフェノールとを含むエーテル溶液から安息香酸とフェノールとを分離する方法を考えよ．

4.2 安息香酸ナトリウムとフェノールのナトリウム塩（Ph-ONa ナトリウムフェノラート）とを含む水溶液から安息香酸とフェノールとを別々に取り出す方法を考えよ．

4.3 つぎの各組の化合物を識別するにはどんな実験を行えばよいか．

(1) CH_3-C₆H₄-OH, C₆H₅-OCH_3

(2) C₆H₅-$COOCH_3$, (C₆H₅-CO)$_2$O

(3) C₆H₅-C(=O)-OCH_3, C₆H₅-O-C(=O)-CH_3

例題 5

$CH_3CH_2CH_2COOCH_3$ とつぎの試薬との反応生成物の構造を示せ．
(1) $LiAlH_4$ (2) NH_2NH_2 (3) C_2H_5OH（H_2SO_4存在下）
(4) $NaOH$ (5) CH_3MgI

【解答】 エステルについての基本的反応を集めた．
(1) 還元．エステルは強力な還元剤を用いないと還元されない．金属水素化物によるのがよい．この場合，アルコールにまで還元される．生成物 $CH_3CH_2CH_2CH_2OH$（＋CH_3OH）
(2) $>C=O$ のCを非共有電子対をもったNが攻撃し，OCH_3を追い出す．
$CH_3CH_2CH_2COOCH_3 + NH_2NH_2 \longrightarrow CH_3CH_2CH_2CONHNH_2$（カルボン酸のヒドラジド）
NH_3，RNH_2，NH_2OHなどでも類似の反応が起こる．NH_3との反応ではアミドが生成．
(3) (2)と類似の経過でエステルのアルコールが変換する．$CH_3CH_2CH_2COOCH_2CH_3$
(4) ケン化，$CH_3CH_2CH_2COONa$とCH_3OHとが生ずる．
(5) エステルに対して，グリニャール試薬は2分子攻撃し，第三アルコールを生成する．

$$CH_3CH_2CH_2COOCH_3 + 2CH_3MgI \longrightarrow CH_3CH_2CH_2\underset{\underset{CH_3}{|}}{\overset{\overset{CH_3}{|}}{C}}OH$$

問題

5.1 ⌬-$CONH_2$ とつぎの試薬との反応で生成される化合物の構造を示せ．
(1) $LiAlH_4$ (2) C_2H_5OH（H_2SO_4存在下） (3) H_2O（H_2SO_4存在下）
(4) $NaOH$ (5) P_2O_5

5.2 ⌬-CN とつぎの試薬との反応で生成する化合物の構造を示せ．
(1) $LiAlH_4$ (2) C_2H_5OH（H_2SO_4存在下） (3) H_2O（H_2SO_4存在下）
(4) $NaOH$水溶液

5.3 CH_3COOH とつぎの試薬との反応で生成する化合物の構造を示せ．
(1) $SOCl_2$ (2) C_2H_5OH（H_2SO_4存在下） (3) CH_3MgI
(4) Na_2CO_3水溶液 (5) $NaHCO_3$水溶液

5.4 $(CH_3CO)_2O$ とつぎの試薬との反応で生成する化合物の構造を示せ．
(1) ⌬-NH_2 (2) ⌬-OH (3) $CH_3CH_2NHCH_3$
(4) ⌬ （$AlCl_3$を触媒に用いる）

例題 6

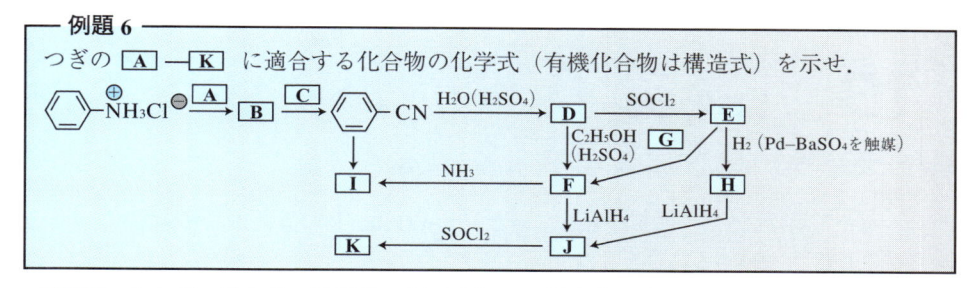

つぎの A — K に適合する化合物の化学式（有機化合物は構造式）を示せ．

Ph—NH₃⊕Cl⊖ →[A] B →[C] Ph—CN →[H₂O(H₂SO₄)] D →[SOCl₂] E
　　　　　　　　　　　　　　↓C₂H₅OH(H₂SO₄) [G]　　　↓H₂(Pd–BaSO₄を触媒)
　　　　I ←[NH₃] F　　　　　　　　　　　　　　　H
　　　　　　　　↓LiAlH₄　　　　　↙LiAlH₄
　　　　K ←[SOCl₂] J

【解答】 カルボン酸とその誘導体の相互変換の関係を整理するための図式である．

A，B，Cはジアゾ化とザントマイヤー反応によるニトリルの合成．AはHClとNaNO₂．反応は5℃程度の氷冷下で行う．生成物BはPh—N₂⊕Cl⊖．CはCuCN（Cuが1価であるのに注意）．

DはPh—COOH．これにSOCl₂を作用させるとPh—COCl（E），エステル化でPh—COOCH₂CH₃（F）が生じる．エステルはPh—COClにC₂H₅OH（G）を作用させても生ずる．

エステルにNH₃を作用させるとアミドになる．IはPh—CONH₂．アミドはPh—CNを注意して加水分解しても生ずる．

エステルをLiAlH₄で還元するとPh—CH₂OH（J）になる．これにSOCl₂を作用させるとOHがClに置換してPh—CH₂Cl（K）になる．

Ph—COClをBaSO₄上に付着させたPdを触媒にして還元（ローゼンムント還元）するとPh—CHO（H）になる．アルデヒドをLiAlH₄で還元するとアルコールPh—CH₂OH（J）になる．

～～ 問　題 ～～

6.1 つぎの A — H にあてはまる化合物の化学式を示せ．

Ph—I →[A] B →[CO₂] Ph—COOH →[C] Ph—COCl →[F] Ph—CONH₂
　　　　　　　　　↓HNO₃　　　↓[D]　　　　↓[E]　　　　↓Br₂–NaOH
　　　　　　　　　H　　Ph—COO—Ph　　Ph—CO—Ph　　　G

13　ニトロ化合物

　ニトロ化合物はCとNが直接結合している．ニトロ化合物の異性体に亜硝酸エステルがあるがこれはC－ONOの結合をもつ．

　ニトロ化合物は動・植物体中にはほとんど存在しない．人工的に作られるものだが，芳香族ニトロ化合物はアミン合成の中間体として重要であり，工業的に大量に作られている．

　芳香族化合物のニトロ化に関しては本章より前の各章でいろいろな面から扱った．

◆　**物理的性質**　大きな極性をもっており，沸点はかなり高い．水には溶けにくいが，種々の有機化合物とよく混り合う．溶媒に用いられることもある．水より密度が大きい場合が多い．芳香族ニトロ化合物はよい香りのするものがある．

◆　**化学的性質**

RNO_2	$ArNO_2$
1）還元 　酸性で還元すると第一アミンになる． 　$RNO_2 \xrightarrow{Fe-HCl} RNH_2$ 2）α-位にHをもつ化合物はNO_2の電子求引のため酸性になり，アルカリに溶ける． 　$CH_3NO_2 \xrightarrow{NaOH} Na^{\oplus} \ ^{\ominus}CH_2NO_2$ 水溶液中でつぎの平衡がある． 　$CH_3NO_2 \rightleftharpoons CH_2=N{\overset{OH}{\underset{O^{\ominus}}{\diagup\!\!\!\diagdown}}}^{\oplus}$ 塩基の存在でアルデヒドと縮合する． 　$CH_3NO_2 + RCHO \xrightarrow{C_2H_5ONa}$ 　$RCH(OH)CH_2NO_2 \longrightarrow$ 　　$RCH=CHNO_2$	1´）還元 　酸性で還元すると第一アミンになる． 　$ArNO_2 \xrightarrow{Sn-HCl} ArNH_2$ 還元条件を選ぶことによって種々の化合物ができる． 　　　　　　　電解還元（中性）　　$ArNO$（ニトロソ化合物） 　　　　　　　$Zn-NH_4Cl$　　$ArNHOH$（アリールヒドロキシルアミン） $ArNO_2$　　　CH_3ONa　　$Ar\overset{\uparrow O}{N}=NAr$（アゾキシ化合物） 　　　　　　　$Zn-NaOH$　　$ArN=NAr$（アゾ化合物） 　　　　　　　$Zn-KOH(C_2H_5OH)$　　$ArNH-NHAr$（ヒドラゾ化合物）

例題 1

(1) 脂肪族ニトロ化合物を合成しようとしてハロゲン化アルキルに亜硝酸ナトリウムを作用させると亜硝酸エステルだけが生成し目的を達しない．理由を説明せよ．

(2) ベンゼンのニトロ化では C−NO₂ の結合ができ C−ONO とならない理由を説明せよ．

【解答】(1) RX と NaNO₂ との反応は $\geqslant \overset{\delta+}{C} - \overset{\delta-}{X}$ で正電荷を帯びた C に対する $NO_2^{\ominus}$ の求核攻撃によって引き起こされるものである．亜硝酸イオンは

$$O=N-O^{\ominus} \longleftrightarrow {}^{\ominus}O-N=O$$

の共鳴にあり，負電荷は O の上にたまっている．したがって，亜硝酸イオンは O でハロゲン化アルキルの C に結合し亜硝酸エステルが生成することになる．亜硝酸イオンの N は負電荷をもたないので，N のところでハロゲン化アルキルを攻撃することはできない．

$$O=N-O^{\ominus} \geqslant \overset{\delta+}{C}-\overset{\delta-}{X} \longrightarrow O=N-O-C\leqslant + X^{\ominus}$$

(2) ベンゼンのニトロ化を行う活性種は $NO_2^{\oplus}$ であり，HNO_3 が H_2SO_4 のような強酸の助けを借りて生成する．

$$O=\overset{\oplus}{\underset{OH}{N}}\to\overset{\ominus}{O}+\overset{\oplus}{H}\to\left[O=\overset{2\oplus}{N}\to\overset{\ominus}{O}\longleftrightarrow\overset{\ominus}{O}\leftarrow\overset{2\oplus}{N}=O\right]+H_2O$$

$NO_2^{\oplus}$（ニトロニウムイオン）が π 電子に囲まれたベンゼン環を攻撃する．ニトロニウムイオンの正電荷は N にたまっており，そこで負電荷をもった C を攻撃し，C−N 結合が生成する．

問題

1.1 つぎの反応で生成する化合物の構造を示せ．

(1) $CH_3CH_2CH_2Br \xrightarrow{NaNO_2}$

(2) フェノール $\xrightarrow{HNO_3}$

(3) ニトロベンゼン $\xrightarrow{発煙硝酸}$

(4) 安息香酸 $\xrightarrow{HNO_3-H_2SO_4}$

(5) 4-メチルアセトアニリド（CH_3-C₆H₄-$NHCOCH_3$）$\xrightarrow{HNO_3-H_2SO_4}$

(6) アニリン $\xrightarrow{HNO_3-H_2SO_4}$

(7) グリセロール（$CH_2OH-CHOH-CH_2OH$）$\xrightarrow{HNO_3}$

例題 2

つぎの反応の生成物の構造を示せ．

(1) C₆H₅-NO₂ →(Sn-HCl) (2) C₆H₅-NO₂ →(CH₃ONa) (3) C₆H₅-NO₂ →(Zn-NH₄Cl)

(4) m-O₂N-C₆H₄-NO₂ →(NH₃, H₂S) (5) C₆H₅-CHO + CH₃NO₂ →(アルカリ)

【解答】 ニトロ化合物の基本的反応を集めた．

(1) $-NO_2$ 基の $-NH_2$ への還元の最も一般的方法．また接触水素化（触媒と H_2 による還元，$-NO_2$ の還元に触媒として Ni, Pt などが用いられる）も利用される．答，C₆H₅-NH₂

(2) $-NO_2$ の還元を CH_3ONa を用いて行うとアゾキシ化合物を生ずる．$-NO_2$ の還元は，つぎのようにニトロソ化合物ヒドロキシルアミンを経て第一アミンになる．

C₆H₅-N⁺(O⁻)=N-C₆H₅

$$-NO_2 \xrightarrow{2H} -NO \xrightarrow{2H} -NHOH \xrightarrow{2H} -NH_2$$

$$-NO + -NHOH \xrightarrow{アルカリ性} -\overset{+}{N}(O^-)=N- + H_2O$$

中間に生成する $-NO$ と $-NHOH$ とがアルカリの存在で縮合してアゾキシ化合物を生ずる．

(3) ニトロ化合物を Zn と NH_4Cl の組合せで還元するとヒドロキシルアミンを生ずる．

C₆H₅-NO₂ →(Zn-NH₄Cl) C₆H₅-NHOH

(4) m-ジニトロベンゼンをアルコールに溶かし，濃アンモニア水を加えたのち，H_2S を通じる（Na_2S を用いることもできる）とニトロ基の1個だけを還元することができる．m-位に 2 個のニトロ基があるときのみの方法である．

m-O₂N-C₆H₄-NO₂ →(NH₃, H₂S) m-O₂N-C₆H₄-NH₂

(5) CH_3NO_2 の H は $-NO_2$ の電子求引性のためアルカリで $^⊖CH_2NO_2$ になる．これが $>C=O$ を攻撃する．

C₆H₅-CHO + CH₃NO₂ →(アルカリ) C₆H₅-CH(OH)-CH₂NO₂ →(-H₂O) C₆H₅-CH=CH-NO₂

問題

2.1 CH₃-C₆H₄-NO₂ とつぎの試薬との反応生成物の構造を示せ．

(1) 発煙硝酸 　(2) Fe-HCl　 (3) Zn-NH₄Cl 　(4) Zn-NaOH

2.2 $CH_3CH_2NO_2$ とつぎの試薬との反応生成物の構造を示せ．

(1) NaOH　 (2) C₆H₅-CHO （アルカリ）

(3) NaOH と反応させたあと H_2SO_4 で中和

14 アミン

◆ **アミンの分類**　アミンは二つの観点から分類される．
1) ┤脂肪族アミン　Nにアルキル基の結合したもの
　　└芳香族アミン　Nにアリール基の結合したもの
2) 　Nに結合する炭素の数による分類
　　　第一（級）アミン（primary amine）
　　　　Nに結合するCが1個のもの　　RNH_2
　　　第二（級）アミン（secondary amine）
　　　　Nに結合する炭素が2個のもの　R^1-NH
　　　　　　　　　　　　　　　　　　　　　$|$
　　　　　　　　　　　　　　　　　　　　　R^2
　　　第三（級）アミン（tertiary amine）
　　　　Nに結合する炭素が3個のもの　R^1-N-R^3
　　　　　　　　　　　　　　　　　　　　　$|$
　　　　　　　　　　　　　　　　　　　　　R^2

アミンではないが第四（級）アンモニウムイオンはNに4個のCがついた陽イオンである．

$$\left[\begin{array}{c} R^4 \\ | \\ R^1-N-R^3 \\ | \\ R^2 \end{array} \right]^{\oplus}$$

上の二つの分類を組み合わせて，芳香族第二アミンなどという．第一，第二，第三などの意味はアミンの場合とアルコールの場合で異なるから注意すること．アルコールの場合はOHにつく炭素に何個のアルキル基がつくかで分類する．
　　第一アルコール，RCH_2OH；第二アルコール，R^1R^2CHOH；第三アルコール，$R^1R^2R^3COH$

◆ **アミンの物理的性質**　$N-H\cdots N$の分子間水素結合があるため，沸点は同程度の分子量をもつ炭化水素・エーテルなどより高いが，水素結合の強いアルコール，カルボン酸などよりは低い．炭素数の少ないものは水に溶けやすく，アンモニアに似た臭いがある．

◆ **化学的性質**　塩基性：第一，第二，第三アミンはともにN上に非共有電子対を有し，塩基性を示す．脂肪族アミンはNH_3（pK_b 4.75）より強い塩基であるが，Nにベンゼン環がつくとNの非共有電子対がベンゼン環の方に流れ出すため，芳香族アミンの塩基性はNH_3よりかなり弱い．
　　求核反応：N上の非共有電子対の存在により求核性をもち，種々の反応をする．

ハロゲン化アルキルとの反応：$R^1NH_2 + R^2X \longrightarrow R^1NHR^2 + HX$

カルボニル化合物との反応：
$R^1NH_2 + R^2CHO \longrightarrow R^1NH-CH(OH)R^2 \xrightarrow{-H_2O} R^1N=CHR^2$

$R^1NH_2 + R^2COCl$ ↘

$R^1NH_2 + R^2COOR^3$ ↗ $R^1NH-\overset{O}{\underset{\|}{C}}-R^2$

◆ **アミンと亜硝酸の反応** 亜硝酸はアミンの構造に応じて異なった反応を示す．それによって，アミンのタイプを区別することができる．

	第一アミン	第二アミン	第三アミン
脂肪族アミン	$RNH_2 \longrightarrow ROH + N_2$ 芳香族アミンと異なりジアゾニウム塩が安定でない．	$R_2NH \longrightarrow R_2NNO$ 黄色のニトロソアミンを析出する．	反応しない．
芳香族アミン	$ArNH_2 \longrightarrow ArN_2^{\oplus}$ 0–5℃の低温で生成するジアゾニウム塩は種々の反応をする(p.127)．	$ArNHR \longrightarrow \overset{NO}{\underset{\|}{Ar}NR}$ 脂肪族第二アミンと同じく黄色のニトロソアミンを析出する．	⌬–N(CH₃)₂ ⟶ ON–⌬–N(CH₃)₂ 環の p-位がニトロソ化される．

◆ **アミンと塩化ベンゼンスルホニルとの反応** 塩化ベンゼンスルホニルを用いて第一，第二，第三アミンを区別することができる．

第一アミン	第二アミン	第三アミン
⌬–SO₂Cl + H₂NR ⟶ ⌬–SO₂NHR $\xrightarrow{NaOH}$ ⌬–SO₂N$^{\ominus}$R Na$^{\oplus}$ 反応し，かつ反応生成物がアルカリに溶ける．NHには電子求引性のSO₂が結合しており，酸性を示す．	⌬–SO₂Cl + HNR₂ ⟶ ⌬–SO₂NR₂ 反応するが，生成物はアルカリに溶けない．Nの上にHがないのでH$^{\oplus}$を与えることができない．	反応しない．

◆ **ジアゾニウムの反応と合成への応用**　芳香族第一アミンと亜硝酸の反応で生成するジアゾニウム塩は反応性に富んでおり，種々の化合物の合成に用いられる．

1) アゾカップリング（azo coupling）$ArN_2^{\oplus}$は正電荷をもっていて芳香族化合物と求電子置換反応を行う．ただし，正電荷はベンゼン環との共役によってNに局在化していないために求電子性はさほど強くない．したがって，$-OH$, $-NH_2$などによって活性化されたベンゼン環を攻撃する．

$$\text{C}_6\text{H}_5\text{-N}_2^{\oplus} + \text{C}_6\text{H}_5\text{-N(CH}_3\text{)}_2 \longrightarrow \text{C}_6\text{H}_5\text{-N=N-C}_6\text{H}_4\text{-N(CH}_3\text{)}_2$$

2) 種々の基による$-N_2^{\oplus}$の置換

$ArN_2^{\oplus}HSO_4^{\ominus} + H_2O \xrightarrow{\text{加熱}} ArOH$

$ArN_2^{\oplus}HSO_4^{\ominus} + KI \longrightarrow ArI$

$ArN_2^{\oplus}BF_4^{\ominus} \xrightarrow{\text{加熱}} ArF$

$ArN_2^{\oplus}Cl^{\ominus} + \underset{\text{次亜リン酸}}{H_3PO_2}$（あるいはエタノール）$\longrightarrow ArH$

つぎの場合にはCu(I)を触媒に用いる（ザントマイヤー反応）．

$ArN_2^{\oplus}Cl^{\ominus} + HCl \xrightarrow{CuCl} ArCl$

$ArN_2^{\oplus}Br^{\ominus} + HBr \xrightarrow{CuBr} ArBr$

$ArN_2^{\oplus}Cl^{\ominus} + KCN \xrightarrow{CuCN} ArCN$

14 アミン

例題 1

つぎの構造の化合物の名称（英語名，日本名）を書け．

(1) CH₃CHCH₂CH₃
         |
         NH₂

(2) C₆H₅-NH₂

(3) (CH₃CH₂)₃N

(4) CH₃CH₂CH₂NHCH₃

【解答】　IUPACの現行のアミン命名法は首尾一貫しない面があってすっきりしないところがある．第一アミンRNH₂は(i)基Rの名称に-amineを接尾語としてつけるか，(ii)母体化合物RH名に-amineをつけるかして命名される．

（1）（i）の方式だと1-methylpropylamine（1-メチルプロピルアミン），この分子をCH₃CH₂CHNH₂ のようにCH₃CH₂CH₂NH₂（propylamine）の1-位のHがCH₃基によって置
         | 3 2 1
         CH₃
換されたものと見る．2-butylamineという言い方はCH₃CHCH₂CH₃を2-butyl基とする表現が許されていないので不適当．(ii)の方式だと2-butanamine（2-ブタンアミン）英語名でbutan(e)amineで母音の重なりからeがおちる．(ii)の方式の方が単純なので用いられることが多くなってきた．2-aminobutaneも考えられるが，他に優先順位の高い基がないこの化合物ではamineを主基として語尾にもってこなければならない．

（2）慣用名aniline（アニリン）がIUPAC名として許されているが，(ii)の方式のbenzenamine（ベンゼンアミン）も使われるようになってきた（国際的二次情報誌であるChemical Abstracts誌ではこの方式を採用している）．(i)の方式ならphenylamine（フェニルアミン）．

（3）第二，第三アミンのうちNにつく基が同じ場合は基名の前にdi, triをつけて表す．したがって本問はtriethylamine（トリエチルアミン）．

（4）第二，第三アミンのうちNにつく基が同じでないものは，第一アミンのN-置換体として命名する．N-はN原子上に置換基があることを表す．窒素に結合する基のうち最も複雑なものを母体第一アミンに選ぶ．この場合は鎖の長いCH₃CH₂CH₂NH₂を母体と見なし，N-methylpropylamine（N-メチルプロピルアミン）とする．Nをイタリックにすることに注意．

～～～ 問　題 ～～～

1.1 つぎの化合物の名称（英語名，日本語名）を書け．

(1) CH₃CH₂CH₂CH₂NH₂

(2) C₆H₁₁-NH₂ (cyclohexyl)

(3) (CH₃)₂NH

(4) C₆H₅-N(CH₃)₂

(5) CH₃-C₆H₄-NH₂

(6) CH₃CH₂CH₂NCH₂CH₃
              |
              CH₃

─ 例題 2 ─────────────────────────────────────
つぎの各組のアミンを塩基性の大きい順番に並べよ．
(1) CH₃—⟨⟩—NH₂ (A), ⟨⟩—CH₂NH₂ (B)
(2) ⟨⟩—NH₂ (A), CH₃—⟨⟩—NH₂ (B), CH₃O—⟨⟩—NH₂ (C)
(3) ⟨⟩—NH₂ (A), m-Cl-⟨⟩—NH₂ (B), p-Cl-⟨⟩—NH₂ (C)
──

【解答】 アミンの塩基性については第6章（例題7, 8とそれに関する問題）に詳しく述べた．第6章を参照しながら問題を見ていこう．

(1) Aの−NH₂はベンゼン環についており，N上の非共有電子対はベンゼン環の方に流れ出してしまい，N上の非共有電子の供与能（塩基性）は小さい．Bでは，ベンゼン環と−NH₂の間にCH₂があり共役を絶っていてN上の非共有電子対は局在している．この場合，電子供与能（塩基性）は大きい．塩基性，**B>A**．

(2) 第6章の例題7, 8 (p.61, 62)参照．p-位置換基の効果はM効果が中心，CH₃−，CH₃O−基はともに電子供与で，置換基のないAよりもB, Cの塩基性は大きくなる．つぎにCH₃−とCH₃O−のM効果における電子供与性を比較すると，CH₃O−基の方がCH₃より大きい．上の考察から塩基性の順は，**C>B>A**．

(3) ベンゼン環についた−OH, −COOHの酸性，−NH₂の塩基性に対するハロゲンの効果については第6章例題6 (2)参照．m-位の−Cl．m-位置換基の効果はI効果が重要．−Clは電子求引性のI効果をもつ．したがってm-Clはアニリンの塩基性を低める．

p-位の−Clの効果はI効果がM効果に勝り，全体として−NH₂より電子を引き，置換基がなかった場合に比べ塩基性を低下させる．しかし，m-位に比べI効果が小さくなり，M効果での電子供与もあるのでp-Clの電子求引はm-Clのそれより小さい．したがって**A>C>B**となる．

〜〜〜〜〜 問　題 〜〜〜〜〜

2.1 Y−⟨⟩—NH₂ + (CH₃O)₂O ⟶ Y−⟨⟩—NHCOCH₃ の反応速度とY−⟨⟩—NH₂の塩基性の強さは平行関係がある（Yは置換基）．つぎの各組の化合物をアセチル化の速度の大きい順に並べよ．

(1) ⟨⟩—NH₂,　　CH₃O—⟨⟩—NH₂,　　O₂N—⟨⟩—NH₂

(2) Cl—⟨⟩—NH₂,　　Br—⟨⟩—NH₂,　　O₂N—⟨⟩—NH₂

(3) ⟨⟩—NH₂,　　CH₃O—⟨⟩—NH₂,　　m-CH₃O—⟨⟩—NH₂

―― 例題 3 ――

つぎの変換を行う場合に用いられる試薬（必要なら触媒）を示せ．

(1) $NCCH_2CH_2CH_2CH_2CN \longrightarrow H_2NCH_2CH_2CH_2CH_2CH_2NH_2$

(2) $C_6H_5\text{-}CONH_2 \longrightarrow C_6H_5\text{-}NH_2$

(3) $C_6H_5\text{-}NO_2 \longrightarrow C_6H_5\text{-}NH_2$

(4) $C_6H_5\text{-}CH_2Cl \longrightarrow C_6H_5\text{-}CH_2NH_2$

【解答】 いずれもアミンの合成法として重要なものである．

(1) 金属触媒を用いて高温・高圧でH_2で還元する．触媒としてはCoが用いられる．2,6-ジアミノヘキサン（ヘキサメチレンジアミン）は6,6-ナイロンの成分なのでこの還元は大きな意味をもっている．

(2) ホフマン分解．NaOCl（あるいはCl_2とNaOH），NaOBr（あるいはBr_2とNaOH）を作用させる．

(3) 芳香族ニトロ化合物のアミンへの還元はアミン合成の最も重要な反応である．これには化学的方法と触媒を用いてH_2で還元する方法がある．

(a) 化学的還元は金属（SnあるいはFe）とHClの組合せが常用される．酸性で還元しないとアゾ化合物，アゾキシ化合物などになる．

(b) 金属触媒（たとえばNi）を用い水素で還元する．この場合もアルカリ性では反応がうまく進まない．

(4) 脂肪族アミンの合成法．求核置換反応．NH_3を作用させる．この場合$(PhCH_2)_2NH$，$(PhCH_2)_3N$を副生する．$C_6H_5\text{-}X + NH_3 \longrightarrow C_6H_5\text{-}NH_2$ は実現困難（$C_6H_5\text{-}X$は求核置換反応を起こし難い）．第二, 第三アミンの副生を伴わない方法については問題3.2(2)を見よ．

~~~ 問　題 ~~~

3.1 つぎの反応の生成物の構造を示せ．

(1) $CH_3CH_2CH_2Cl + C_6H_5\text{-}NH_2 \longrightarrow$

(2) $(CH_3)_2CHCH_2CONH_2 + Br_2 + NaOH \longrightarrow$

(3) $Br\text{-}C_6H_4\text{-}CH_2Cl + NH_3 \longrightarrow$

(4) $1,3\text{-}(NO_2)_2C_6H_4 + H_2S \xrightarrow{NH_3}$ 　　(5) $CH_3OSO_2OCH_3 + C_6H_5\text{-}NH_2 \longrightarrow$

3.2 つぎの変換の経路（1段階とは限らない）を示せ．

(1) $C_6H_6 \longrightarrow Cl\text{-}C_6H_4\text{-}NH_2$ 　　(2) $CH_3CH=CH_2 \longrightarrow CH_3\underset{\underset{NH_2}{|}}{CH}CH_3$

―― 例題 4 ――
つぎの反応の生成物の構造を示せ.

(1) C₆H₅-NHCH₃ + CH₃COCl

(2) CH₃CHCH₂CH₂N⁺(CH₃)₃ OH⁻ $\xrightarrow{加熱}$
     |
    CH₃

(3) C₆H₁₀=O + HN(C₅H₁₀) $\xrightarrow{弱酸性}$

【解答】 (1) N上の非共有電子対が酸塩化物の $>C=O$ のCを攻撃し，HClを脱離する.

C₆H₅-NHCH₃ + CH₃COCl ⟶ C₆H₅-N(CH₃)-COCH₃ + HCl

(2) 3個のCH₃基とβ-位にHをもったアルキル基からできている第四級アンモニウム塩は，陰イオンがOH⁻である場合には熱分解でアルケンを与える（ホフマン分解）.

CH₃CHCH₂CH₂N⁺(CH₃)₃ OH⁻ $\xrightarrow{加熱}$ CH₃CHCH=CH₂ + H₂O + N(CH₃)₃
| |
CH₃   CH₃

(3) 第一段階はNの非共有電子対の $>C=O$ への攻撃であり，C₆H₁₀(OH)-N(C₅H₁₀) が生成する. アミンとカルボニル化合物との反応は弱酸性で行うことが多いが，H⁺の作用によって脱水反応が起こる. Nの上にHがある場合には脱水がC上のOHとN上のHによって起こるが，本問のようにN上にHがない場合は，脱水がつぎのように起こる.

C₆H₁₀=O + HN(C₅H₁₀) ⟶ C₆H₁₀(OH)-N(C₅H₁₀) $\xrightarrow{-H_2O(H^+)}$ C₆H₉=N(C₅H₁₀)

$C=C-N$ の構造の化合物はエナミン（ene + amine）と総称されNによって$C=C$の電子密度が高くなって反応性が大きく，合成中間体として重要である.

〜〜〜 問 題 〜〜〜

4.1 シクロヘキシルアミン（C₆H₁₁-NH₂），ジシクロヘキシルアミン（C₆H₁₁-NH-C₆H₁₁）のおのおのに，つぎの試薬を作用させたとき生成する化合物の構造を示せ.
  (1) NaNO₂ － HCl (2) C₆H₅-COCl (3) C₆H₅-CHO (H⁺)
  (4) C₆H₅-N=C=O

4.2 つぎの反応の生成物の構造を示せ.
  (1) C₆H₅-NH₂ + (CH₃CO)₂O ⟶   (2) C₆H₅-N(CH₃)₂ + Br₂ ⟶
  (3) C₆H₅-NHCOCH₃ + HNO₃ ⟶ (4) C₆H₅-NH₂ + HNO₃ $\xrightarrow{H_2SO_4}$
  (5) C₆H₅-NH₂ + K₂Cr₂O₇ $\xrightarrow{H^+}$

例題 5

CH₃—⟨ ⟩—NH₂ (**A**), ⟨ ⟩—NHCH₃ (**B**), ⟨ ⟩—N(CH₃)(CH₃) (**C**) の3種の化合物を化学反応によって区別する方法を示せ．

【解答】 三者はすべて芳香族アミンに属するが，**A**は第一アミン，**B**は第二アミン，**C**は第三アミンである．基本的な性質（塩基性，Nは非共有電子対による求核反応など）に共通の点は多いが，いくつか重要な違いがあり，これらの化合物を区別するのに用いられる．

亜硝酸との反応の違いを利用する方法．第一アミンに塩酸や硫酸存在下5℃以下でNaNO₂を作用させるとジアゾニウム塩が生成する（さらに2-ナフトールなどと反応させるとアゾ色素が生成する）．第二アミンは水に不溶性のN-ニトロソ化合物（アミンのNにNO（ニトロソ基）が結合しているのでこのように命名する）．第三アミンはN上に置換するべきHがないのでN-ニトロソ化は起こらないが，ベンゼン環で置換反応が起こる．

CH₃—⟨ ⟩—NH₂ →(NaNO₂/H⊕, 5℃)→ CH₃—⟨ ⟩—N₂⊕ →(2-ナフトール)→ CH₃—⟨ ⟩—N=N—⟨ナフトール-OH⟩
（赤色の色素が生成する）

⟨ ⟩—NHCH₃ →(NaNO₂/H⊕)→ ⟨ ⟩—N(NO)—CH₃ （水に不溶のN-ニトロソ体が生成する）

⟨ ⟩—N(CH₃)(CH₃) →(NaNO₂/H⊕)→ ON—⟨ ⟩—N(CH₃)(CH₃)

脂肪族アミンについても亜硝酸との反応の相違によって，第一，第二，第三アミンを区別することができる．脂肪族第一アミンはジアゾニウム塩がきわめて不安定で直ちにN₂を放つ（気体の発生が識別のカギになる）．第二アミンは上と同様．Nについた芳香環をもたない第三アミンは亜硝酸と反応しない．

問題

5.1 つぎの各組の化合物を識別する方法を示せ．

(1) CH₃CH₂CH₂CH₂NH₂，CH₃CH₂CH₂NCH₃（H），CH₃—N(CH₃)—CH₃

(2) ⟨ ⟩—NH₂，⟨ ⟩—CH₂NH₂

5.2 つぎの各組の化合物を同じモル濃度になるように水に溶かしたとき，溶液のpHが大きくなるのはどれか．

(1) ⟨ ⟩—NH₃⊕Cl⊖，⟨ ⟩—CH₂NH₃⊕Cl⊖

(2) O₂N—⟨ ⟩—NH₃⊕Cl⊖，⟨ ⟩—NH₃⊕Cl⊖

例題 6

ジアゾニウムの反応を利用してつぎの変換を行う方法を示せ．（反応は1段階とは限らない．）

(1) トルエン → 4-ヨードトルエン

(2) アニリン → 1,3,5-トリブロモベンゼン

【解答】 (1) ベンゼン環に−Iを直接導入することは難しい．−Iはジアゾニウムを経由して導入する．$-NH_2 \xleftarrow{} -N_2^{\oplus} \xleftarrow{} -NO_2$とたどって，$CH_3-$基が$o$-, p-配向性であることに注意すると，つぎの経路が自然に出てくる．

トルエン $\xrightarrow{HNO_3 (H_2SO_4)}$ p-ニトロトルエン $\xrightarrow{Sn-HCl}$ p-トルイジン $\xrightarrow[0-5℃]{H^{\oplus}, NaNO_2}$ ジアゾニウム塩 $\xrightarrow{KI}$ p-ヨードトルエン

(2) $-NH_2$基が強い電子供与性，o-, p-配向性であることを利用し，$-NH_2$のo-, p-に3個のBrを導入し，用済みになった$-NH_2$基をHに変換する．

アニリン $\xrightarrow{Br_2}$ 2,4,6-トリブロモアニリン $\xrightarrow[0-5℃]{H^{\oplus}, NaNO_2}$ ジアゾニウム塩 $\xrightarrow{H_3PO_2}$ 1,3,5-トリブロモベンゼン

最後の過程は$NH_2 \to H$の変換で，せっかく$-H \to -NO_2 \to NH_2$でNH_2を導入したものを元に戻すのは意味がないようにも見えようが，$-NH_2$による環の活性化を利用して仕事をしたのち，仕事済みの$-NH_2$を除去しているのであり，巧妙な手段である．$-Br$はo-, p-配向性であるから，C$_6$H$_5$−Brなどから出発したのでは，どれをとってもm-位の関係に$-Br$が配置されている目的の化合物を作ることができない．

問題

6.1 ジアゾニウム塩の反応を利用してつぎの変換を行う方法を示せ．

(1) アニリン → フルオロベンゼン

(2) アニリン → 安息香酸

(3) ニトロベンゼン → m-ヨードニトロベンゼン

(4) ベンゼン → m-ジヨードベンゼン

(5) トルエン → 3,5-ジブロモトルエン

例題 7

つぎの A – K にあてはまる化合物の化学式(有機化合物なら構造式)を示せ.

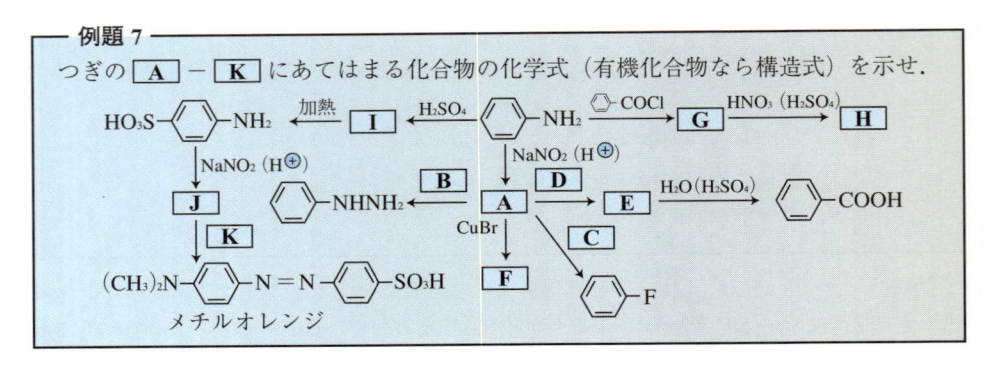

[反応図: HO₃S-C₆H₄-NH₂ ←加熱— I ←H₂SO₄— C₆H₅-NH₂ —C₆H₅COCl→ G —HNO₃(H₂SO₄)→ H; C₆H₅-NH₂ —NaNO₂(H⁺)→ A; HO₃S-C₆H₄-NH₂ —NaNO₂(H⁺)→ J → K; C₆H₅-NHNH₂ ←B— A —D→ E —H₂O(H₂SO₄)→ C₆H₅-COOH; A —CuBr→ F; A —C→ C₆H₅-F; (CH₃)₂N-C₆H₄-N=N-C₆H₄-SO₃H メチルオレンジ]

【解答】 アニリンの関与する反応を一覧する図式である. アニリンの重要な反応にジアゾ化がある. Aは C₆H₅-N₂⁺. 酸としてHClを使うと対イオンはCl⁻, H₂SO₄だとHSO₄⁻. ジアゾニウムは合成上重要で種々の化合物に導くことができる. C₆H₅-NHNH₂ に還元するには Na₂SO₃ (B) が用いられる. N₂を他の基で置き換える反応は最も重要で, C (HBF₄) でフッ素が導入されCu(I)を触媒とするザントマイヤー反応は, CuBrで C₆H₅-Br (F) を与え, CuCN (D) で C₆H₅-CN (E) を与える.

ベンゾイル化で生ずるGは C₆H₅-CONH-C₆H₅. これをニトロ化すると電子求引のCOのついた環は反応せず, 電子供与のNのついた環がニトロ化される. Hは

C₆H₅-CONH-C₆H₄-NO₂ + C₆H₅-CONH-C₆H₄(o-NO₂)

アニリンとH₂SO₄は反応して, 硫酸塩を生じ, つぎに脱水してスルファミン酸を生ずる. さらに加熱すると転移して, p-アミノベンゼンスルホン酸になる. これをジアゾ化し (CH₃)₂N-C₆H₅ (K) と反応させるとメチルオレンジになる.

C₆H₅-NH₂ —H₂SO₄→ C₆H₅-NH₃⁺ HSO₄⁻ —加熱→ C₆H₅-NHSO₃H (I) —加熱→
HO₃S-C₆H₄-NH₂ —NaNO₂/H⁺→ HO₃S-C₆H₄-N₂⁺ (J)

~~~ 問 題 ~~~

7.1 つぎの A – I にあてはまる化合物の化学式を示せ.

[反応図: C₆H₆ —A→ C₆H₅-NO₂ —B→ C₆H₅-NH₂ —CH₃COCl→ C —HNO₃(H₂SO₄)→ D + E; C₆H₅-NH₂ —CH₃I→ I; C₆H₅-NH₂ —F→ C₆H₅-N₂⁺Cl⁻ —KI→ H; C₆H₅-N₂⁺Cl⁻ —G→ (CH₃)₂N-C₆H₄-N=N-C₆H₅]

15 有機化合物の合成

　有機化学は天然の動・植物成分の研究から始まったが，現在の有機化合物を自然のやり方と違う方法で作り出すだけでなく，天然にない化合物，さらには自然環境では存在し得ないような不安定な化学種も作り出している．

　簡単な化合物を反応によって複雑な構造の化合物に組み上げて行く過程が**合成**である．合成は数段階から数十段階の反応を要する．1日に1段階の反応をするにしても1ヶ月以上かかる場合も多い．したがって，合成を行うときには実行の前に綿密な計画を立て，いくつも考えられる経路のうち "最も良いもの" を選ぶ必要がある．

　" 良い合成経路 " を判断する基準にはつぎのようなものが挙げられよう．

1）段階の少ないもの．1段の収量が80%でも5段階の反応を続けると全収量は32%，10段階だと11%になってしまう．段階が多いと，時間がかかる上に収量も悪くなってしまう．
2）各段階の収量がよいもの．
3）原料が手に入れやすく，安いもの．
4）各段階の反応が容易で，特別な装置やコツが必要でないもの，また各段階の反応で中間体・生成物の精製が容易なもの．

　合成を計画する場合つぎの二つが問題となる．
1）炭素骨格をいかに組み上げるか．
2）官能基をどのように変換していくか．

15.1　炭素骨格の組み上げ方

　炭素骨格を組み上げることは 炭素－炭素 結合を作る方法をいかに応用するかに帰着する．C－C結合を作る方法の大部分は，

1）正電荷をもつCと負電荷をもつCを結びつけることにある．その組合せのうち重要なものを表15.1に示した．

　CとCを結合させる方法としては他につぎのようなものが挙げられる．
2）二つの炭素ラジカルの結合．
2')炭素ラジカルによる付加反応あるいは置換反応．
3）金属に配位した炭素の反応．
4）その他の反応．たとえばディールス-アルダー反応．

表15.1 炭素−炭素結合を作る組合せ.

正電荷をもつCを作り出す方法	負電荷をもつCを作り出す方法
C−電気陰性度の大きい原子 $\overset{\delta+}{C}$−Cl, $\overset{\delta+}{C}$−Br, $\overset{\delta+}{C}$−I, $\overset{\delta+}{C}$−$\underset{O}{C}$, $\overset{\delta+}{>C}$=O	C−金属結合 $\overset{\delta-}{C}$−MgX, $\overset{\delta-}{C}$−Li, $\overset{\delta-}{C}$−Na, $\overset{\delta-}{C}$−K など
アルデヒド,ケトン,エステル	
$\left[\begin{array}{l}\text{>C=O に共役した C=C も >C=O}\\\text{と類似した反応を示す}\\\overset{\delta+}{C}=C-\overset{\delta+}{C}=O\end{array}\right]$	H−C−電子求引基にアルカリを作用させて生ずる炭素陰イオン CH$_3$CHO $\xrightarrow{\text{アルカリ}}$ $\overset{\ominus}{\text{CH}_2}$CHO CH$_3$CN $\xrightarrow{\text{アルカリ}}$ $\overset{\ominus}{\text{CH}_2}$CN CH$_3NO_2$ $\xrightarrow{\text{アルカリ}}$ $\overset{\ominus}{\text{CH}_2}NO_2$ CH$_2$(COOC$_2$H$_5$)$_2$ $\xrightarrow{\text{アルカリ}}$ $\overset{\ominus}{\text{CH}}$(COOC$_2H_5$)$_2$
炭素陽イオン つぎのような反応で生ずる. −C−ハロゲン $\xrightarrow{\text{ルイス酸}}$ −$\overset{\oplus}{C}$− −$\overset{\|\|}{\underset{O}{C}}$−ハロゲン $\xrightarrow{\text{ルイス酸}}$ −$\overset{\|\|}{\underset{O}{\overset{\oplus}{C}}}$−	芳香環 (⊕性の求電子試薬は芳香環の電子密度の高い位置を攻撃する ── 芳香族置換反応における配向性)

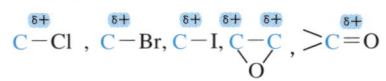

15.2 官能基の変換

　官能基の相互変換を自由に駆使するためには,p.138−141のような相関表を頭に入れておくことが大切であろう.表には重要な反応の一部を挙げたが,読者はひとりひとりこのような表を作って自分の知識を整理するとよい.

15.3 合成経路の計画

合成経路を決めるときはまず目的となる化合物をよく眺め，これを作り出す1段前の化合物と合成に用いる反応を設定する．つぎにここで設定された中間体について，これを作り出すための原料と反応を設定する．これをくり返して，入手可能な原料に至る．すなわち，目的物→原料と逆にたどるわけである．

いくつかの経路が考えられることが多いが，そのときにはp.135に挙げた合成経路選定の基準によって判断する．

合成経路の選定において頭においておかねばならないことのうち，これまで触れなかったことを補足する．

1) 骨格を組み上げるとき．

骨格全体とそれに結合した官能基を見て，どの箇所で$C-C$の連結を行うか．

例 $CH_3CH_2-\underset{\underset{OH}{|}}{\overset{\overset{CH_3}{|}}{C}}-CH_3$ をグリニャール反応で作る場合，a, b, cの切断が考えられる．

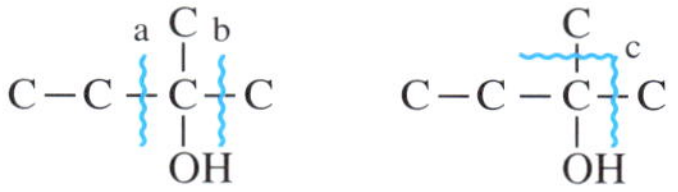

a なら $CH_3CH_2MgI + CH_3COCH_3$
b なら $CH_3MgI + CH_3CH_2COCH_3$
c なら $2CH_3MgI + CH_3CH_2COOC_2H_5$

すべて可能である．

2) 芳香族化合物にあっては"配向性"に基づいて置換基導入の順序を決める．"手順前後"ではうまくいかないことがある．

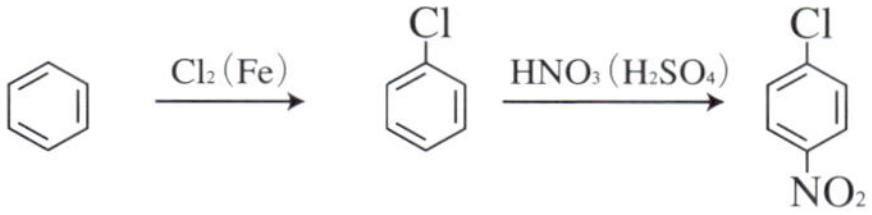

ハロゲン化とニトロ化の順序を逆にするとm-異性体になってしまう．

生成系＼原系	$>C=C<$	$R-X$	$R-OH$
アルカン	$>C=C< \xrightarrow[\text{触媒}]{H_2} >CH-CH<$	$RX \xrightarrow{Mg} RMgX \xrightarrow{H^{\oplus}} RH$ $RX \xrightarrow{H_2(触媒)} RH$	
$C=C$		$\underset{\|}{-}\overset{H}{\underset{\|}{C}}-\overset{X}{\underset{\|}{C}}- \xrightarrow{OH^{\ominus}} >C=C<$ (脱離の配向性ザイツェフ則に注意)	$\underset{\|}{-}\overset{H}{\underset{\|}{C}}-\overset{OH}{\underset{\|}{C}}- \xrightarrow{H_2SO_4} -C=C-$ (脱離の配向性ザイツェフ則に注意)
$-X$	$>C=C< \xrightarrow{HX} -\overset{H}{\underset{\|}{C}}-\overset{X}{\underset{\|}{C}}-$ (マルコヴニコフ則に注意) $>C=C< \xrightarrow{X_2} -\overset{X}{\underset{\|}{C}}-\overset{X}{\underset{\|}{C}}-$		$ROH \xrightarrow{HX} RX$ (ZnX_2を触媒とすることもある)
$-OH$	$>C=C< \xrightarrow{H_2O(H^{\oplus})} -\overset{H}{\underset{\|}{C}}-\overset{OH}{\underset{\|}{C}}-$ (マルコヴニコフ則に注意)	$RX \xrightarrow{OH^{\ominus}} ROH$ (脱離反応との競争に注意)	
$>C=O$	$C=C$の酸化による切断．$C=C$のCにHがある場合には穏やかな条件で． $-\overset{\|}{C}=\overset{\|}{C}- \xrightarrow{O_3} -\overset{\|}{C}=O \; O=\overset{\|}{C}-$ $\xrightarrow{OsO_4} -\overset{OH}{\underset{\|}{C}}-\overset{OH}{\underset{\|}{C}}- \xrightarrow{HIO_4}$	$>CX_2 \xrightarrow{H_2O} \left[C\begin{smallmatrix}OH\\OH\end{smallmatrix}\right]$ $\longrightarrow >C=O$	$RCH_2OH \xrightarrow{[O]} RCHO$ (→$RCOOH$，アルデヒドで止めるのは難しい) $RR'CHOH \xrightarrow{[O]} RR'C=O$ $[O]: K_2CrO_7(H^{\oplus}), O_2(触媒)$など
$-COOH$	$R-\overset{H}{\underset{\|}{C}}=\overset{\|}{C}-$ を強く酸化． $R-\overset{H}{\underset{\|}{C}}=\overset{\|}{C}- \xrightarrow[K_2Cr_2O_7(H^{\oplus})]{KMnO_4} RCOOH$	$RCX_3 \xrightarrow{H_2O} RCOOH$ $RX \xrightarrow{CN^{\ominus}} RCN \xrightarrow{H_2O} RCOOH$ $RX \xrightarrow{Mg} RMgX \xrightarrow{CO_2} RCOOH$	$RCH_2OH \xrightarrow{K_2Cr_2O_7(H^{\oplus})} RCOOH$
$-NH_2$		$RX \xrightarrow{NH_3} RNH_2$ ($R_2NH, R_3N, R_4N^{\oplus}$を副生)	

RCHO, RCOR'	−COOH	−NH$_2$
$>C=O \xrightarrow{Zn-Hg, H^{\oplus}} >CH_2$ (クレメンセン還元) $>C=NNH_2 \xrightarrow{OH^{\ominus}} >CH_2$ (ウォルフ-キッシュナー還元)		
$>C=O + Ph_3P^{\oplus}-C^{\ominus}RR'$ $\rightarrow >C=C<^{R}_{R'}$ (ウィッティヒ反応)		$-\underset{|}{\overset{H}{C}}-\overset{\oplus}{\underset{|}{C}}NR_3OH^{\ominus} \xrightarrow{加熱}$ $-C=C-$ （ホフマン脱成)
	$RCOOAg + Br_2 \xrightarrow{\Delta} RBr$ （フンスディーカー（Hunsdiecker）反応)	
$>C=O \xrightarrow[\substack{LiAlH_4 \\ NaBH_4 \\ H_2(触媒)}]{} >CHOH$	$RCOOR' \xrightarrow{LiAlH_4} RCH_2OH$	$RNH_2 \xrightarrow{HNO_2} ROH$
	$RCOCl \xrightarrow{H_2(Pd)} RCHO$ （ローゼンムント還元)	
$RCHO \xrightarrow{酸化剤} RCOOH$		$RCH_2NH_2 \xrightarrow{強い酸化剤} RCOOH$
	$RCONH_2 \xrightarrow{Br_2-KOH} RNH_2$ （ホフマン分解)	

原系＼生成系	ArH	Ar－X	Ar－OH
ArH	ArH $\xrightarrow[\text{AlCl}_3]{\text{RX}}$ ArR （フリーデル-クラフツ反応）	ArX $\xrightarrow{\text{Mg}}$ ArMgX $\xrightarrow{\text{H}^{\oplus}}$ ArH	直接変換は難しい．
ArX	ArH $\xrightarrow{X_2(\text{Fe})}$ ArX （X＝Cl, Br）		$\left(\begin{array}{l}\text{ArOH} \xrightarrow{\text{HX}} \text{ArX} \\ \text{困難, 実用的でない．}\end{array}\right)$
ArOH	直接変換は難しい．	ArX $\xrightarrow{\text{OH}^{\ominus}}$ ArOH （PhClで350℃, 300気圧） 困難, 実用的でない．Arが電子求引基をもつと容易．	
ArCHO ArCOR	ArH $\xrightarrow{\text{RCOCl (AlCl}_3)}$ ArCOR （フリーデル-クラフツ反応）		－OH を －CO に置換することは難しい． 強く酸化 PhOH → O=◯=O
ArCOOH	ArHのHを直接COOHにかえることは難しい． ArCH₃ $\xrightarrow{\text{K}_2\text{Cr}_2\text{O}_7(\text{H}^{\oplus})}$ ArCOOH	ArX $\xrightarrow{\text{Mg}}$ ArMgX $\xrightarrow{\text{CO}_2}$ ArCOOH	直接変換は難しい．
ArNO₂	ArX $\xrightarrow{\text{HNO}_3(\text{H}_2\text{SO}_4)}$ ArNO₂	直接変換は難しい．	直接変換は難しい．
ArNH₂	直接変換は難しい．	ArX $\xrightarrow{\text{NH}_3}$ ArNH₂ は実用的でない． ArX $\xrightarrow{\text{OH}^{\ominus}}$ と同様．	直接変換は難しい．

ArCHO, Ar－COR	Ar－COOH	Ar－NO$_2$	Ar－NH$_2$
			ArNH$_2$ $\xrightarrow{\text{H}^\oplus, \text{NaNO}_2, 0-5℃}$ ArN$_2^\oplus$ $\xrightarrow{\text{H}_3\text{PO}_2 \text{またはC}_2\text{H}_5\text{OH}}$ ArH; $\xrightarrow{\text{KI}}$ ArI; $\xrightarrow{\text{CuCl}}$ ArCl; $\xrightarrow{\text{CuBr}}$ ArBr; $\xrightarrow{\text{HBF}_4}$ ArF; $\xrightarrow{\text{H}_2\text{O}, 加熱}$ ArOH; $\xrightarrow{\text{CuCN}}$ ArCN $\xrightarrow{\text{H}_2\text{O(H}^\oplus\text{)}}$ ArCOOH
	ArCOCl $\xrightarrow{\text{ArH(AlCl}_3\text{)}}$ ArCOAr; ArCOCl $\xrightarrow{\text{H}_2\text{(Pd触媒)}}$ ArCHO		
ArCOR $\xrightarrow{[O]}$ ArCOOH; ArCOCH$_3$ $\xrightarrow{\text{I}_2-\text{NaOH}}$ ArCOOH			
	ArCONH$_2$ $\xrightarrow{\text{Br}_2-\text{KOH}}$ ArNH$_2$	ArNO$_2$ $\xrightarrow{\text{還元剤}}$ ArNH$_2$ 還元法 Sn－HCl, Fe－HCl H$_2$－触媒など	

15 有機化合物の合成

例題 1

つぎの分子を二つの分子の結合によって作ろうとするとき，どの箇所で接合すればよいか．また，原料となる二つの分子の構造と，どのような反応条件（触媒など）で反応させればよいかをも示せ．

(1)
$$\underset{}{\underset{}{C_6H_5}}-\underset{OH}{\underset{|}{CH}}-CH_2NO_2$$

(2)
$$CH_3-\underset{O}{\underset{\|}{C}}-\underset{\underset{CH_3}{|}}{\underset{|}{CH}}-\underset{O}{\underset{\|}{C}}-OC_2H_5$$

【解答】 目的となる分子の官能基，骨格の形を見て正電荷をもつCが生じそうな部分と，負電荷をもちそうな部分とに分けてみる．

（1）ここでは電子求引のNO_2が目につく．NO_2の隣のCにつくHは酸性でアルカリの作用で$H^{\oplus}$として離れ$^{\ominus}$Cができる．一方$^{\oplus}$Cの性格を強くもつ官能基には$>C=O$があり，$>C=O$は求核試薬と反応して$-\underset{|}{\overset{|}{C}}-OH$となることが多いことも知られている．

これらのことから接合部はaで，C_6H_5-CHOとCH_3NO_2の反応で組み立てられることがわかる．

$$C_6H_5-\underset{OH}{\underset{|}{CH}}\overset{a}{\mid}CH_2NO_2 \; ; \; C_6H_5-\underset{O}{\underset{\|}{C}}-H+CH_3NO_2 \xrightarrow[\text{アルコール中}]{KOH} C_6H_5-\underset{OH}{\underset{|}{CH}}-CH=\underset{O}{\underset{\uparrow}{N}}-OK \xrightarrow{H^{\oplus}}$$

$$\left[C_6H_5-\underset{OH}{\underset{|}{CH}}-CH_2NO_2 \rightleftarrows C_6H_5-\underset{OH}{\underset{|}{CH}}-CH=\underset{OH}{\underset{\uparrow}{N}}-OH \right] \xrightarrow{-H_2O} C_6H_5-CH=CH-NO_2$$

実際に反応を行うにはアルコール中KOHを作用させる．反応溶液を酸性にすると目的の化合物が生成するが，直ちに脱水して$C_6H_5-CH=CH-NO_2$になってしまう．

（2）目的の化合物の特長は二つのCOに囲まれたCをもつことである．二つのCOにはさまれたC－Hはアルカリによって$H^{\oplus}$として脱離しやすい．したがって$-CO-\overset{\ominus}{\underset{|}{C}}-CO-$の性格をもつ．これの相手には$C^{\oplus}$性のものを選ぶ．すなわち$CH_3CH_2I$がその役目を果たす．

$$CH_3-\underset{O}{\underset{\|}{C}}-\underset{\underset{CH_3}{|}}{\underset{\overset{CH_2}{|}}{\tilde{C}H}}-\underset{O}{\underset{\|}{C}}-OC_2H_5 \; ; \; CH_3-\underset{O}{\underset{\|}{C}}-CH_2-\underset{O}{\underset{\|}{C}}-OC_2H_5 + CH_3CH_2I$$

$$\xrightarrow{NaOCH_2CH_3} \xrightarrow{H^{\oplus}} CH_3-\underset{O}{\underset{\|}{C}}-\underset{\underset{CH_3}{|}}{\underset{\overset{CH_2}{|}}{CH}}-\underset{O}{\underset{\|}{C}}-OC_2H_5$$

この反応は$C^{\ominus}$によるC_2H_5Iに対する求核置換反応である．

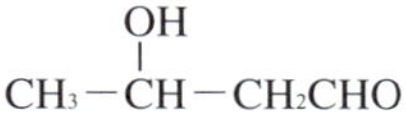

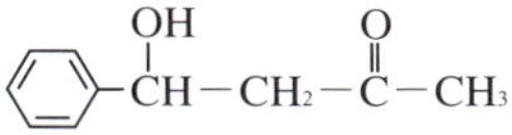

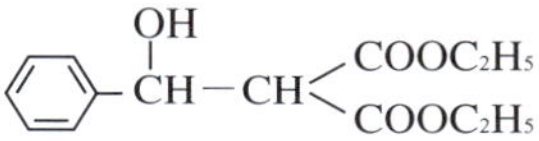

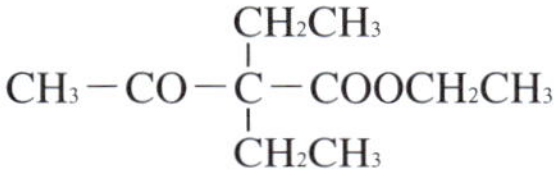

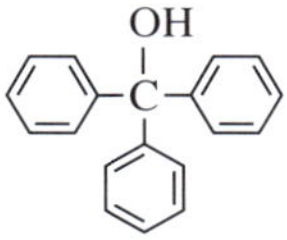

~~~ 問　題 ~~~

1.1 つぎの分子を C⊕ と C⊖ の連結によって作る場合，原料に何を選び，どのような条件で反応させるか．

(1) $CH_3-\underset{\underset{OH}{|}}{CH}-CH_2CHO$

(2) $\underset{\underset{OH}{|}}{C_6H_5CH}-CH_2-\underset{\underset{O}{\|}}{C}-CH_3$

(3) $\underset{\underset{OH}{|}}{C_6H_5CH}-CH\underset{COOC_2H_5}{\overset{COOC_2H_5}{<}}$

(4) $CH_3-CO-\underset{\underset{CH_2CH_3}{|}}{\overset{\overset{CH_2CH_3}{|}}{C}}-COOCH_2CH_3$

(5) $(C_6H_5)_3C-OH$

例題 2

フリーデル-クラフツ反応によって (1) [構造式: C6H5-CO-C6H4-NO2], (2) [構造式: C6H5-CO-C6H4-CH3], (3) [構造式: Cl-C6H4-CO-C6H4-Cl] を合成するには，それぞれ原料となる置換安息香酸塩化物，芳香族化合物に何を選べばよいか．

【解答】 X—[環]—(a)C(=O)(b)—[環]—Y を a, b のどちらで繋ぎ合わせるかの問題である．

(1) 二つの切り方を想定して前駆体を書いてみると

[構造式: a側 → C6H5 + Cl-CO-C6H4-NO2, b側 → C6H5-CO-Cl + C6H5-NO2 (×印)]

フリーデル-クラフツ反応はベンゼン環上での求電子置換反応だからbの反応は起こりにくい上，NO_2が m-配向性で目的の化合物ができない．a はスムーズに進む．

$$O_2N\text{-}C_6H_4\text{-}COCl + C_6H_6 \xrightarrow{AlCl_3(\text{触媒})} O_2N\text{-}C_6H_4\text{-}CO\text{-}C_6H_5$$

(2) 同様に

[構造式: a側 → C6H5 + Cl-CO-C6H4-CH3, b側 → C6H5-CO-Cl + C6H5-CH3 (×印)]

[構造式 (A): C6H5-CO-C6H4-CH3]

a は実際に可能だが，b の組合せは CH_3 の o-, p-配向性のため異性体 A を与えてしまう．

(3)

[構造式: a側 → Cl-C6H4 + Cl-CO-C6H4-Cl (×印), b側 → Cl-C6H4-CO-Cl + C6H5-Cl]

Cl は o-, p-配向性なので b が実行可能．

～～～ **問 題** ～～～

2.1 ジアゾニウム塩の反応によってつぎの化合物を作るには原料をどのように選べばよいか．

(1) $(CH_3)_2N\text{-}C_6H_4\text{-}N=N\text{-}C_6H_4\text{-}SO_3Na$ （メチルオレンジ）

(2) $O_2N\text{-}C_6H_4\text{-}N=N\text{-}$[1-ナフトール(HO基)] （パラレッド）

(3) [構造式: コンゴレッド — 両端に NH_2 と SO_3Na を持つナフタレン環が，ビフェニル中央の $N=N$ で連結] （コンゴレッド）

例題 3

つぎの変換を行う経路を示せ.

(1) CH$_3$CH$_2$CH(OH)CH$_3$ ⟶ CH$_3$CH$_2$CH(COOH)CH$_3$

(2) CH$_3$CH$_2$CH$_2$CH$_2$Br ⟶ CH$_3$CH$_2$CH(Cl)CH$_3$

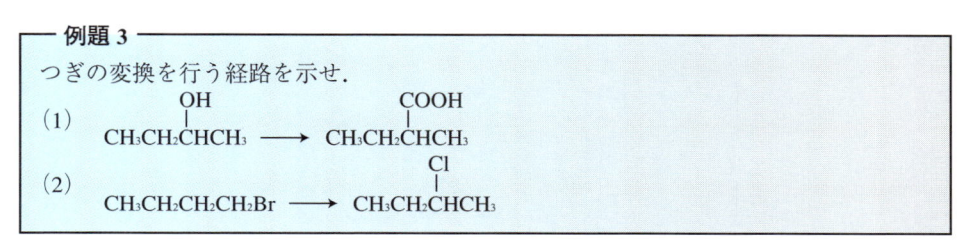

【解答】 (1) 骨格に変化なく官能基がOHからCOOHにかわっている. －OHは直接は－COOHにかえることができない. －COOHにかえることができるのはハロゲン. －OHは容易にハロゲンにかわる. したがって, つぎの二つの経路が考えられる.

$$CH_3CH_2CH(OH)CH_3 \xrightarrow{HBr} CH_3CH_2CH(Br)CH_3$$

経路1: $\xrightarrow{Mg, エーテル中} CH_3CH_2CH(MgBr)CH_3 \xrightarrow{①CO_2, ②H^{\oplus}} CH_3CH_2CH(COOH)CH_3$

経路2: $\xrightarrow{NaCN} CH_3CH_2CH(CN)CH_3 \xrightarrow{H_2O (H^{\oplus})} CH_3CH_2CH(COOH)CH_3$

(2) ハロゲンがBrからClにかわり, その結合位置が変化している. 生成物のハロゲンは末端についていない. このことはマルコヴニコフ則を思い出させる.

$$CH_3CH_2CH_2CH_2Br \xrightarrow{NaOH} CH_3CH_2CH=CH_2 \xrightarrow{HCl} CH_3CH_2CH(Cl)CH_3$$

問 題

3.1 CH$_3$CH=CH$_2$を原料にしてつぎの化合物を合成する方法を工夫せよ.

(1) CH$_3$CH$_2$CH$_2$NH$_2$ (2) CH$_3$CH(NH$_2$)CH$_3$ (3) CH$_3$CH$_2$CH$_2$COOH

(4) CH$_3$CH(CH$_3$)COOH (5) CH$_3$CH$_2$CH$_2$CH$_2$NH$_2$ (6) CH$_3$-CH(CH$_3$)-CH(CH$_3$)-CH$_3$

(7) C$_6$H$_5$-CH(CH$_3$)$_2$ (8) CH$_3$CH(OH)CH$_2$OH (9) CH$_3$CH(OH)CH$_3$

(10) CH$_3$CH$_2$CH$_2$OH

3.2 つぎの変換を行う経路を示せ.

(1) CH$_3$CH$_2$CH$_2$CH$_2$NH$_2$ ⟶ CH$_3$CH$_2$CH=CH$_2$ (2) C$_6$H$_5$-NO$_2$ ⟶ C$_6$H$_5$-I

(3) C$_6$H$_5$-NO$_2$ ⟶ C$_6$H$_5$-F   (4) C$_6$H$_5$-COOH ⟶ C$_6$H$_5$-NH$_2$

(5) C$_6$H$_5$-CHO ⟶ C$_6$H$_5$-CH(OH)COOH   (6) C$_6$H$_5$-CH$_3$ ⟶ C$_6$H$_5$-CH$_2$OH

例題 4

つぎの合成を行う経路を示せ.

$$\text{C}_6\text{H}_6 \longrightarrow \text{4-aminobenzoic acid (1)}$$

【解答】 $-\text{NH}_2$,$-\text{COOH}$はともにベンゼン環に直接導入することができない基である.$-\text{NH}_2$は$-\text{NO}_2$から,$-\text{COOH}$は$-\text{CH}_3$から変換することが考えることが考えられる($-\text{NO}_2$,$-\text{CH}_3$はともに直接導入できる).すると(1)の前駆体としては(2),(3)が想定される.

[反応経路図: (1) H₂N-C₆H₄-COOH ← (3) O₂N-C₆H₄-COOH ← (5) O₂N-C₆H₄-CH₃ ← (7) C₆H₅-CH₃ ← C₆H₆; (2) H₂N-C₆H₄-CH₃ ← (4) H₂N-C₆H₄-CH₃ ← (6) O₂N-C₆H₅]

このうち(2)→(1)の変換は酸化であり,その際$\text{CH}_3 \longrightarrow \text{COOH}$に伴って$\text{NH}_2$も酸化されてしまうだろう.したがって(2)→(1)は実現困難(- - - ▶ で示す).これに対し,(3)→(1)は還元で簡単(実行可能 ─── で示す).

同様に(3)の前駆体には(5),(6)が考えられるが,(6)→(3)は不可能.(5)→(3)は可能.さらに(5)は配向性の関係で(6)から作ることができず,(7)→(5)が可能.(7)はベンゼンから作ることができるから,合成経路は実線をたどって,太い実線のようになる.

$$\text{C}_6\text{H}_6 \xrightarrow{\text{CH}_3\text{I (AlCl}_3)} \text{C}_6\text{H}_5\text{-CH}_3 \xrightarrow{\text{HNO}_3 \text{ (H}_2\text{SO}_4)} \text{O}_2\text{N-C}_6\text{H}_4\text{-CH}_3 \xrightarrow{\text{K}_2\text{Cr}_2\text{O}_7(\text{H}^{\oplus})}$$

$$\text{O}_2\text{N-C}_6\text{H}_4\text{-COOH} \xrightarrow{\text{Sn-HCl}} \text{H}_2\text{N-C}_6\text{H}_4\text{-COOH}$$

問題

4.1 つぎの合成を行う経路を示せ.

(1) トルエン (CH₃-C₆H₅) → 3-アミノ安息香酸 (COOH, NH₂置換)

(2) トルエン (CH₃-C₆H₅) → 4-ニトロベンジルシアニド (CH₂CN, NO₂置換)

(3) ベンゼン → 3-クロロフェノール (OH, Cl置換)

例題 5

NH₂ 基と NO₂ 基をもつ m-体 および p-体 をベンゼンより合成する経路を示せ.

【解答】 芳香族置換反応の配向性に注意して合成経路を設定する．$-NH_2$はベンゼン環に直接導入できないので$-NO_2$基で導入したあと還元して$-NH_2$にする．

$-NH_2$は電子供与性のM効果をもち，o-, p-配向性であるが，ニトロ化の条件（HNO_3, H_2SO_4の混合物中）ではプロトン化されてしまい，$-\overset{\oplus}{N}H_3$となって m-配向性が強い．$-NH_2$に（CH_3CO)$_2O$あるいはCH_3COClを作用させてできる$-NHCOCH_3$はNの塩基性を弱め$H^{\oplus}$との結合を防ぐ．しかし，$-NHCOH_3$基はベンゼン環への電子供与能をもっており，ニトロ化の条件で o-, p-配向性である．また$-NHCOCH_3$は容易に加水分解され$-NH_2$を再生する（$-NH_2$における$-COCH_3$のように一時的に結合し，目的の反応を容易にし，目的達成後は容易にはずせる基を**保護基**という）．保護基を利用することによって p-ニトロアニリンはつぎのように合成できる（下式の上の行）．

[反応経路図: ベンゼン → (HNO₃/H₂SO₄) → ニトロベンゼン; ベンゼン → (Sn-HCl) → アニリン → ((CH₃CO)₂O) → アセトアニリド → (HNO₃) → p-ニトロアセトアニリド（少量のo-体が副生）→ (H₂O(HCl)) → p-ニトロアニリン; ニトロベンゼン → (発煙HNO₃) → m-ジニトロベンゼン → (3Na₂S) → m-ニトロアニリン]

m-体の合成はプロトン化されたアニリンをニトロ化しても不可能ではないが，酸化されやすいアニリンと酸化性の硝酸を共存させることは危険を伴うし，反応を制御することも難しい．一般には，$-NO_2$の m-配向性を利用して，強い条件でニトロベンゼンをニトロ化して m-ジニトロベンゼンにし，これを当量（3モル）のNa_2Sで還元する．Na_2S（あるいはH_2S）の作用によって2個の$-NO_2$のうち1個が選択的に還元される（Na_2Sを計算量以上使うと二つ目の$-NO_2$も還元されてしまう）．

問 題

5.1 つぎの化合物をベンゼンより合成する経路を示せ．

(1) 3-ヨードアニリン（NH₂, I 置換） (2) 1,3,5-トリブロモベンゼン

5.2 $BrCH_2CHO \xrightarrow{Mg} BrMgCH_2CHO \xrightarrow{CH_3COCH_3} (CH_3)_2\overset{OH}{C}-CH_2CHO$ の合成は実行できるか．実行できないとしたらどんな工夫が必要か．

例題 6

つぎの合成を行う経路を計画せよ．指定以外の無機化合物は何を用いてもよい．

(1) 炭素数2個以下の有機化合物から

$$CH_3CH_2\underset{\underset{CH_3}{|}}{\overset{\overset{OH}{|}}{C}}CH_2CH_3$$

(2) ベンゼン，炭素2個以下の有機化合物より

$$\underset{}{\text{Ph}}\underset{\underset{CH_3}{|}}{C}=CHCH_3$$

【解答】（1）

$$CH_3CH_2I \xrightarrow[\text{エーテル中}]{Mg} CH_3CH_2MgI \xrightarrow{HCHO} CH_3CH_2CH_2OH \xrightarrow{I_2-\text{赤リン}} CH_3CH_2CH_2I$$

$$\xrightarrow{CH_3CHO} CH_3CH_2\overset{\overset{OH}{|}}{C}HCH_3 \xrightarrow{K_2Cr_2O_7/H^{\oplus}} CH_3CH_2\overset{\overset{O}{\|}}{C}CH_3$$

$$CH_3CH_2CH_2I \xrightarrow[\text{エーテル中}]{Mg} CH_3CH_2CH_2MgI \xrightarrow{CH_3\overset{\overset{O}{\|}}{C}CH_3} CH_3CH_2CH_2\underset{\underset{CH_3}{|}}{\overset{\overset{OH}{|}}{C}}CH_3$$

グリニャール反応による第一，第二，第三アルコールの合成がすべて含まれていることを味わって欲しい．グリニャール試薬はRCl，RBr，RIのいずれからでも生成するが，ヨウ化物による合成が最も容易である．グリニャール試薬の代りにリチウム化合物も用いられる．グリニャール反応の実行には多少の技術を要する．関心のある読者は適当な有機化学の実験書を参照するとよい．

(2)

$$\text{Ph-H} \xrightarrow{CH_3COCl\,(AlCl_3)} \text{Ph-}COCH_3 \xrightarrow{CH_3CH_2MgI} \text{Ph-}\underset{\underset{OH}{|}}{\overset{\overset{CH_3}{|}}{C}}-CH_2CH_3 \xrightarrow[\text{脱水}]{H_2SO_4}$$

$$\text{Ph-}\underset{\underset{CH_3}{|}}{C}=CHCH_3$$

脱水は枝わかれの多いアルケンが生成する側に起こる．

問題

6.1 炭素数2個以下の有機化合物からつぎの合成を行う経路を計画せよ（無機化合物は何を用いてもよい）．

(1) $CH_3CH_2\underset{\underset{OH}{|}}{\overset{\overset{CH_3}{|}}{C}}CH_2CH_3$ (2) $CH_3CH_2CH_2CH_2OH$ (3) $CH_3CH_2\overset{\overset{CH_3}{|}}{C}HCH_2OH$

(4) $CH_3\overset{\overset{CH_3}{|}}{C}HCH_2\overset{\overset{OH}{|}}{C}HCH_3$

16 アミノ酸と糖（2種類以上の官能基を含む重要な化合物）

　一般に，2種類の官能基を含む化合物は両官能基の性質を兼ね備えているが，二つの官能基の相互作用によって性質に変化の見られることがある．生命現象を司っている物質は一般に多官能性で官能基の組合せ，立体配置を含めた位置関係などで生命現象を精妙に維持・調節する．

◆ **アミノ酸**　タンパク質の構成要素として重要．生物を構成するアミノ酸はすべて－COOHの隣の炭素上に－NH_2をもつ α-アミノ酸であり，かつその立体配置は右に示すL-配置である．

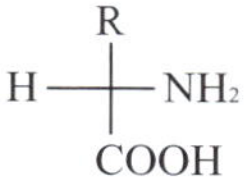

天然アミノ酸の立体配置

　アミノ酸は酸と塩基の双方の性質を示す．溶液の酸性，塩基性に応じてつぎのように形をかえる．中性では双性イオン形が大部分である．

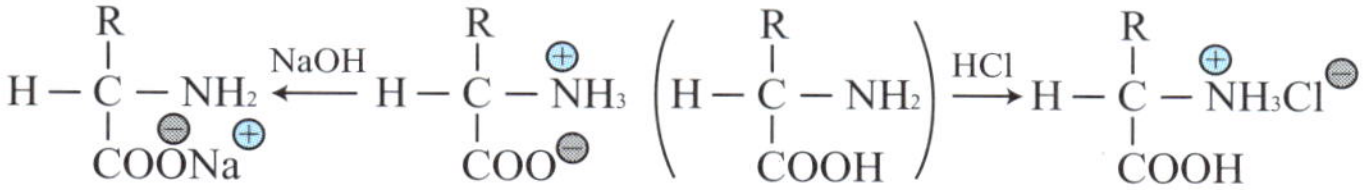

$$H-\underset{COONa}{\underset{|}{C}}-NH_2 \xleftarrow{NaOH} H-\underset{COO^{\ominus}}{\underset{|}{C}}-\overset{\oplus}{NH_3} \left(H-\underset{COOH}{\underset{|}{C}}-NH_2 \right) \xrightarrow{HCl} H-\underset{COOH}{\underset{|}{C}}-\overset{\oplus}{NH_3}Cl^{\ominus}$$

◆ **糖**　タンパク質が動物の体を構成しているのに対し，糖は植物の体を構成する．また糖は動物のエネルギー源となる．単糖類は多数の－OH基と1個の－CHOあるいは ＞C＝O をもつ．多糖類は単糖が分子内でアセタール（あるいはケタール）構造を作った上，分子間でエーテル結合を作って，二量化，三量化，…，多量化したものである．

　単糖も多くの立体異性体が存在する上，分子内アセタール（ケタール）構造の生成，分子間エーテル構造の生成によってさまざまな物質に変化するので，栄養になるか否か，味などは立体配置によって決まってしまう．

代表的な化合物

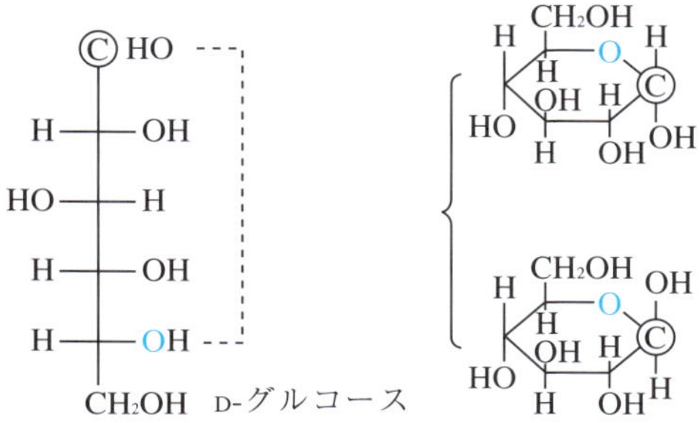

D-グルコース

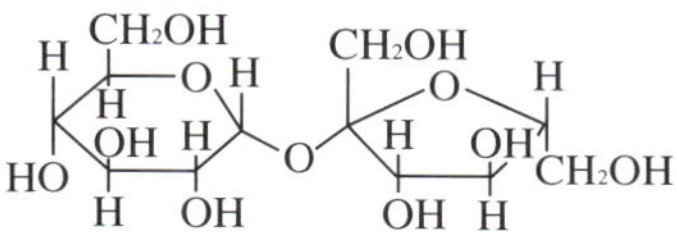

スクロース（ショ糖）

16 アミノ酸と糖（2種類以上の官能基を含む重要な化合物）

例題 1

つぎのアミノ酸を等電点の大きい順に並べよ．
H_2NCH_2COOH,　$HOOCCH_2CH_2CH(NH_2)COOH$,　$H_2NCH_2CH_2CH_2CH_2CH(NH_2)COOH$
グリシン　　　　グルタミン酸　　　　　　　　　リシン

【解答】　アミノ酸は酸の原因となるCOOHと塩基の原因となるNH_2をもつ．したがってアルカリ性溶液中ではCOOHが解離し$COO^{\ominus}$になり，分子全体として$\ominus$になる，酸性溶液中ではNH_2に$H^{\oplus}$がついて$-\overset{\oplus}{N}H_3$になり分子全体として$\oplus$に帯電する．中間のpHのところで分子中の$\oplus$電荷と$\ominus$電荷が等しくなるところがあり，そのpH（**等電点**という）で分子全体が中性になる（水に対する溶解度も最低になるので，アミノ酸の分離に利用される）．アミノ酸の等電点はアミノ酸の構造によって異なる．

$$H_2NCH_2COO^{\ominus} \underset{H^{\oplus}}{\overset{OH^{\ominus}}{\rightleftarrows}} H_3\overset{\oplus}{N}CH_2COO^{\ominus} \text{（あるいは}H_2NCH_2COOH\text{）} \underset{H^{\ominus}}{\overset{OH^{\ominus}}{\rightleftarrows}} H_3\overset{\oplus}{N}CH_2COOH$$

COOHはかなりの強酸，NH_2はやや弱い塩基なのでCOOH，NH_2を1個ずつもつグリシンの等電点はやや酸性の5.97である．COOHを2個に対してNH_2を1個しかもたないグルタミン酸はCOOHの解離の確率が大きいので，分子全体を中性にするためにpHをより酸性側によせてCOOHの解離を防がなくてはいけない．実際，グルタミン酸の等電点は3.22である．リシンはグルタミン酸と逆にNH_2がCOOHの数より多く等電点はアルカリ側に寄る（等電点9.74）．

以上まとめると等電点の大きい順で

$H_2NCH_2CH_2CH_2CH_2CH(NH_2)COOH$ ＞ H_2NCH_2COOH ＞ $HOOCCH_2CH_2CH(NH_2)COOH$
　　　　9.74　　　　　　　　　　　　5.97　　　　　　　　　3.22

等電点＜7の物質を水に溶かすと溶液は酸性に，等電点＞7の物質を水に溶かすと溶液はアルカリ性になる．

～ **問　題** ～

1.1 つぎの化合物を水に溶かしたとき，水溶液がほぼ中性を示すもの，酸性を示すもの，塩基性を示すものに分類せよ．

A　$\underset{\underset{COOH}{|}}{\overset{\overset{CH_3}{|}}{H-C-NH_2}}$　　B　$\underset{\underset{COOH}{|}}{\overset{\overset{CH_2COOH}{|}}{H-C-NH_2}}$　　C　$\underset{\underset{COOH}{|}}{\overset{\overset{CH_2CH_2CH_2NH-\overset{\overset{NH}{\|}}{C}-NH_2}{|}}{H-C-NH_2}}$

D　$\underset{\underset{COO^{\ominus}Na^{\oplus}}{|}}{\overset{\overset{CH_2COO^{\ominus}Na^{\oplus}}{|}}{H-C-NH_2}}$　　E　$\underset{\underset{COOH}{|}}{\overset{\overset{CH_3}{|}}{H-C-NHCOCH_3}}$　　F　$\underset{\underset{COOCH_3}{|}}{\overset{\overset{CH_2-\phenyl}{|}}{H-C-NH_2}}$　　G　$\underset{\underset{COOH}{|}}{\overset{\overset{CH_3}{|}}{H-C-\overset{\oplus}{N}H_3Cl^{\ominus}}}$

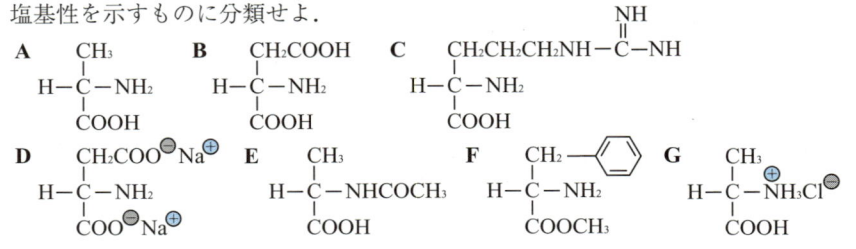

例題 2

D-グルコース（ブドウ糖）についてつぎの問に答えよ．
(1) 直鎖構造のグルコースには立体異性体が何種存在するか（グルコース自身も含めた数を示せ）．
(2) D-グルコースが六員環の分子内アセタールとなって環を作る場合，どのような異性体が考えられるか，その構造体を示せ．
(3) メタノールから室温で結晶化させたD-グルコースを水溶液にしたときの比旋光度は水に溶かした直後は+111°であるが時間とともに変化して+53°になる．一方，熱酢酸から結晶させたものは溶解直後の比旋光度が+19°であるが時間とともに+53°に変化する．この理由を説明せよ．

【解答】 (1) D-グルコースは4個の不斉炭素をもち $2^4 = 16$ 種の立体異性体がある．

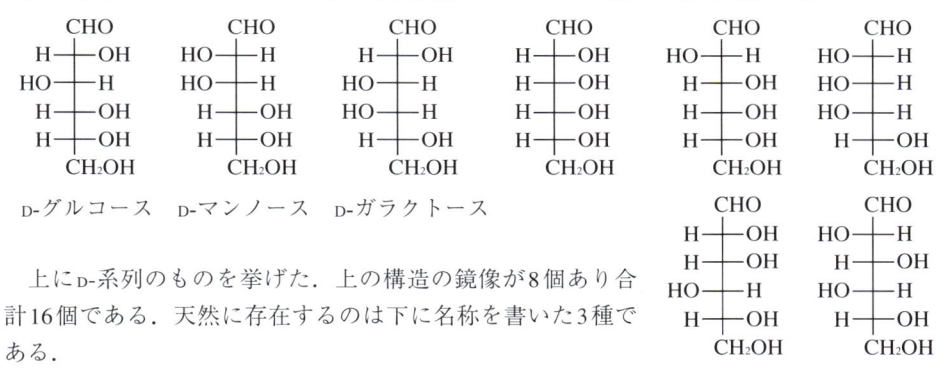

（構造式省略：D-グルコース，D-マンノース，D-ガラクトースを含むD-系列8種）

上にD-系列のものを挙げた．上の構造の鏡像が8個あり合計16個である．天然に存在するのは下に名称を書いた3種である．

(2) D-グルコースは六員環の分子内アセタールを作るが，このときCHOのCが不斉炭素にかわる．

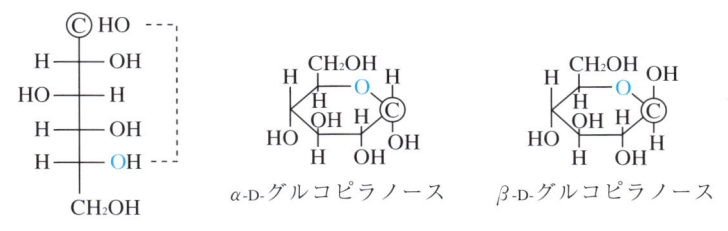

（構造式：(B)鎖状構造，α-D-グルコピラノース，β-D-グルコピラノース）

鎖構造から環構造にかわるときの立体構造の変化を知るためには構造式を書き直し(**B**)のようにし，点線のようにエーテル結合を作る．(**B**)からは α-形が生成する．C=OとHが逆の配置をとってエーテル結合を作ると β-形になる．

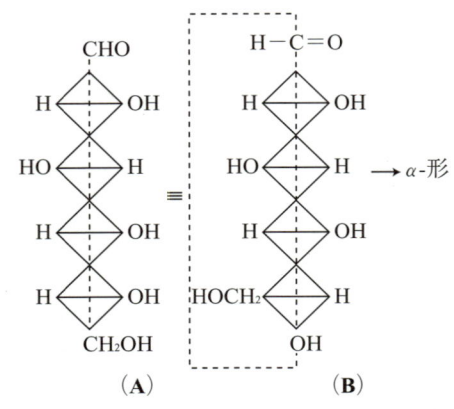

(3) 結晶のD-グルコースは環構造をとっており，メタノールから結晶させたものはα-構造，酢酸から結晶させたものはβ-構造をとっている．水に溶かした直後には結晶のときとっていた構造が保たれており，それぞれの旋光度を示す．しかし，水溶液中では一部が環開裂を起こし，それが再環化するとき，α-構造とβ-構造が一定の割合（α-形 38%，β-形 62%）になり平衡に到達する．この平衡に到達する過程が変旋光の過程である．

α-形　比旋光度 111°　　　　　　　　　　　　β-形　比旋光度 53°

開環構造のものは水溶液中では 0.1% 以下である．

~~~~ 問　題 ~~~~

2.1　D-フルクトース（果糖）の立体異性体の構造式をすべて示せ．
2.2　D-フルクトースは五員環，六員環のヘミケタール構造を作る．五員環，六員環のそれぞれについて，可能な構造を示せ．
2.3　スクロース（ショ糖）は加水分解するとどのような単糖になるか．

17 複素環式化合物

17.1 複素環式化合物

環を構成する原子に炭素以外の原子（ヘテロ原子）を含む環式化合物．
- 飽和しているか，不飽和はあっても環全体に共役していないもの．
  - 性質：三員環など歪のかかって反応性に富むものを除くと直鎖の分子にヘテロ原子が存在する場合と大きな違いはない．
- 環全体が共役系になっていてベンゼンのような安定性をもつもの：**ヘテロ芳香族化合物**．
  - 性質：ベンゼンに似て環が安定．付加反応よりも置換反応を行う．ヘテロ原子の電子が環の共役系にどのようにかかわるかで環の性格が決まる．同じNでも共役系とのかかわりで環の性格は正反対といってよいほどかわってしまう（→ピロール，ピリジンの例を見よ）．

◆ **代表的な複素環化合物**　複素環化合物は数が多く，性格も多様である．生物界に広く分布し，その多様な性質で生命現象を司っている．

飽和化合物　CH_2-CH_2 オキシラン（エチレンオキシド）．エポキシ樹脂の原料，
　　　　　　　　＼O／　　エーテルでありながら三員環の歪のため容易に開環する．

ヘテロ芳香族化合物（基本的な環系のいくつか）

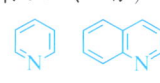

　フラン　チオフェン　ピロール　ピリジン　キノリン　ピリミジン　チアゾール

◆ **ヘテロ環を含む生物活性化合物のいくつか**

物質名	生体での役割	含まれている複素環
DNA	遺伝情報の伝達	ピリミジン
ヘム	血液中で，O_2の運搬	ピロール
クロロフィル	植物中で光合成	
ビタミンB_1	補酵素	ピリミジン，チアゾール
ATP	生体内でエネルギーの貯蔵と運搬	ピリミジン
ニコチン	タバコの成分	ピリジン

17.2 ヘテロ原子の環の性質におよぼす効果

ヘテロ原子のもつ電子が環の共役系といかにかかわるかによって環の性格が決まる．ここではNについて説明するが，これを完全に理解すれば，他のどのような場合でも理解が容易であろう．

	ピロール	ピリジン
電子状態	N-H の型，Nの非共有電子対が環全体の共役に参加している．	N= の型，Nの非共有電子対は環の共役と無関係で，局在している．
塩基性	Nをもちながら塩基性なし． （Nの非共有電子対が非局在）	塩基性あり． （Nの非共有電子対が局在）
酸性	N-HのHは弱い酸性．	酸性なし．
置換反応	求電子置換反応を受けやすい． ピロール + Br₂ → テトラブロモピロール 5個の環電子上に6個の電子があってC上の電子密度大．	求電子置換反応を起こしにくい（ベンゼンで見られる反応はほとんど起こらない）．その代り，ベンゼン系化合物で起こらない求核置換反応が起こる． ピリジン + NaNH₂ → 2-アミノピリジン Nの電子求引のためCが⊕に帯電する．
酸化・還元	酸化を受けやすい．還元を受けにくい（C上の電子密度大）．	酸化を受けにくい．還元を受けやすい（C上の電子密度小）． キノリン → KMnO₄ → ジカルボン酸 H₂（触媒）→ テトラヒドロキノリン
環の性格	電子供与基をもつベンゼン（たとえばアニリン）に似ている．	電子求引基をもつベンゼン（たとえばニトロベンゼン）に似ている．

例題 1

(1) 芳香族性とは何か．
(2) ある分子が芳香族性をもつための条件（ヒュッケル則）を説明せよ．
(3) ヒュッケル則に基づいてつぎの分子が芳香族性をもつか否かを判定せよ．

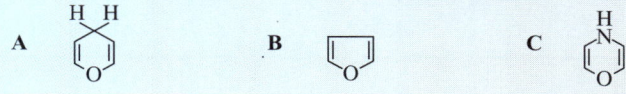

　　A　　　　　　　B　　　　　　　C

【解答】(1) 芳香族性とは，ある分子が不飽和結合をもつのに，不飽和結合に特有な性質である付加反応が低く，かえって置換反応のような不飽和結合を残すような反応を起こす性質を言う．ベンゼン誘導体の性質がこれにあたるが，ベンゼン以外にも，ベンゼンと似て上のような性質を示すものも多く知られている．

(2) **ヒュッケル則**とはある環系が芳香族性をもつかどうかを判断する規則である．つぎの条件を満たす環は芳香族性をもつ．

(i) 環を構成する各原子が環平面に垂直な p 軌道をもち，電子が環全体を自由に動ける共役系をもつ．
(ii) 一つの環に $4n+2$ 個の π 電子が収容されている．

(3) A　黒丸で示したCは4個の原子と結合しており，ここで共役系が切れている．環全体の共役がなく，この化合物は芳香族性をもたない．

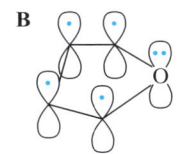

B　フランのOには非共有電子対をもつp軌道がありこれが共役に関与し，環全体の共役系が完成している．共役系に含まれる π 電子の数はCが1個ずつ計4個にO上の2個，全体で6個となり $4n+2$ ($n=1$) の条件を満たす．芳香族性をもつ．

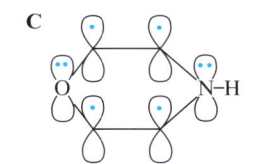

C　環全体はO, N が非共有電子対をもつp軌道の関与で共役系を完成させうる．しかし，この系の π 電子数は8個になってしまう．芳香族性をもたない．

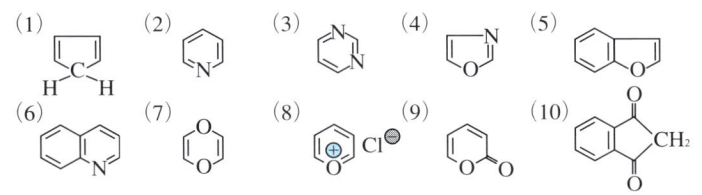

~~~ 問　題 ~~~

1.1 ヒュッケル則に基づいて，つぎの分子が芳香族性をもつかどうか判定せよ．

(1)　(2)　(3)　(4)　(5)
(6)　(7)　(8)　(9)　(10)

例題 2

ピリジンと ピロールについてつぎの性質を比較せよ．さらに，その性質の違いが生ずる原因を両者の電子状態に基づいて説明せよ．

(1) 塩基性　(2) ⟨C₆H₅⟩–N₂⁺ との反応性　(3) 無水マレイン酸との反応

【解答】　ピリジンとピロールはともに環の中にNをヘテロ原子としてもつ．しかし，環の共役に対する関与の仕方が違うため二つの化合物の性質は大いに異なる．p.154の表を参考にしつつ考える．

(1) ピリジンの塩基性はピロールの塩基性よりはるかに大きい．ピロールの$pK_b \sim 13.3$，ピリジンの$pK_b = 8.78$（例題3と比較せよ）．

(2) ピロールは求電子置換反応を起こしやすく，⟨C₆H₅⟩–N₂⁺ のように弱い求電子試薬とも反応するのに，ピリジンは求電子置換反応にはほとんど活性をもたない．求電子置換反応に関しては，ピロールがフェノール程度の反応性を，ピリジンはニトロベンゼン程度の反応性をもつ．

(ピロール) + ⁺N₂–Ph ⟶ (2-置換ピロール)–N=N–Ph　　　(ピリジン) + ⁺N₂–Ph ⟶ 反応せず

(3) 芳香族性はピリジンの方が大きく，ピロールの芳香族性は完全ではない．ピロールは無水マレイン酸とディールス-アルダー型の反応を行いジエンの性格を見せるが，ピリジンにはこのような反応はない．

(ピロール) + (無水マレイン酸) ⟶ (Diels-Alder付加体) → (開環生成物)

問題

2.1 ⟨furan⟩, ⟨thiophene⟩, ⟨pyrrole⟩ についてつぎの反応性を比較せよ．

(1) Br_2との反応性　(2) 無水マレイン酸との反応性

2.2 ⟨ピリジン⟩とNにアルキル基を導入した⟨N-メチルピリジニウム⟩のKOHに対する反応性はどのように異なるか．

例題 3

[ピロール]と[ピロリジン]について,つぎの性質を比較せよ.さらに,その性質の違いが生ずる原因を両者の電子状態に基づいて説明せよ.

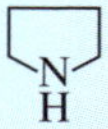

(1) 塩基性　(2) $(CH_3CO)_2O$ との反応　(3) Kとの反応

【解答】　ピロールのN上の非共有電子対は環の共役の中に組み入れられており,環の中を動き回っている.ピロリジンは飽和しており,脂肪族第二アミンの一種とみなせる.

(1) 塩基性:ピロールはほとんど塩基性をもたない.　$pK_b \sim 13.3$

　　　　　ピロリジンは強い塩基.　$pK_b = 2.7$

　　　　　参考　ジエチルアミンの $pK_b = 3.1$ (pK_b が小さいほど塩基性は大きい)

(2) ピロリジンはN上の非共有電子対が C=O の空の軌道を攻撃するという典型的なアミンの反応を行うのに対し,ピロールはフリーデル-クラフツ型の反応を環で行う(この反応は起こりやすく,ベンゼンなどに対しては必要な $AlCl_3$ のような触媒はいらない).すなわち,ピロリジンはアミンとして,ピロールは電子豊富な芳香族化合物として働く.

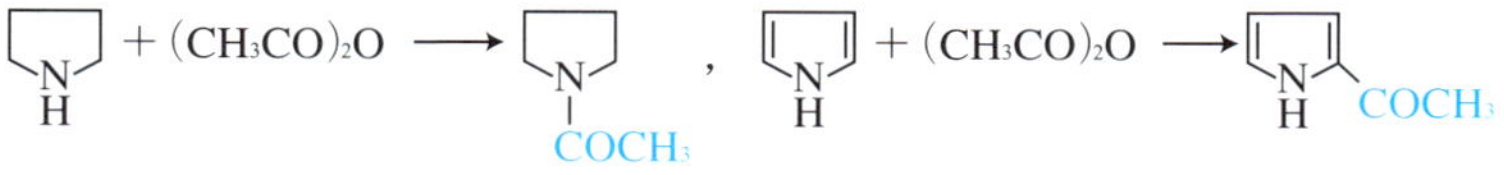

[ピロリジン] + $(CH_3CO)_2O$ ⟶ [N-COCH₃ 置換ピロリジン] ,　[ピロール] + $(CH_3CO)_2O$ ⟶ [2-COCH₃ 置換ピロール]

(3) ピロールのNHのHは酸性を有しており,Kのような活性の金属と H_2 を発生しながら反応する.一方,ピロリジンは反応しない.

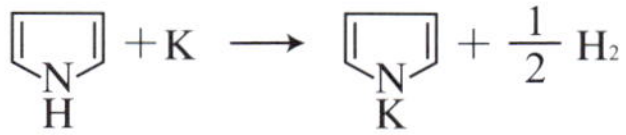

[ピロール] + K ⟶ [N-K ピロール] + $\frac{1}{2} H_2$

問題

3.1 [フラン](フラン)と[テトラヒドロフラン](テトラヒドロフラン)について Br_2 との反応における違いを述べよ.

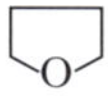

3.2 [ピロール]と[ピロリジン]とについてつぎの性質を比較せよ.

(1) 塩酸との反応

(2) 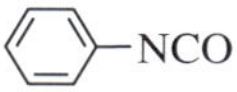 ⟨benzene⟩-NCO との反応

─ 例題 4 ─
イミダゾール (構造式: 4,5位C, 1位NH, 3位N, 2位C) について，その電子状態の考察からつぎの点について推定を行え．
(1) イミダゾールの塩基性はピリジンと比べて強いか，弱いか．
(2) イミダゾールの臭素化はピリジン，ピロールと比べて容易か，困難か．

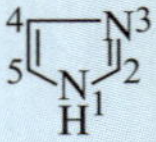

【解答】 イミダゾールはピリジン型のN（ ⟩N ；非共有電子対が環の共役に参加していない）とピロール型のN（ ⟩N(H)：非共有電子対が環の共役に参加している）の両方をもっている．

(1) 環の共役に参加していない非共有電子対（3-位N上にある）は塩基性の原因となる．このNの電子状態をピリジンの場合と比較する．イミダゾールでは1-位のピロール型Nの非共有電子対が環全体に分散し，3-位のN上のπ電子密度は1-位にNがない場合にくらべ大きくなり ⊖ に帯電する．この ⊖ の帯電は3-位Nの電子を引きつける力の減少すなわち電子供与能の増大としてはね返り（π電子系での電子のもうけを非共有電子対の供与能の増大に役立てている）塩基性が増す．

実測値もその通りで，ピリジンの$pK_b = 8.78$に対し，イミダゾールは$pK_b = 7.05$でイミダゾールの塩基性の方が大きい．

(2) イミダゾールは環の求電子反応を促進する ⟩N(H) と，逆に環の求電子反応を抑制する ⟩N の両方をもっており，その効果は打ち消し合っている．したがって，イミダゾールは求電子反応に対してピリジンとピロールの中間の反応性を示す．Br_2との反応は比較的容易である．

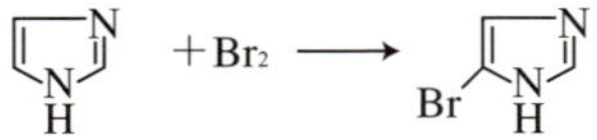

イミダゾール $+ Br_2 \longrightarrow$ 5-ブロモイミダゾール

～～ 問　題 ～～

4.1 ピラジン と ピリジン とをつぎの性質において比較せよ．

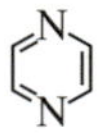

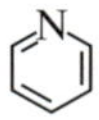

(1) 塩基性　(2) 求電子試薬の反応性　(3) 還元

4.2 1,2,3-トリアゾール 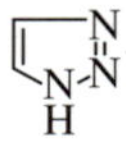 の誘導体についてつぎの問に答えよ．

(1) 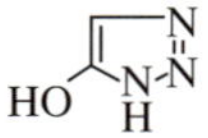 HO-(トリアゾール) の酸性はフェノールのそれより強いかどうか．

(2) 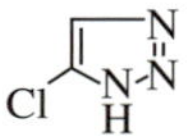 Cl-(トリアゾール) のNH_3との反応は ⟨Ph⟩−Cl と比べて容易か．

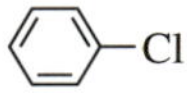

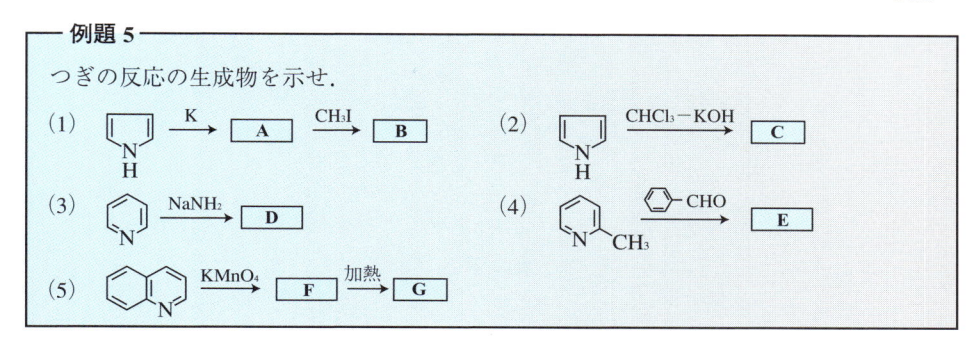

例題 5

つぎの反応の生成物を示せ.

(1) ピロール $\xrightarrow{K}$ **A** $\xrightarrow{CH_3I}$ **B**

(2) ピロール $\xrightarrow{CHCl_3-KOH}$ **C**

(3) ピリジン $\xrightarrow{NaNH_2}$ **D**

(4) 2-メチルピリジン $\xrightarrow{C_6H_5-CHO}$ **E**

(5) キノリン $\xrightarrow{KMnO_4}$ **F** $\xrightarrow{加熱}$ **G**

【解答】 ピロール，ピリジンの性質をよく表す反応を選んだ.

(1) ピロールのN−HのHは酸性をもつ．Naとは反応しないがKとはH₂を発生して反応する ピロール-K …（**A**），これにCH₃Iを反応させると，N-メチルピロール …（**B**）になる.

(2) ライマー-ティーマン (Reimer-Tiemann) 反応．CHCl₃とKOHでCCl₂（ジクロロカルベン）が生じ，電子豊富な芳香族化合物と反応しアルデヒド基が導入される.

ピロール $\xrightarrow{CCl_2}$ 2-(ジクロロメチル)ピロール $\xrightarrow{H_2O}$ ピロール-2-カルバルデヒド …（**C**）

(3) ピリジンのNは電子求引で，α-, γ-位が ⊕ に帯電しており，そこへNH₂⁻が攻撃する.

ピリジン + NaNH₂ → 2-アミノピリジン …（**D**）

(4) ピリジン環は電子求引性で−CH₃基の電子密度を下げ，−CH₃のHが酸性をもつようになる．アルカリの作用によって−CH₃の水素がH⊕として脱離し，生じた炭素陰イオンがアルデヒドと反応する（アルドール縮合と類似の反応）.

2-メチルピリジン $\xrightarrow{アルカリ}$ 2-ピリジルメチル陰イオン

$\xrightarrow{OHC-C_6H_5}$ 2-ピリジル-CH₂-CH(OH)-C₆H₅

$\xrightarrow{-H_2O}$ 2-ピリジル-CH=CH-C₆H₅ …（**E**）

(5) ピリジン環はベンゼン環より酸化に強く,酸化によってベンゼン環が分解する.

Nに対して α-位にある −COOH は加熱によって容易に脱離する.HがNに水素結合しており矢印のような電子移動が起こりやすいためである.

~~~ 問　題 ~~~

5.1 つぎの反応の生成物を示せ.

(1) A ← KMnO₄ — (2-フェニルピリジン) — H₂−Pt 触媒 → B

(2) C ← NaOCl — (2-アセチルピロール) — LiAlH₄ → D

18 第三周期[†]の元素を含む有機化合物と有機金属

18.1 第三周期の元素を含む有機化合物

CとSi，NとP，OとSは同じ外殻電子配置をもち類似の性質をもつ．しかし，第三周期の元素はつぎのような点で第二周期の元素にない特性をもつ．
1) 第三周期の元素は第二周期の元素より電気陰性度が小さく，第三周期元素の原子上にある非共有電子対は求核性が強い．
2) 原子半径が大きくなり，したがって結合距離が大きくなるため，多重結合ができにくい（p軌道の重なりが小さい）．
3) 結合のためにd軌道も利用できるので，四つ以上の共有結合を作る．

18.2 有機金属

典型金属を含むもの　C－金属結合はイオン性が大きく，$\overset{\delta-}{C}$－$\overset{\delta+}{金属}$に分極している．水などによって分解してしまうことが多い．負の電荷をもつCは ＞C＝O など正電荷をもつCを攻撃する（例　グリニャール反応）．有機合成上重要．

遷移金属を含むもの　C－金属結合は共有結合性が大きい．化合物はいわゆる配位化合物が多い．
金属と配位した化学種の相互作用によって結合の組換えが起こり，C－C結合の生成を含む有用な反応を起こすことが多い．特に金属錯体が触媒として作用する場合は工業的にも大きな意味をもつ（例　チーグラー-ナッタ（Ziegler-Natta）法によるアルケンの重合，オキソ法）．

18.3 有機金属，第三周期の元素を含む化合物を用いる二，三の重要な合成反応

◆ **グリニャール反応**（p.87参照）　有機アルカリ金属化合物（特にリチウム化合物）も類似の反応を示す．

[†] 周期表で第三番目の行に並ぶ元素．ここでは，第二行（第二周期）のC，N，Oと第三行のSi，P，Sとの比較をするが，第四周期のGe，As，Seについても同様な考察ができる．

◆ **ヒドロボレーション（hydroboration）** ボラン（BH_3 実際には二量体 B_2H_6 の形で存在）は $C=C$ に付加する．付加の配向性はマルコヴニコフ則と逆（例題2参照）．

$$RCH=CH_2 + BH_3 \longrightarrow RCH_2CH_2BH_2, (RCH_2CH_2)_2BH, (RCH_2CH_2)_3B$$
$$\downarrow H_2O_2$$
$$RCH_2CH_2OH$$

この反応を利用して第一アルコールを合成できる．

◆ **ウィッティヒ反応**

$$Ph_3P=C\genfrac{}{}{0pt}{}{R^1}{R^2} + O=C\genfrac{}{}{0pt}{}{R^3}{R^4} \longrightarrow \genfrac{}{}{0pt}{}{R^1}{R^2}C=C\genfrac{}{}{0pt}{}{R^3}{R^4}$$

アルデヒド，ケトンの $C=O$ を $>C=CR^3R^4$ に代え，アルケンを合成する反応．ウィッティヒ反応を用いると $>C=O$ の位置を確実に $>C=C<$ にかえることができ有用である（例題3）．$Ph_3P=CR^1R^2$ は

$$Ph_3P \xrightarrow{X-CHR^1R^2} Ph_3\overset{\oplus}{P}-CHR^1R^2 \xrightarrow{C_4H_9Li（アルカリとして働く）} Ph_3P=CR^1R^2$$

の過程で作られる．$Ph_3P=CR^1R^2$ はつぎのようなイオン構造の性格を強くもっている．

$$Ph_3P=C\genfrac{}{}{0pt}{}{R^1}{R^2} \longleftrightarrow Ph_3\overset{\oplus}{P}-\overset{\ominus}{C}\genfrac{}{}{0pt}{}{R^1}{R^2} \quad (\text{イリド（ylide）構造…分子内に隣接して} \oplus, \ominus \text{をもつ．})$$

18.4 遷移金属を含む化合物の電子配置（18電子則）

遷移金属を含む化合物では，配位子から供与される電子を含め中心金属に属する電子配置が希ガスの電子配置と同じになったとき安定になる．Kr以上の希ガスでは $(n-1)d$，ns, np がつまっていて合計18の電子がある．錯体でも外殻d軌道より上の軌道にある電子と配位子より供与される電子の合計が18のとき安定化するのである．

例　フェロセン（Feが五員環にサンドイッチ状にはさみ込まれた化合物）

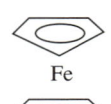

形式的に，シクロペンタジエニル陰イオン 2個が Fe^{2+} に配位している．Fe^{2+} のd電子数6，シクロペンタジエニルの6個の π 電子が配位する．Feのまわりの電子数（$6+6+6=18$）．

フェロセンはその奇妙な構造にもかかわらず安定で，有機化合物と同じような性格をもつ．現代の有機化学の発展のきっかけを作った記念碑的な化合物．

遷移金属を含む有機金属では，18電子則を満たさないものがあったり，反応の途中でそのようなものができたりする．それら"配位不飽和"化合物は反応性に富み，種々の面白い反応を引き起こす．このような場合有機金属が触媒に働く場合も多い．

例　チーグラー法によるエチレン，プロピレンの重合，オキソ法など．

―― 例題 1 ――
つぎの各組の化合物の構造，化学的性質の違いを考察せよ．
(1) CO_2, SiO_2
(2) CH_4, SiH_4, GeH_4, SnH_4
(3) CH_3OCH_3, CH_3SCH_3

【解答】(1) CO_2 気体，SiO_2 は通常はこの形の分子があるのではなくて三次元にひろがった重合体（たとえば水晶）として存在する．これは C＝O 二重結合は安定に存在するのに Si＝O は Si の原子半径が大きいため Si，O の p 軌道の重なりが不十分で π 結合が安定にできない．そのため Si，O はいずれも単結合で結合することによる．

(2) C，Si，Ge，Sn は同じ第Ⅳ族の元素である．周期表で同族の下の方にある元素ほど金属性が強い（電子を放出しやすい）．この性質が以下の系列によく表れている．CH_4 は沸点 －161.5℃，安定な化合物である．SiH_4（シラン，silane）は沸点 －111.9℃の気体，メタンより反応性が大きく，酸素と結合すると爆発性になり，空気中で自然発火することがある．電子を放出しやすいことは酸化を受けやすいことを意味する．

GeH_4（ゲルマン，germane）沸点 －90℃，シランよりも不安定，160－200℃で酸化され GeO_2 になる．

SnH_4（スタナン，stannane）沸点 －52℃，常温では封管中でも数日のうちに分解するほど安定性が悪くなってしまう．$AgNO_3$ を還元して銀を生ずる．

(3) エーテルとチオエーテルの関係にある．S は 2 価以上の原子価をとることができる．酸化によってスルホキシド，スルホンを作る．エーテルにはそのような性質はない．

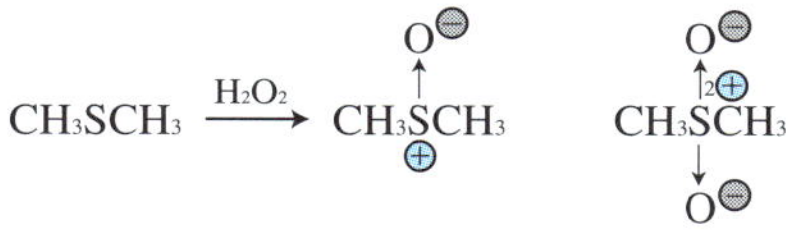

$$CH_3SCH_3 \xrightarrow{H_2O_2} CH_3\overset{\overset{O^\ominus}{\uparrow}}{\underset{\oplus}{S}}CH_3 \quad CH_3\overset{\overset{O^\ominus}{\uparrow}}{\underset{\underset{O^\ominus}{\downarrow}}{S^{2\oplus}}}CH_3$$

～～ 問　題 ～～

1.1 Si－Si の結合はそれほど安定でないが，$-\underset{|}{Si}-O-\underset{|}{Si}-O-$ の結合は極めて安定である（シリコーン樹脂の基本骨格である）．この理由を説明せよ．

1.2 チオアセトアルデヒドはアセトアルデヒドより環状三量体になりやすい．この理由を説明せよ．

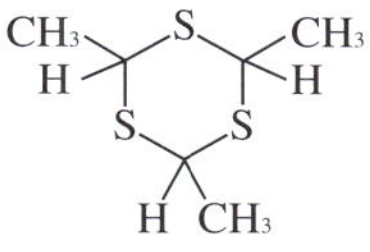

チオアセトアルデヒドの三量体

例題 2

(1) ボラン BH_3（実際にはジボラン B_2H_6 として存在）は $CH_3CH=CH_2$ に付加すると $CH_3CH_2CH_2BH_2$ を与える．これはマルコヴニコフ則と反対の配向性をもつ付加である．この理由を説明せよ．

(2) $(CH_3)_4Si$ は $SiCl_4$ に CH_3MgI を作用させると生成する．この理由を考察せよ．

【解答】(1) B−H の結合を考えてみると，B は金属性で $B^{\oplus}-H^{\ominus}$ に分極していると考えられる．マルコヴニコフ則は H が $H^{\oplus}$ として付加することによって生ずる配向性だから BH_3 の付加の場合は逆の配向性が見られることになる．

$CH_3CH_2CH_2BH_2$ はさらに $CH_3CH=CH_2$ と反応して，$(CH_3CH_2CH_2)_2BH$，$(CH_3CH_2CH_2)_3B$ を生ずる．この反応を**ヒドロボレーション**という．

$(CH_3CH_2CH_2)_3B$ は H_2O で処理すると $CH_3CH_2CH_3$ になる（$\overset{\delta+}{C}-\overset{\delta-}{B}$ に対する $H^{\oplus}$ の攻撃），H_2O_2 で酸化すると第一アルコールになる．アルケンから第一アルコールを作る有用な反応，他の方法ではマルコヴニコフ則の支配を受けるため第二アルコールしか生じない．

$$(CH_3CH_2CH_2)_3B \xrightarrow{H_2O_2} CH_3CH_2CH_2OH + H_3BO_3$$

(2) Mg と Si とを比べると Mg の方が金属性が大きい．金属性の大きな元素は陰性の元素と結合しやすい．したがって，Cl と Mg が結合し，Si−C 結合が生成することになる．

$$SiCl_4 + 4CH_3MgI \longrightarrow (CH_3)_4Si + 4MgICl$$

この方法は金属−炭素結合を作る一般的方法であり，金属性が Mg より小さい金属のアルキル化物は上と類似の方法で作られる．

~~~ 問　題 ~~~

2.1 つぎの反応の生成物の構造を示せ．

(1) $CH_3CH_2\underset{\underset{CH_3}{|}}{C}=CH_2 \xrightarrow{BH_3} \xrightarrow{H_2O_2}$

(2) $(C_2H_5)_2Zn + HgCl_2 \longrightarrow$

(3) $CH_3MgI + C_2H_5NH_2 \longrightarrow$

(4) $CH_3CH_2CH_2CH_2Li + CuI \longrightarrow$

2.2 ジエチル水銀はエチルリチウムと異なりケトンと反応しない．この理由を考えよ．

例題 3

ウィッティヒ反応についてつぎの問に答えよ.

(1) $[Ph_3P-CH_3]^{\oplus}$ は $[Ph_3N-CH_3]^{\oplus}$ と異なり，アルカリの作用で $-CH_3$ から $H^{\oplus}$ を脱離し，Ph_3P-CH_2 を作る．この理由を説明せよ．

(2) $R^1R^2C=O \longrightarrow R^1R^2C=CR^3R^4$ の変換は $R^1R^2C=O \xrightarrow{IMgCHR^3R^4} R^1-C(OH)(R^2)-CHR^3R^4 \xrightarrow{脱水}$ によっても実行できそうに思える．しかし，ウィッティヒ法を用いなければいけない場合がある．ウィッティヒ反応はどのような点で特色があるのだろうか．

【解答】 (1) $[Ph_3P-CH_3]^{\oplus}$ より $H^{\oplus}$ の脱離した $Ph_3P^{\oplus}-CH_2^{\ominus}$ ($\oplus$, $\ominus$ が隣接して存在しており，**イリド**とよばれる) は下のような電子構造をもち，C 上の p 軌道の非共有電子対が P の空いている d 軌道に流れ込んで結合を作る．共鳴で表現すると，イリドと二重結合の共鳴があることになる．N は適当な d 軌道をもたないので上の過程は起こらない．

$$Ph_3\overset{\oplus}{P}-\overset{\ominus}{CH_2} \longleftrightarrow Ph_3P=CH_2$$

(2) たとえばケトンとしてシクロヘキサノン $=O$ を用い，ハロゲン化アルキルとして CH_3I を用いたとする．

ウィッティヒ反応では，$CH_3I \xrightarrow{PPh_3} [CH_3PPh_3]^{\oplus} \xrightarrow{LiBu} CH_2=PPh_3 \xrightarrow{C_6H_{10}=O} C_6H_{10}=CH_2$

グリニャール反応では，$CH_3I \xrightarrow{Mg} CH_3MgI \xrightarrow{C_6H_{10}=O} C_6H_{10}(CH_3)(OH) \xrightarrow{H_2SO_4} C_6H_9-CH_3$

すなわちグリニャール反応を用いる場合にはアルコールの脱水の方向がいくつかあり，必ずしも望ましい生成物ができるとは限らない．ウィッティヒ反応では $>C=O$ を $>C=C<$ に確実にかえることができる．この位置選択性が大事なのである．

問題

3.1 ウィッティヒ反応には Ph_3P が用いられ $(C_2H_5)_3P$ などは用いられない．理由は何か．

3.2 ウィッティヒ反応によってつぎの化合物を合成する方法を考えよ．

(1) $Ph-C(=CH_2)-CH_2CH_3$ (2) $CH_2=CH-CH=C(CH_3)COOCH_3$

18 第三周期の元素を含む有機化合物と有機金属

例題 4

つぎの金属錯体の中心金属は何電子構造か.

(1) $[Co(NH_3)_6]^{3\oplus}$　(2) $[Fe^{II}(CN)_6]^{4\ominus}$　(3) $[Fe(CO)_5]$

(4) $Cr(C_6H_6)_2$　(5) 〈図〉--Co(CO)$_3$

【解答】（1）最も基本的な金属錯体である．中心金属は$Co^{3\oplus}$, Coの電子配置は$(1s)^2(2s)^2(2p)^6(3s)^2(3p)^6(3d)^7(4s)^2$であり, 3価の陽イオンは$(1s)^2(2s)^2(2p)^6(3s)^2(3p)^6(3d)^6$である. 3d軌道の6個の電子と$NH_3$から供与される電子は$2 \times 6 = 12$個の合計で$6 + 12 = 18$, 18電子構造.

（2）$Fe(II)$は$(3d)^6$で外殻d軌道に6個, $CN^{\ominus}$から供与される電子は$2 \times 6 = 12$個, 合計18電子.

（3）Feは0価, $(3d)^6(4s)^2$で3d以上に8個の電子をもつ. COは2個ずつの電子を出して配位する. 配位子からの電子は$2 \times 5 = 10$個, 合計すると18電子配置になる. $[Fe(CO)_5]$のように一見不自然そうに思える構造も希ガス元素と同じ電子配置をもつというわかりやすい判断基準（一般の化合物でのオクテット電子配置の自然な拡張）によって安定性が議論できるのである.

（4）ジベンゼンクロム, クロム(0)を二つのベンゼン環がサンドイッチ状にはさみ込んでいる. $Cr(0)$の電子配置$(3d)^5(4s)^1$. ベンゼンの6個のπ電子がCrに供与されると考えると, 二つのベンゼンで合計12個の供与, Crが自分自身でもっていた6個とあわせて計18個.

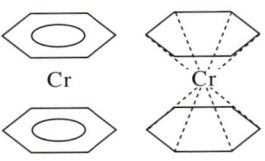

ジベンゼンクロムは空気中では酸化されるが, 室温, 窒素下では安定.

（5）全体として電荷をもたないから, 形式的には$Co(0)CH_2=CH-CH\cdot$（アリルラジカル）および3個のCOの電子数を数えればよい. $Co(0)(3d)^7(4s)^2$で9電子・$CH_2=CH-CH_2\cdot$で3個. $CO 2 \times 3 = 6$個, 合計18電子.

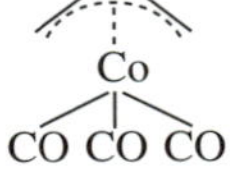

問 題

4.1 つぎの金属錯体の中心金属は何電子構造か.

(1) $[Ni(CO)_4]$　(2) 〈Ni錯体図〉　(3) 〈Coサンドイッチ図〉　(4) 〈Ph置換シクロブタジエン-Fe(CO)$_3$図〉

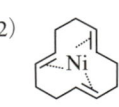

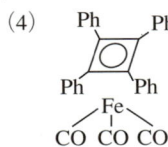

(5) 〈Ni錯体図〉

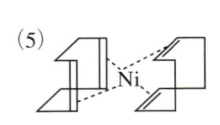

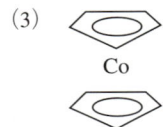

―― 例題 5 ――
つぎの変換を行うためには原料にどのような有機金属を働かせればよいか．試薬として用いる場合と触媒として用いる場合との区別に注意しながら答えよ．
(1) $HgCl_2 \longrightarrow Hg(C_2H_5)_2$ (2) $CH_2=CH_2+O_2 \longrightarrow CH_3CHO$
(3) $CH_2=CH-CH=CH_2 \longrightarrow$ (シクロドデカトリエン)

【解答】(1) 例題2(2) 参照．金属性がMg, Liより小さな金属のアルキル化物は金属塩化物とグリニャール試薬，あるいは有機リチウム化合物との反応で作られる．

$$HgCl_2 + 2CH_3CH_2MgI \longrightarrow Hg(CH_2CH_3)_2, \quad HgCl_2 + 2CH_3CH_2Li \longrightarrow Hg(CH_2CH_3)_2$$

(2) ヘキスト-ワッカー (Hoechst-Wacker) 法，$PdCl_2$ と $CuCl_2$ とを触媒とする．つぎのように反応する．

$$CH_2=CH_2 + PdCl_2 \longrightarrow CH_2=CH_2 \underset{PdCl_2}{|} \xrightarrow{H_2O} CH_3CHO + Pd(0) + 2HCl$$

$$Pd(0) + 2CuCl_2 \longrightarrow PdCl_2 + 2CuCl$$

$$2CuCl + 2HCl + \frac{1}{2}O_2 \longrightarrow 2CuCl_2 + \frac{1}{2}H_2O$$

すなわち，$CH_2=CH_2$ がPd(II)によって酸化され CH_3CHO が生じるが，Pd(0)がCu(II)で酸化され，Cu(I)が O_2 によって酸化される．全体としての反応は，

$$CH_2=CH_2 + \frac{1}{2}O_2 \xrightarrow{PdCl_2} CH_3CHO$$

(3) Ni(0)裸のニッケルを触媒とする(ウィルケ(Wilke)の方法)，Ni(0)は $[Ni(CH_3COCHCOCH_3)_2]$ の $Al(CH_2CH_3)_3$ による還元によって作られるが，$Ni(C_3H_5)_2$ やNi (1,4-シクロオクタジエン)$_2$ (問題4.1(5)の化合物) を用いることもできる．反応はNiが周囲に3個のブタジエン分子を引き寄せ，配位状態の中でC-C結合が生成することによって進行する．

$$3\, \text{(ブタジエン)} + Ni(0) \longrightarrow \text{(Ni錯体)} \longrightarrow \text{(シクロドデカトリエン)}$$

~~~ 問　題 ~~~

5.1 つぎの変換を行う際触媒として用いられる金属錯体は何か．また反応の名称は何か．

(1) $HC\equiv CH \longrightarrow$ (シクロオクタテトラエン)

(2) $CH_3CH=CH_2 + H_2 + CO \longrightarrow CH_3CH_2CH_2CHO + CH_3CHCH_3$
$|$
CHO

(3) $CH_3CH=CH_2 \longrightarrow$ ポリプロピレン

19 有機化合物の同定　構造決定

19.1 基本的な考え方

有機物を対象に研究を行う場合，何よりも優先するものは対象の物質が
1) どのような構造の化合物よりなっているか（定性分析）．
2) それらがどんな割合に混ざっているか（定量分析）．

を知ることである．物質を扱う化学者・応用化学者（薬学・農芸化学も含めて）は基本的な技能として（画家が油絵具の扱いに習熟するように）第15章で扱った合成と並んでつぎのことを習得しなければならない．

a) 対象の物質からそれを構成する化合物を純粋な形で取り出す（分離・精製）．
b) それぞれの化合物を同定・構造決定する．
c) 成分化合物が対象物質の中に何％含まれているかを測定する．

以上には化学の知識体系を総動員しなければならない．

◆ **分離・精製法の代表的なもの**　蒸留，再結晶，抽出，クロマトグラフ法（液体クロマトグラフィー，ガスクロマトグラフィー，薄層クロマトグラフィー，ペーパークロマトグラフィーなど）．

◆ **物質の純度**　分離・精製した物質は，同定・構造決定に入る前に十分純粋か否かを調べておく必要がある．不純物に由来する情報のために，構造を決めようとしている化合物の中にありもしない官能基の存在を仮定してしまったりするからである．

物質が純粋か否かを知る尺度
a) 精製をくり返したとき物質の物理定数がかわらないことを確かめる．
物質のもつ物理定数としてよく利用されるもの；
液体：沸点，屈折率
固体：融点
b) 分離分析法（後述，たとえば高速液体クロマトグラフィー，ガスクロマトグラフィー，薄層クロマトグラフィーなど）で不純物の含量を直接知る．

19.2 同定・構造決定の手順

① **物理定数の測定**（融点，沸点，屈折率など）

② **分子式の決定**
  - その化合物の含む元素の検出
  - 元素分析
  - 分子量の測定（沸点上昇，凝固点降下など）

  現在では質量分析法が利用される．高分解能の質量分析計（1/10000程度の分解能）を用いることによって分子量のみならず分子式も求めることが可能になった．

③ **官能基の検出** 元素分析の結果も参考にして，その化合物がもつ官能基の種類を調べる．
  - 化学的方法：官能基の特性反応による．例 $>C=O$; ⟨⟩-NHNH₂ と反応してヒドラゾンの結晶が生成する．本書の官能基の反応で述べてきた諸反応が利用される．
  - スペクトルによる方法：化合物のもつ物理的性質のうち電磁波との相互作用が利用される．赤外吸収，核磁気共鳴吸収など．

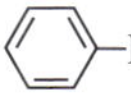

④ **文献調査** 以上までの段階（すべての実験を行わなくてもよい場合も多い）の実験結果と文献調査（有機化合物の性質に関する知識はBelsteinの"Handbuch der Organischen Chemie"，"Chemeical Abstracts"その他のハンドブック，成書などに集積されている）の結果をつき合わせ，対象の化合物がすでに誰かによって作り出され，性質が調べられているかを知る．

⑤ **対象の化合物が既知化合物である場合**

  対象化合物の物理的性質（融点，沸点，スペクトル）が既に報告されているものと一致することを確かめる．

  必要なら，官能基の一部を変換し誘導体を作り，その融点などの物性値を既に報告されているものとくらべる．

⑤′ **対象の化合物が現在まで世界のどこでも見出され，作り出されていない場合** ①，②，③，のデータすべてを集め（化学的方法，機器によるいずれかだけでもよいことが多い），
  - 官能基の種類，数，位置
  - 骨格

  を決定する．

  必要なら分子を切断するなどして既知化合物に導く．

  構造のわかった化合物から合成によって構造を組み上げ，対象化合物と一致することを確かめる．

19.3 同定・構造決定に役立つ物理的方法

構造決定の手段としての機器の利用は日進月歩である．現在では，数ミリグラムの物質が純粋に取り出されれば，その構造を容易に決めてしまえることもめずらしくない．化学に携わる者は絶えず勉強を続け，いつでも最新の方法が駆使できるようにしていなければいけない．一方，機器による方法は間接的な情報しか与えない場合の多いことも念頭におかなければならない．構造を断定するために化学的方法との併用が必要である．特に，対象としている化合物を既知の簡単な化合物から確実な方法で組み立て（合成），それらが本当に一致することを確かめるのは重要である．

スペクトル法の利用に関しては，しっかりした参考書を座右に置いて絶えず参照しながら仕事をすることが重要である．数多くのすぐれた本が出版されているが，つぎの書は有用であろう．

R. M. Silversteinほか著，荒木峻，益子洋一郎，山本修，鎌田利紘訳 "有機化合物のスペクトルによる同定法－MS，IR，NMRの併用－（第6版）" 東京化学同人

荒木峻，益子洋一郎，山本修，鎌田利紘著，"有機化合物のスペクトルによる同定法－演習編－（第6版）" 東京化学同人

J. R. Dyer著，柿沢 寛訳，"有機化合物への吸収スペクトルの応用" 東京化学同人

竹内敬人，"有機化合物の構造をきめる" 化学同人

◆ **質量分析法（mass-spectrometry）**

原理 気体分子に電子をぶつけるなどして分子をイオン化（分解とイオン化が同時に起こることが多い），

$$M + e^{\ominus} \longrightarrow \begin{cases} M^{\oplus}（分子イオン）+2e^{\ominus} \\ P^{\oplus}（フラグメントイオン）\\ \quad +Q+2e^{\ominus} \end{cases}$$

これらイオンを一定の電場で加速したのち磁場に送り込むとm/z（mはイオンの質量数，zは電荷）に応じて分離されることを利用する．重いものは磁場の中で曲げられにくく，軽いものは曲げられやすい．

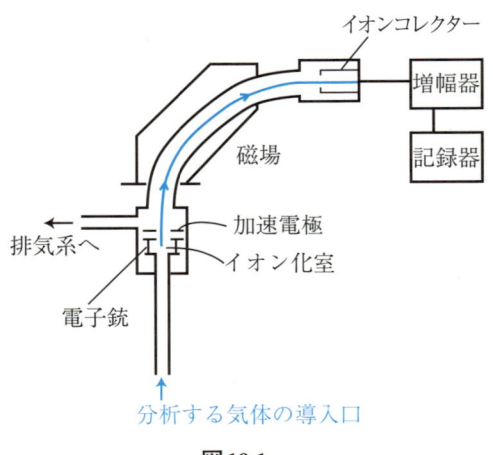

図19.1

得られる情報

(1) **分子量** 分子イオン（$M^{\oplus}$で表される）を測定すればよい．

(2) **分子式** m/zを1/10,000程度の精度で測定すると分子式が求められる場合がある．$^{14}N_2$，$^{12}C^{16}O$はともに質量数28であるが正確には$^{14}N_2$，28.006148，$^{12}C^{16}O$，27.994915である（これは^{14}N，^{12}C，^{16}Oのモル質量が整数でなく，各核種に独自の質量の端数をもつためである）．すなわちm/zを正確に測定することによってN_2，COの区別がつけられる．同様に，さらに分子量の大きい分子でも原子組成が推定される．

同位体比を利用できる場合もある．たとえばClは^{35}Clと^{37}Clが約3：1に混っている．したがってClを1個含むイオンは$m/z = n$（^{35}Clを含むもの）と$n+2$（^{37}Clを含むもの）の比が3：1になる．Clを2個含むとn，$n+2$，$n+4$の比は57：37：6になる．Cも^{12}Cに対し約1％の^{13}Cを含むので，これを利用し分子式の推定ができる．

(3) **官能基，骨格，官能基** ある種の骨格では開裂しやすい場所が決まっているから開裂様式から官能基，骨格に関する情報が得られる．

例

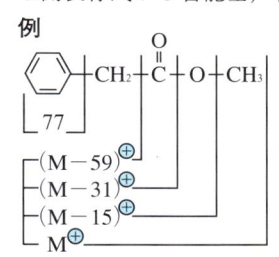

酢酸ベンジルでは図のような分解ピークが見られる．
フラグメントは最初に生成する分子イオンが分裂して生成されるが，中性のラジカルと陽イオンが対となって生まれる．この両者の安定なものが生成するような位置で切断が起こりやすい．

$$(M-N)\cdot^{\oplus} \longrightarrow M^{\oplus} + \cdot N$$

◆ 赤外線吸収

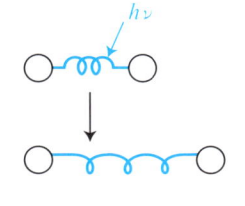

原理 分子は原子の球をバネで結んだような状態にあり，固有の振動をしている．（多原子分子では多くの振動モードがある．）この分子の振動の周波数は赤外線（$1.6 \times 10^{14} - 1.6 \times 10^{-13}$ Hzヘルツ），赤外分光学では周波数ではなく1cmあたりに含まれる波の数＝波数を使う．周波数＝波数×3×10^{10} Hz．）の範囲にあり，ちょうど周波数の一致した赤外線がくると共鳴して赤外線のエネルギーを取り込み，大きな振幅で振動するようになる．すなわち，分子は自己のもつ振動と同じく周波数の赤外線を吸収する．

分子の振動は球の重さ（原子の種類）と，バネの強さ（二重結合の方が単結合よりバネが強い）によって決まる．すなわち，原子団（官能基）は特定の振動数で振動することが多く，官能基に特有な領域の赤外線を吸収する．

得られる情報

(1) **官能基**　赤外吸収の最大の利用は官能基の検出である．官能基は特性吸収をもつ．$>C=O$ は $1800\sim1600\,cm^{-1}$ に吸収をもつが，ケトン，アルデヒド，カルボン酸，エステルなど構造に応じ少しずつ異なった振動を示すのでそれぞれを区別することもできる．

振動は伸縮だけでなく変角もある（伸縮よりも低波数……低振動数）．したがって一つの官能基をいくつかの特性吸収の存在によって確かめることになる．

(2) **骨格**　赤外吸収スペクトルは炭素骨格についての情報をそれほど多くは与えない．しかし，CH_3- の存在，ベンゼン環の存在，さらにベンゼン置換体では o-, m-, p- 異性体のいずれかなどの判定に役立つ．

置換ベンゼンに特有なIR	
一置換ベンゼン	$770\sim730\,cm^{-1}$
	$710\sim690\,cm^{-1}$
o-二置換ベンゼン	$770\sim735\,cm^{-1}$
m-二置換ベンゼン	$810\sim750\,cm^{-1}$
	$710\sim690\,cm^{-1}$
p-二置換ベンゼン	$840\sim810\,cm^{-1}$

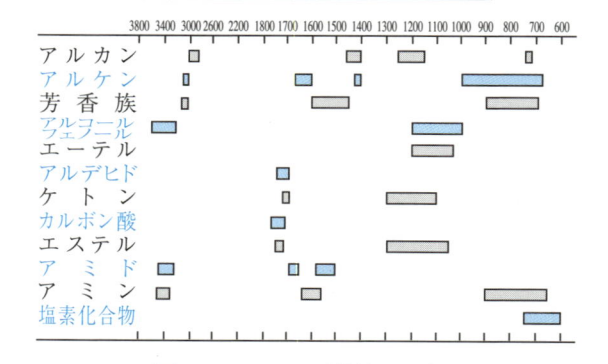

図19.2　グループ特性の吸収

◆ **核磁気共鳴吸収**

原理　ある種の原子核（^1H, ^{13}C, ^{15}N など）は磁性をもつ……核磁子（^{13}C は磁性をもつが ^{12}C は磁性をもたない）．磁性をもった微小なもの（原子・分子）が磁場の中に置かれると，微小磁石が外部磁場と逆方向をもつ安定形と，同方向をもつ不安定形に分かれる（ゼーマン（Zeeman）効果の一種）．

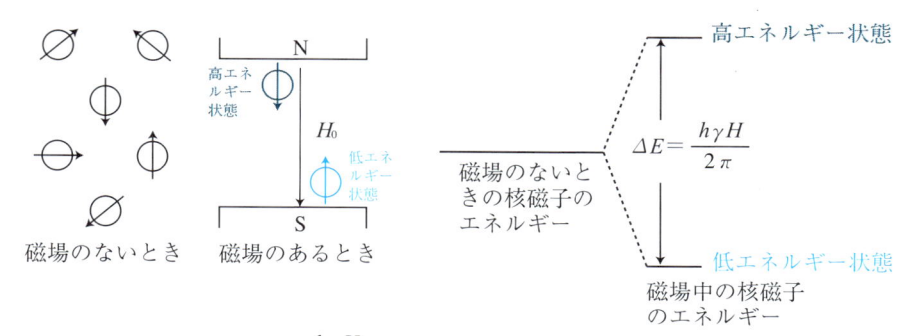

このエネルギー差 $\Delta E = \dfrac{h\gamma H}{2\pi}$ (γ は核の磁気回転比……核種によって決まる)は核磁子に作用している磁場 $H = H_0 + H_1$ (H_0は外部からかけた磁場；H_1は分子の中の電子によって局所的に作られる磁場)に比例する．磁場の中に置かれた核磁子は $\Delta E = h\nu$ で決められるνの振動数の光(この場合はラジオ波)を吸収し，磁場に逆らった方向に向きをかえる．これが核磁気共鳴吸収である．

エネルギー差は分子内の局所磁場に関係しているので，電子的環境の異なる核種はそれぞれ異なった位置に吸収をもつ(**化学シフト**)．

ジエチルエーテルの^{1}H－NMRの例について説明する．

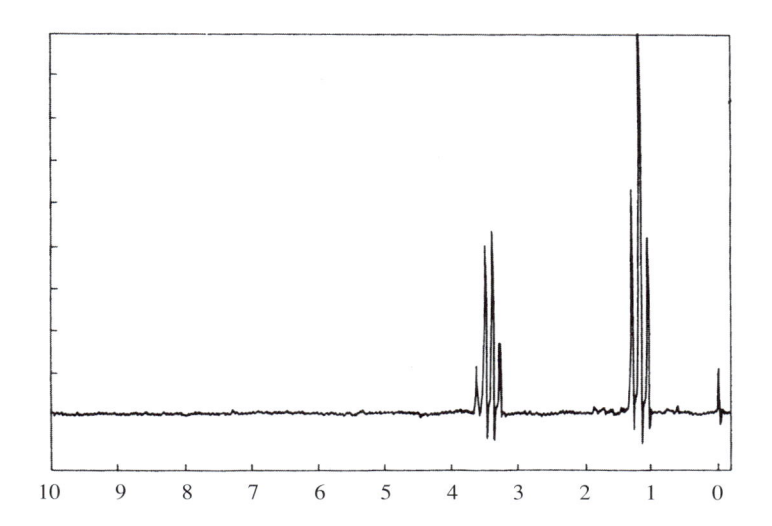

チャートの右側にあるほど分子内の局所磁場による外部磁場の打消しが大きいことを意味するように決めてある．核のまわりの電子は外部磁場を打ち消す向きに磁場を作るので，チャートの右側に出る吸収は電子を多くもつ核に基因する．ジエチルエー

テルではOが電子を求引してしまうのでOに遠いものほど右側に吸収をもつ，吸収がどの位置にあるか（化学シフト）によってまわりの電子状態（それは官能基によって決まる）がわかる．

NMRのもう一つの特徴は**スピン－スピン結合による吸収線の分裂**である．これはある核種のNMR吸収が周囲（近いものほど影響が大きい）の核磁子の影響を受け分裂するものである．くわしい原理は専門書について見て頂くことにして，ジエチルエーテルについて見ておく．

まずaのHに対するbのHの影響を考える．bのHは2個あるがそのスピンの方向は，全部が外部磁場と逆，一つが順・一つが逆，全部が順の三つの組合せがある．また一つ順・一つ逆の場合は二つのスピンのどちらが順になるかで二つの場合がある．このような隣のスピンの影響を受けて，吸収線の分裂が起こる．一つ順・一つ逆の場合は二つの組合せが可能なので2倍の強度をもつことになる．

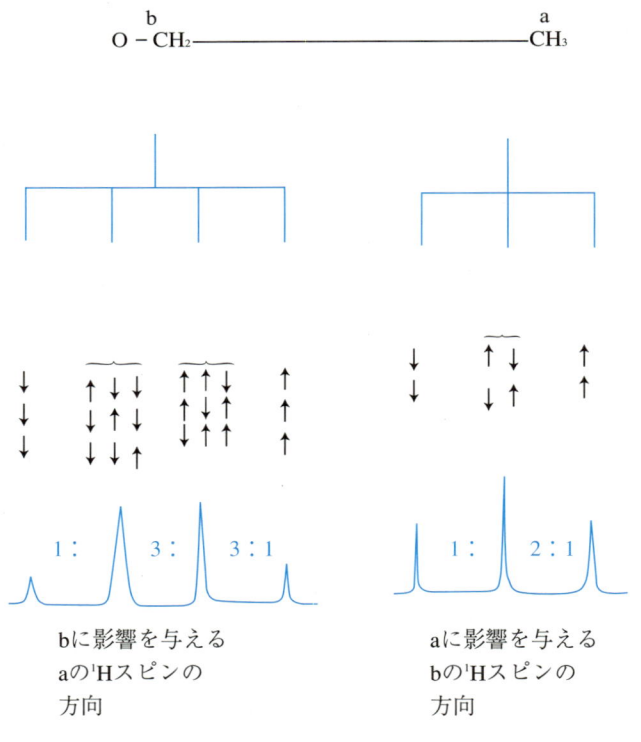

$$\overset{b}{O-CH_2}\text{————————}\overset{a}{CH_3}$$

bに影響を与える
aの^{1}Hスピンの
方向

aに影響を与える
bの^{1}Hスピンの
方向

図19.3

bに対するaの影響であるが，aが3個のHのスピンの方向には四つの場合があり，それぞれ，図に示した組合せがあり，1：3：3：1の4本に分裂することになる．

NMRから得られる第三の情報は吸収線の原因となる核の数と**吸収線**の**面積**（機械に内蔵されている積分計で自動的に測定される）が比例することである．特に^{1}H－NMRでは信頼性がかなりあって，Hの数の関係から構造解明の手掛りをつかめることも稀ではない．ただし，^{13}C－NMRでは必ずしもこの関係は成り立たないので注意を要する．

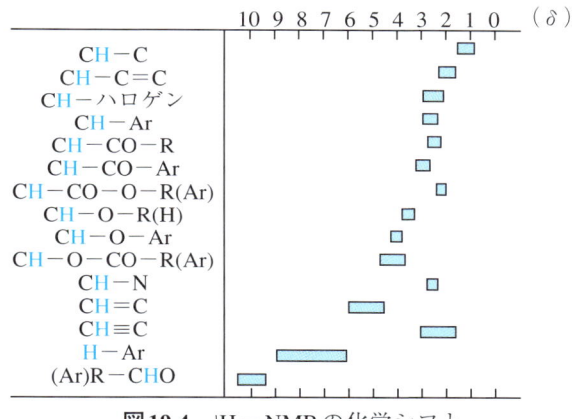

```
            10 9 8 7 6 5 4 3 2 1 0 (δ)
   CH-C
   CH-C=C
   CH-ハロゲン
   CH-Ar
   CH-CO-R
   CH-CO-Ar
   CH-CO-O-R(Ar)
   CH-O-R(H)
   CH-O-Ar
   CH-O-CO-R(Ar)
   CH-N
   CH=C
   CH≡C
   H-Ar
   (Ar)R-CHO
```

図19.4　^{1}H－NMRの化学シフト

◆ **紫外（UV）・可視光の吸収**　波長200〜800 nmの領域で吸収であり，400〜700 nmは可視領域であって，この領域に吸収のある物質は"色がついている"．可視・紫外光の吸収によって分子内の電子が内側のエネルギーの低い軌道から，外側のエネルギーの高い空いた軌道へたたき上げられる．吸収光の波長は電子軌道のエネルギー差による．紫外・可視吸収の波長（したがって，電子のつまった軌道と空の軌道のエネルギー差）は共役系の性質による．一般に共役系が長いほど吸収は長波長になる．非共有電子対をもつO，Nと共役系が共役しても吸収は長波長に移動する．

$CH_2=CH-(CH=CH)_{n-2}-CH=CH_2$の吸収は共役系の二重結合の数$n$が大きくなると長波長に移動する．同時にモル吸光係数[†]も大きくなる．

$n=$	1	2	3	4	5	6
λ_{max}	180	217	268	304	334	364

[†] **モル吸光係数**　物質による光吸収の強さを表す物質に固有の量．ランベルト-ベール（Lambert-Beer）の法則の比例定数 ε をいう．$\log \dfrac{I_0}{I} = c\,\varepsilon\,l$．ここで I_0：入射光強度，I：透過光強度，c：溶液のモル濃度，l：溶液の厚さ．

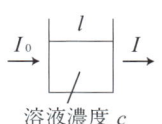

$>$C=O も吸収の原因となる．アルデヒド，ケトンは300 nm付近に弱い吸収をもつ．ただし，強度は小さくモル吸光係数は10〜100程度はある．しかし，－COOH，－COORは200 nm以上に吸収をもたない．

紫外・可視吸収が最も有用であるのはベンゼン誘導体においてである．ベンゼンは250 nm付近に吸収をもつ．これに－OH，－NH$_2$などの非共有電子対が共役すると吸収は長波長に移動し，モル吸光係数も大きくなる．吸収の極大波長は，

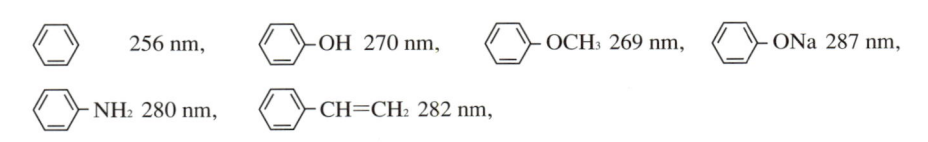

C$_6$H$_6$ 256 nm， C$_6$H$_5$－OH 270 nm， C$_6$H$_5$－OCH$_3$ 269 nm， C$_6$H$_5$－ONa 287 nm，

C$_6$H$_5$－NH$_2$ 280 nm， C$_6$H$_5$－CH=CH$_2$ 282 nm，

19.4 官能基の検出法

以下にいくつかの官能基について，その検出法の重要なものをまとめた．反応については，第7章—第14章の記述や，適当な教科書，参考書について，スペクトルについてはp.170に挙げた参考書についてくわしいことを知り，理解を深めてほしい．

ここでは本章の問題を解くための簡単なまとめに止めてある．

◆ **炭化水素基**

IR ：3000-2850 cm^{-1}（C－H伸縮振動）；CH$_3$基1450, 1385 cm^{-1}，－CH$_2$－基1465 cm^{-1}（変角振動）

^{1}H－NMR：δ 2〜0

◆ **二重結合**

反応：Br$_2$と反応しBr$_2$の赤褐色を消す．KMnO$_4$によって酸化され，KMnO$_4$の紫色を消す．

UV ：共役系H(CH=CH)$_n$Hではnが大きくなるとUV吸収が長波長へシフトする．

IR ：3100-3000 cm^{-1}（C－H伸縮振動）．飽和の場合は3000 cm^{-1}以下，不飽和（二重結合，芳香族）では3000 cm^{-1}以上．

^{1}H－NMR：δ 6-4.5

^{13}C－NMR：δ 120付近

◆ **アリール基（芳香族炭化水素基）**

UV ：紫外部から可視部にかけていくつかの吸収をもつ．環についた官能基，多環式化合物では環の個数によって吸収波長が変化する．

IR ：3100-3000 cm^{-1}（C－H伸縮），1630-1590，1520-1480，900-650 cm^{-1}（C－H面外変角振動），一置換ベンゼン(770-730，710-690 cm^{-1})，ジ置換ベンゼン(o-体770-735；m-体810-750；p-体860-800 cm^{-1})の区別ができる．

^{1}H－NMR：ベンゼン環のπ電子の環電流のため低磁場に吸収をもつδ 9-6 置換基によって影響を受ける．

^{13}C－NMR： δ 140-125

MS ： 芳香環のつけ根で結合が切断する場合が多い．

◆ **アルコール**

反応：ルーカス（Lucas）テスト（$ZnCl_2$を触媒にして濃塩酸を作用させるとRClが生成する．ROH + HCl $\longrightarrow$ RCl）；硝酸セリウムで赤色の呈色（色の原因となる色素は単離されていない）；第一，第二アルコールは$KMnO_4$で酸化される．

$(CH_3CO)_2O$, C$_6$H$_5$-COCl, 3,5-$(O_2N)_2$C$_6$H$_3$-COCl などと反応してエステルを生成．

結晶性のエステルを作り融点測定することによって同定することができる．

IR ： 3650-3450 cm^{-1}（O－H伸縮振動），1200-1000 cm^{-1}（C－O伸縮振動）

◆ **ハロゲン**

反応：分子の中にハロゲンを含むことは，試料をNaと融解しハロゲンをハロゲン化物イオンにかえ，$AgNO_3$で検出する．

IR ： C－F（1400-1000 cm^{-1}），C－Cl（800-600 cm^{-1}），C－Br（600-500 cm^{-1}），C－I（～500 cm^{-1}）

^{1}H－NMR： HC－ハロゲンのHはδ 4.5-2に吸収をもつ．

MS ： 同位体の存在によりハロゲンの種類・数が容易にわかる．

^{1}H－NMR： OHのHのNMRは水素結合の状況によって左右され，一定の位置に出ることが少なくまた吸収はシャープでない．H－COHのHはδ 4-3.4に吸収をもつ．

^{13}C－NMR： δ 80-40（Oに結合した^{13}C）

◆ **フェノール**

反応：酸性，弱い酸，無置換のものはNa_2CO_3と反応し溶けるが，$NaHCO_3$とは反応しない．$FeCl_3$と錯体を形成し呈色（赤，紫，青，緑などフェノールの構造に応じて色がかわる）．Br_2と反応し（求電子反応容易）ブロモ化合物の結晶を生成する．

IR ： アルコールとほぼ同じ．

◆ **アルデヒド・ケトン**

反応：非共有電子対をもつN化合物，たとえば，C$_6$H$_5$-NHNH$_2$，2,4-$(O_2N)(NO_2)$C$_6$H$_3$-NHNH$_2$，$H_2NCONHNH_2$，$HONH_2$などと反応，結晶性誘導体を作る．融点測定によって同定に利用する．

ケトンになくアルデヒドに特有な反応に，フェーリング試薬（Cu（II）の酒石酸錯体）の還元，銀鏡反応（$Ag^{\oplus}$の還元によるAgの生成）がある．

IR ：ケトン～1725-1705 cm^{-1}，アルデヒド1740-1720 cm^{-1}に強い吸収（C＝O伸縮振動）

^{1}H－NMR：H－C＝O，δ 10-9．H－C－C＝O，δ 3-2．

^{13}C－NMR：C＝O，δ 230-170

MS ：C＝Oの両側で切れやすい．

◆ カルボン酸

反応：酸性（NaHCO$_3$, Na$_2$CO$_3$と反応してCO$_2$を発生．NaOHとはもちろん反応する．）．
エステルの生成，特に Y-⟨⟩-CH$_2$Br, Y-⟨⟩-COCH$_2$Br （Y＝H, Br, NO$_2$）と反応すると結晶性エステルを生成．RCOOH $\xrightarrow{SOCl_2}$ RCOCl でRCOClとしたあとアルコール，アミンと反応させ，エステル，アミドを作らせる反応も利用される．

IR ：3000-2500 cm^{-1}（一連の小吸収帯，1760 cm^{-1}（単量体），1710 cm^{-1}（二重体））

^{1}H－NMR：COOHのHはアルコールのOHと同様に水素結合の状況に左右される．
　　　　　　H－C－COOH，δ 2.7-2.0

^{13}C－NMR：COOH，δ 190-160

◆ エステル・アミド

反応：加水分解してカルボン酸が生成することを利用する場合が多い．エステル交換
　　　エステル ⇌ アミドの変換反応も利用される．

IR ：エステル1735，1300-1050 cm^{-1}
　　　アミド1690-1650，3500-3200 cm^{-1}

^{1}H－NMR：H－C－COOR，δ 2.1．－COOC－H，δ 5.1-3.7．
　　　　　　H－C－CONH$_2$，δ ～2.2．

^{13}C－NMR：δ 180-150

MS ：╉CO╉O╉ のいずれも切断しやすい．

◆ アミン

反応：塩基性（酸にとける）．亜硝酸と反応させると，アミンが脂肪族か芳香族か，またアミンが第一，第二，第三アミンのいずれかによって異なる反応を示す．これによってアミンの性格を知ることができる．

IR ：3500-3300 cm^{-1}（N－H伸縮振動），1360-1030 cm^{-1}（C－N伸縮振動）

^{1}H－NMR：NH$_2$のHの吸収はOHのそれと同じく水素結合によって左右される．
　　　　　　H－C－N，δ 3-2

^{13}C－NMR：C－N，δ 80-20

── 例題 1 ──
つぎの化合物は (a) ^{1}H-NMRスペクトルによって，(b) IRスペクトルによって，(c) 質量スペクトルによってどのように識別されるか．
CH_3COCH_3 (**A**)，　CH_3COOCH_3 (**B**)，　CH_3OCH_3 (**C**)

【解答】 (a) **A**，**B**，**C**はすべてCH_3基をもつがCH_3のH-NMRの隣接の基によって異なる化学シフトをもち，容易に識別される．

$\underline{CH_3}COCH_3$ (**A**)　　$\underline{CH_3}COO\underline{CH_3}$ (**B**)　　$\underline{CH_3}O\underline{CH_3}$ (**C**)
　　δ=2.08　　　　δ=2.01　δ=3.65　　　δ=3.24

一般にCH_3-O (**B**のアルコール部分，**C**) はCH_3-CO (**B**の酸部分，**A**) よりも低磁場側 (大きなδ) に吸収をもつ．**A**，**B**，**C**のいずれにおいてもCH_3に結合した原子がHをもたないため，それぞれの吸収線に分裂はなく一重線 (**B**は一重線が2本) となる．

(b) IRスペクトルは多数の吸収線をもち複雑であるが，その中で特徴のあるものに目をつけ識別の根拠にする．この場合はC=O，C-O-Cの伸縮振動による．

	C=Oの伸縮振動	C-O-C伸縮振動
CH_3COCH_3	1712 cm^{-1} (一般の直鎖ケトン～1715 cm^{-1})	
CH_3COOCH_3	1754 cm^{-1} (一般のエステル ～1735 cm^{-1})	1236, 1049 cm^{-1}
CH_3OCH_3		1176, 1169 cm^{-1}

C=Oの伸縮振動はケトンとエステルで異なっており，識別のためのよい材料となる．

(c) 質量分析，第一に分子ピーク (分子量に相当するピーク) が異なる．さらに，それぞれの結合切断は下のような場所で起こり，それぞれの分解のパターンから$CH_3O^{\oplus}$，$CH_3CO^{\oplus}$などを目印に識別することができる．

$CH_3 \dashv CO \dashv CH_3$　　$CH_3 \dashv CO \dashv O-CH_3$　　$CH_3-O \dashv CH_3$
15→　　　　　　　　15→　　　　　　　　　　31──→
43 ─────→　　　　43 ─────→

~~~ 問　題 ~~~

1.1 つぎの各組の化合物は，それぞれに指示するスペクトルで，どのような違いを示すと予想されるか．

(1) CH_3COCH_3, CH_3CONH_2 (IR)

(2) ⌬-COOCH$_3$, ⌬-COOH (^{1}H-NMR)
　　　OH　　　　　OCOCH$_3$

(3) ⌬-COCH$_3$,　⌬-CH$_2$CHO (MS)

―― 例題 2 ――

つぎの二つの化合物は ^1H-NMR スペクトルによってどのように識別されるか.

$$\underset{a}{CH_3}\underset{}{COO}\underset{b}{CH_2}\underset{c}{CH_3}, \quad \underset{d}{CH_3}\underset{}{COO}\underset{e}{CH}\underset{f}{(CH_3)_2}$$

【解答】 両者とも酢酸エステルなので，CH_3CO- 部分の a，d の NMR には大きな違いはない．しかし，アルコール部分が異なるので両者は区別される．特に間接スピン相互作用と吸収の強さ（吸収ピークの面積）が識別の基礎となる．

$$-O\underset{b}{\overset{}{-\!\!-\!\!-\!\!-}}CH_2\underset{c}{\overset{}{-\!\!-\!\!-\!\!-}}CH_3 \quad\quad -O\underset{e}{\overset{}{-\!\!-\!\!-\!\!-}}CH\underset{f}{\overset{}{-\!\!-\!\!-\!\!-}}(CH_3)_2$$

隣のC上に3個の H があるため 3+1 =4（本）に分裂. ピーク面積 2	隣のC上に2個の H があるため 2+1 =3（本）に分裂. ピーク面積 3	隣のC上に6個の H があるため 6+1 =7（本）に分裂. ピーク面積 1	隣のC上に1個の H があるため 1+1 =2（本）に分裂. ピーク面積 6

b と e，c と f の化学シフトには大きな違いはない．実際のスペクトルを下に示す．

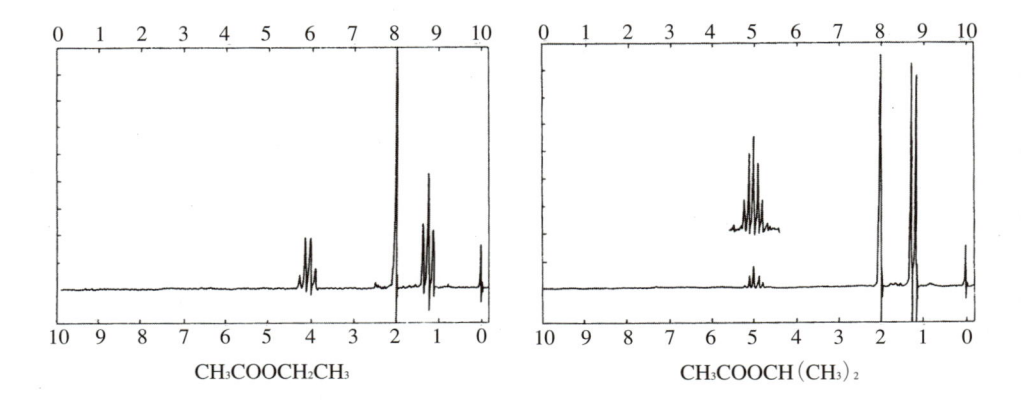

CH₃COOCH₂CH₃   CH₃COOCH(CH₃)₂

～～ **問　題** ～～

2.1 つぎの各組の化合物は ^1H-NMR スペクトルによってどのように識別されるか.
　　(1)　$CH_3CH_2OCH_2CH_3$,　　$CH_3CH_2COCH_2CH_3$,　　$(CH_3)_2CHCOCH(CH_3)_2$
　　(2)　$CH_3COOCH_2CH_3$,　　$CH_3CH_2COOCH_3$

2.2 つぎの実験事実より化合物の構造を推定せよ
　　(1)　分子式 C_5H_{10} で ^1H-NMR は $\delta = 1.50$ に唯1本.
　　(2)　分子式 $C_3H_6O_2$ で，^1H-NMR は $\delta = 3.65, 2.01$ にそれぞれ面積に等しい1本線.

― 例題 3 ―

つぎの各組の化合物は，それぞれに指示するスペクトルでどのような違いを示すと予想されるか．

(1) ⬡-COOH, ⬢-COOH （UV）

(2) $CH_2=CH-CH=CH-CH=CH_2$, $CH_2=CH-CH_2-CH=CH_2$ （UV）

(3) $CH_3COOCH_2CH_3$, $CH_3CH_2COOCH_3$ （MS）

(4) $CH_3CH_2CH_3$, CH_3Cl （MS）

(5) ⬢=O, ⬡=O （IR）

【解答】（1） 共役系の長い化合物ほど長波長に紫外・可視吸収をもつ．ベンゼン環をもつものは 250 nm よりも長波長の領域に強い吸収をもつ．これに対し，脂肪族・脂環式化合物は 200 nm よりも長波長には吸収がない．また，COOH は UV 吸収にあまり寄与しない．⬡-COOH は 227.5，271.5，279 nm（CH_3OH 溶液）に吸収をもつが，⬢-COOH は近紫外領域に特徴ある吸収をもたない．

（2） $CH_2=CH-CH=CH-CH=CH_2$ は三つの二重結合がすべて共役しており，紫外部 268 nm に吸収をもつ．$CH_2=CH-CH_2-CH=CH_2$ は二つの二重結合がそれぞれ孤立しており，通常の紫外吸収測定装置（200 nm 以上測定可能，これ以下の波長の光は O_2 によって吸収されてしまうので，200 nm 以下の波長の吸収を測定するためには特別な装置が必要である．）で測定される波長範囲には吸収をもたない（孤立二重結合は 180 nm に吸収をもつ）．

（3） 両者は異性体なので，分子ピーク（分解を伴わないイオン 1 分子量に相当する m/z をもつ）は同じになる．しかし，分解ピークのパターンが異なることから両者は区別される．主な分解様式は

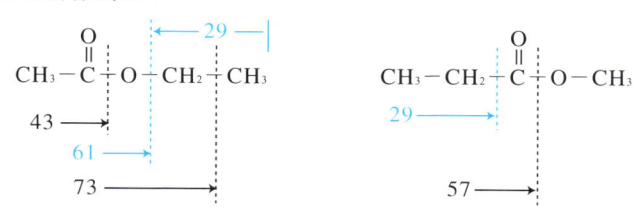

$$CH_3-\underset{43 \rightarrow}{C}(=O)-\underset{61}{O}-\underset{73 \rightarrow}{CH_2}|-CH_3 \quad \leftarrow 29 \rightarrow$$

$$CH_3-CH_2-\underset{29 \rightarrow}{C}(=O)|-O-CH_3 \quad 57 \rightarrow$$

実際のスペクトルでは H が 1 個転位するので 58 が大きなピークとして出る．

エステルは C=O と O の間で切れやすく，大きなピークである $CH_3COOCH_2CH_3$ の m/z 43，$CH_3CH_2COOCH_3$ の m/z 57 の存在によって両者の区別ができる．

(4) 分子ピークのm/zが異なることでも区別ができるが，CH_3Clが塩素を含むことがMSからわかる．Clは^{35}Cl 75％，^{37}Cl 25％の混合物であり，Cl 1個を含むMSはm/zで2だけ異なるところに3：1の比のピークの対を作る．特に分子ピークについて，m/z 2大きいところに大きなピークを観測することはCl（Brも同様 ^{79}Br：^{81}Brは約50：50）存在のよい証拠となる．

(5) C＝Oの伸縮振動は二重結合と共役することにより長波長（低波数）に移動する．C＝Oの伸縮振動は

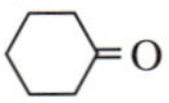

（シクロヘキサノン）＝O 1712 cm^{-1} （シクロヘキセノン）＝O 1690 cm^{-1}

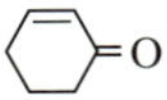

である．C＝Oの伸縮振動は強度が大きく，非常に目立っており，構造決定のためのよい目印になる．

～～ 問　題 ～～

3.1 つぎの各組の化合物は，それぞれ指示するスペクトルでどのような違いを示すと予想されるか．

(1)  ベンゼン， シクロヘキセン （UV）

(2) CH_3-（C$_6$H$_4$）-OH， （C$_6$H$_5$）-CH_2OH （UV）

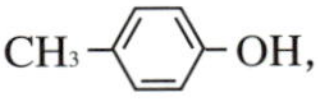

(3) $CH_3CH_2NH_2$，$(CH_3CH_2)_3N$ （IR）

(4) 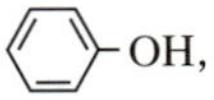 （C$_6$H$_5$）-OH， （C$_6$H$_5$）-O-（C$_6$H$_5$） （IR）

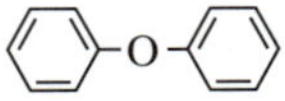

(5) CH_2Cl_2，$CHCl_3$ （NMR）

3.2 （C$_6$H$_5$）-CH_2Cl と CH_3-（C$_6$H$_4$）-Cl はMSによって識別することが困難である．その理由を考えよ．

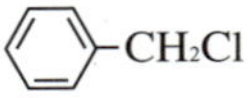

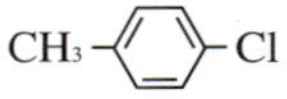

─ 例題 4 ─

つぎの実験事実から化合物Xの構造を決定せよ．
未知化合物Xは塩素を含む．Xに2,4-ジニトロフェニルヒドラジンを作用させると黄色の結晶を生じる．しかし，フェーリング試薬とは反応しない．^{1}H−NMRスペクトルは図のようになる．

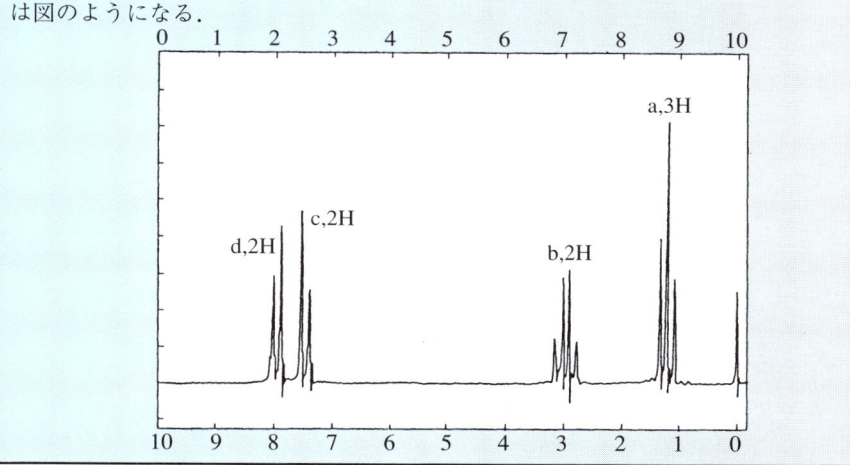

【解答】 2,4-ジニトロフェニルヒドラジンと反応することからアルデヒドあるいはケトンであることが推定され，さらに，この化合物がフェーリング試薬と反応しないことはXがアルデヒドでなく，ケトンであることを示す．

クロロケトンであることを頭においてNMRを見ていく．この化合物にエチル基が存在することが，aの3本線とbの4本線の組からわかる．NMRスペクトルの分裂は隣の原子についたHの核スピンの影響によって起こるが，CH$_2$のHは隣のCH$_3$の3個のHによって3＋1＝4本に分裂する．一方，CH$_3$は隣のCH$_2$の2個のHによって2＋1＝3本に分裂する（p.176参照のこと）．aの面積とbの面積の比は3：2になり，帰属されるHの数の比になっている．

ところで，4本線，3本線の組合せは−CH$_2$CH$_3$の存在を示すが，エチル基は何に結合しているのであろうか．これに対する解答はbの化学シフトδ＝2.95（4本線の中央で示す）から得られる．すなわち，図19.4の6行目のC**H**COArの化学シフトの範囲にあり，エチル基が $\supset$C＝O に直接結合していることがわかる．

つぎに $\supset$C＝O に結合するもう一つの基について検討する．Xが芳香環をもつことはδ＝7〜8の吸収によってわかる．これがc，dの2本線の組になっていることに注目しよう．2本線は隣の原子が1個のHをもつことを示す．すなわち，2本線の二つの組は
$$-\overset{H}{\underset{|}{C}}-\overset{H}{\underset{|}{C}}-$$

のつながりがあり，かつその両側につく原子はHをもたないことを示す．XがClを含むことを考えると，NMRのc, dは Cl-C₆H₄-C(=O)-CH₂CH₃ のように帰属される．ベンゼン環のHが2本，2本の組に分裂していることはp-置換体であることを示している．p-置換体のときは2個のH^c，と2個のH^{d}はそれぞれ同じ環境にあって同じところに吸収をもつ．p-置換体のときにはP-CH-CH-Q（P, QはHをもたない原子）の条件を満たす．

以上総合すると

$$Cl-C_6H_4-COCH_2CH_3$$

なお，aとb，cとdそれぞれの化学シフトの差が小さいときは間接スピン相互作用は働かず1本線になってしまう．本問の場合はbは ⊃C=O によって強く電子を引かれて，aよりも遮蔽の小さい状況にあること，c, dはそれぞれ性格の異なる ⊃C=O ，-Clの近くにあり電子的環境が異なるため，a, b, c, dの化学シフトが異なり，非常にわかりやすいスペクトルになったのである．

～～～ 問　題 ～～～

4.1 $C_9H_{21}N$ という分子式をもつアミンのNMRスペクトルが下図である．このアミンの構造を推定せよ．

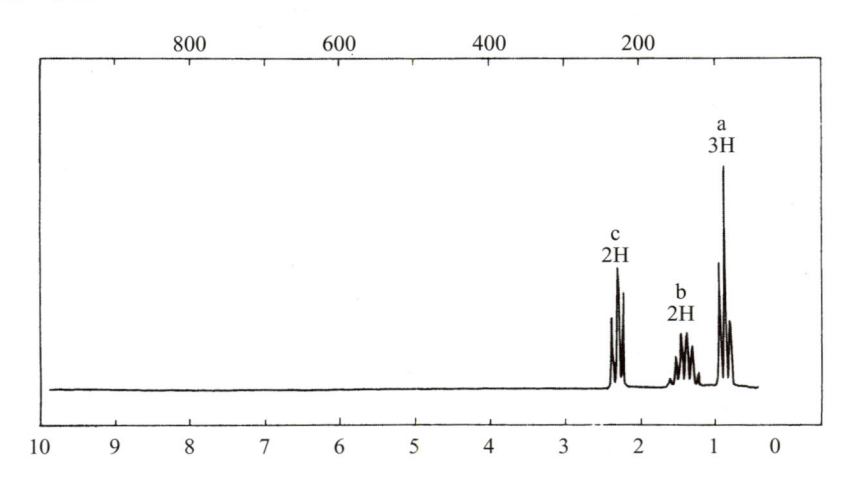

4.2 下図はニコチン酸エチルエステルの ^{1}H−NMR スペクトルである．おのおのの吸収を帰属せよ．

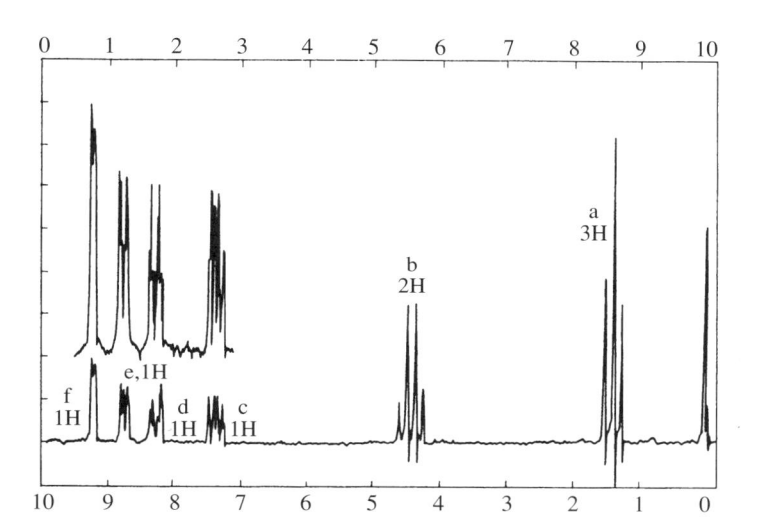

$$\text{(ニコチン酸エチル)}$$

4.3

$$\text{CH}_3\text{-C}_6\text{H}_4\text{-CH}_3 \text{ (o-, m-, p-)}$$

はUV，^{1}H−NMR，MSによっては識別することが困難である．この理由を考えよ．

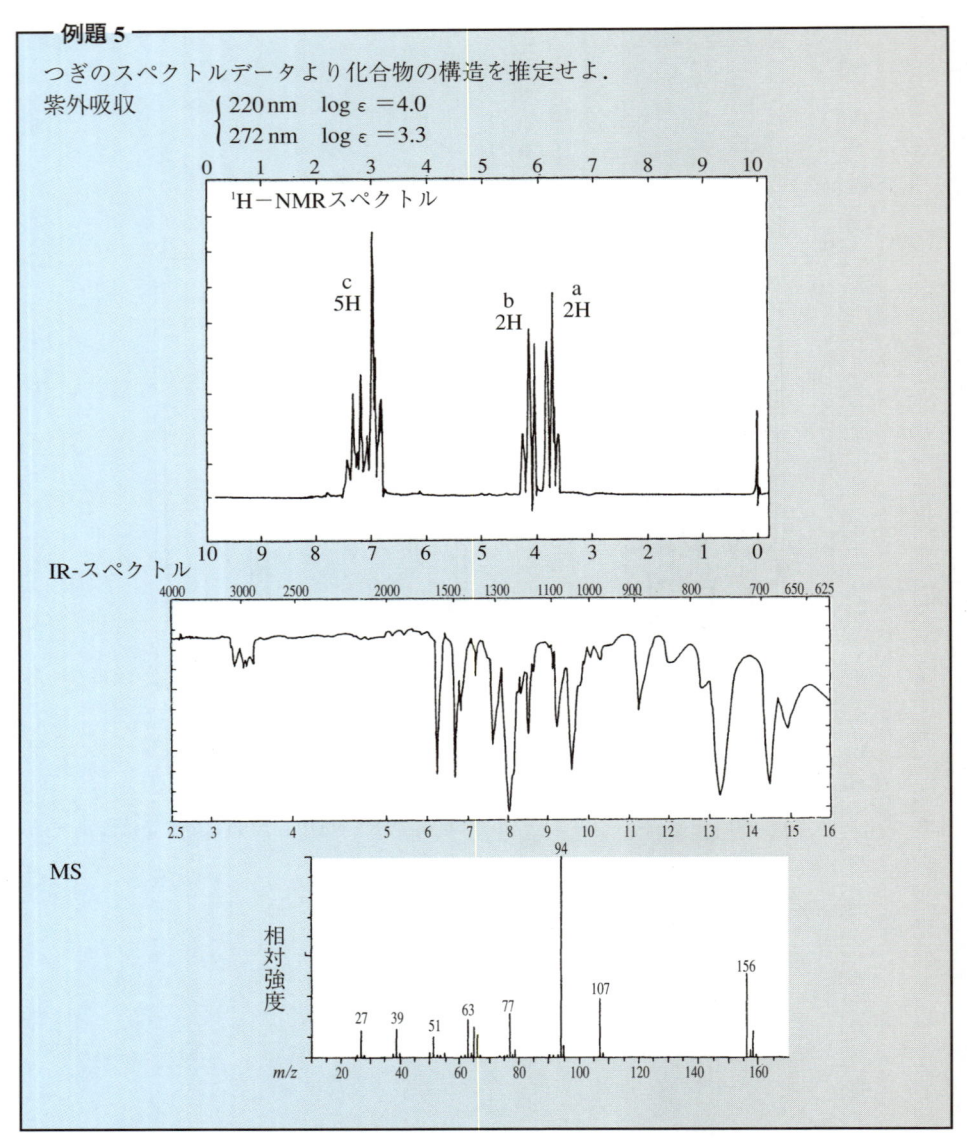

例題 5

つぎのスペクトルデータより化合物の構造を推定せよ.

紫外吸収 $\begin{cases} 220\,\mathrm{nm} & \log \varepsilon = 4.0 \\ 272\,\mathrm{nm} & \log \varepsilon = 3.3 \end{cases}$

$^1\mathrm{H}$-NMRスペクトル

IR-スペクトル

MS

【解答】 紫外部の272 nmの強い吸収,NMRの$\delta=7\sim8$の吸収はこの化合物が芳香環をもつことを示している.また,MSの$m/z=77$のピークは〈ベンゼン環〉によるものである.NMRでベンゼン環のHに帰属できるピークの面積が5であること,IRの低波数領域に大きな二つのピーク(752, 692 cm^{-1})があることも一置換ベンゼンの構造を示している.

つぎにMSに注目しよう．分子イオンピークは156であるが，それよりm/zで2大きい158にかなり大きいピーク（156と158のピーク比は1：0.32）があり，塩素が1個含まれていることがわかる．IRの671 cm^{-1}の吸収はC－Clに帰属できそうである．

再びNMRに目を転じよう．δ＝3-5の二つの吸収線はそれぞれ3本に分裂しており，－CH$_2$－CH$_2$－の構造があることを示している．

分子イオンピークのm/z＝156から ⌬－, －CH$_2$CH$_2$－, Clを差し引くと残りは16でOが含まれている可能性がある．MSを見ると94に一番大きいピークがあるが，これは(⌬－O＋H)$^{\oplus}$（H1個は分解の際転位してきたもの）を考えられる．紫外吸収でも272 nmに強い吸収があり ⌬－ と共役しうる基があることを示しており ⌬－O－ はこの条件に合う．

以上を総合すると，⌬－OCH$_2$CH$_2$Clであることが推定される．この構造をもとに改めてNMR, MSを検討すると

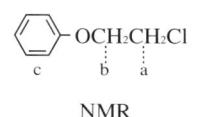

⌬－OCH$_2$CH$_2$Cl
    c   b a

NMR

⌬－O┊CH$_2$┊CH$_2$－Cl
77→
94 ＋H
107─────→
      MS

のように帰属される．a, b, cの化学シフトは図19.4から考えて妥当なものである．構造決定のときは一つのスペクトルにこだわらず，全体を有機的につなげて考えていく．

問題

5.1 つぎのスペクトルデータより化合物の構造を決定せよ.

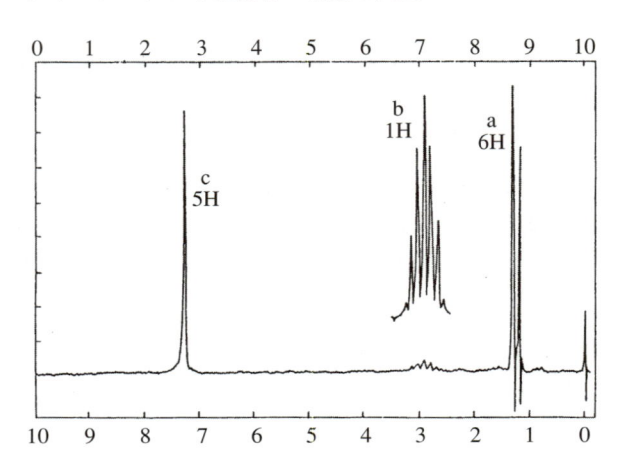

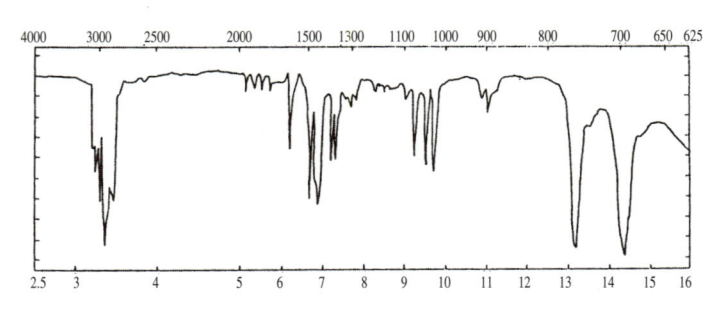

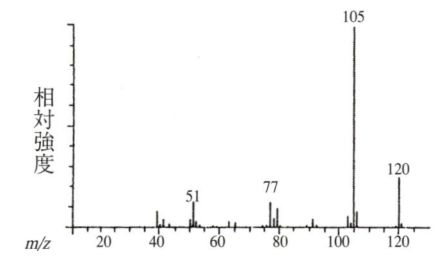

ピーク:
- a: 6H (約1.2 ppm)
- b: 1H (約2.8 ppm, マルチプレット)
- c: 5H (約7.2 ppm)

質量スペクトル: m/z = 51, 77, 105, 120

問題解答

1章の解答

1.1 (1) ethyne（エチン） (2) 2-methyl-1,3-butadiene（2-メチル-1,3-ブタジエン） (3) methanal（メタナール） (4) 1,2,3-propanetriol（1,2,3-プロパントリオール） (5) chloroethene（クロロエテン）．Clの位置を表現しなくても化合物の形は一意的に決まってしまう． (6) trichloromethane（トリクロロメタン）

1.2 (1) ethanol（エタノール）．基官能命名法のethyl alcohol（エチルアルコール）でもよい．基官能命名法の英語名ではethylとalcoholの間が切れているのに日本語名は切れ目なしなのに注意． (2) ethylamine（エチルアミン）．CAの命名法ではethanamine（エタンアミン）． (3) ethyl acetete（酢酸エチル），酢酸とエタノールのエステル．酢酸はエタン酸でもよいからethyl ethanoate（エタン酸エチル）でもよい．

2.1 (1) $\underset{4}{CH_3}\underset{3}{C}=\underset{2}{CH}\underset{1}{CHO}$ (CH₃分岐) 主基のアルデヒドを1番にして番号をつける．

(2) 3,5-ジニトロ安息香酸 (COOH, O₂N, NO₂) (3) 3-ブロモシクロヘキセノール (OH, Br) 主基OHの位置を起点にしているのでOHの位置番号は必要でない．

(4) $HOOC\underset{1}{C}H\underset{2}{C}H_2\underset{3}{C}H_2\underset{4}{C}H_2\underset{5}{C}OOH$ (CH₃分岐, 2位) -oic acidによる命名法ではCOOHを基本骨格の末端におき，COOHのCも骨格の一部として番号づけする．COOHは末端なので位置番号は不要．

(5) Br I O Br Cl Br 鎖状構造 (Cl, H置換)

3.1 (1) $HOOC\underset{1}{C}H_2\underset{2}{\overset{O}{C}}\underset{3}{C}H_2\underset{4}{C}H_2\underset{5}{OH}$ 主基は-COOH，COOHのCを1にして番号づけする．-COOH以外は接頭語として表現するが，>C=Oはoxo-, -OHはhydroxy-, 接頭語はアルファベット順に並べる．5-hydroxy-3-oxopentanoic acid, 字訳して，5-ヒドロキシ-3-オキソペンタン酸．

(2) 6-クロロ-4-アミノ-2-シクロヘキセンカルボン酸構造（COOH, Cl, NH₂付シクロヘキセン） 主基は-COOH，環に-COOHがついているので，-carboxylic acidの方が-oic acidの方式より便利．環に-COOHのついている位置を1にし，C=Cに小さい番号がつく方向に番号を付す．4-amino-6-chloro-2-cyclohexenecarboxylic acid. COOHは1個しかないので位置は1-位で特に示す必要がない．字訳して，4-アミノ-6-クロロ-2-シクロヘキセンカルボン酸．

(3) 主基は >C=O これが2個あり，六員環なので骨格と主基は 1,4-cyclohexanedione. これに Br，Cl が結合しているが bromo- の方が chloro- より優先するので，Br に小さい番号をつける．2-bromo-5-chloro-1,4-cyclohexanedione. 字訳して，2-ブロモ-5-クロロ-1,4-シクロヘキサンジオン．

2章の解答

1.1

(I') Cl—I, F, Br 下
(II') I—Br, F, Cl 下
(III') Br—Cl, F, I 下
(IV') I—F, Cl, Br 下
(V') F—Br, Cl, I 下
(VI') Br—I, Cl, F 下

(VII') Cl—F, Br 上, I 下
(VIII') F—I, Br 上, Cl 下
(IX') I—Cl, Br 上, F 下
(X') Br—F, I 上, Cl 下
(XI') F—Cl, I 上, Br 下
(XII') Cl—Br, I 上, F 下

例題1の解答の (I)–(XII) に対応してその鏡像になっている．

1.2 (1)–(5) の式を CH_3 が上，COOH が下にくるように置いて (6) と比べてみる．

(1) H—CH_3—COOH, NH_2 ≡ (四面体図 H, COOH, NH_2) → (四面体図 H_2N, H, COOH) ≡ H_2N—CH_3—H, COOH
(1')

たとえば，(1) は太線の CH_3–COOH を結ぶ稜を紙面上において (1') のように見る．このようにして (1) は (6) と逆の立体構造を表すことがわかる．(2)–(5) について同様の考察を行うと，(2)，(4)，(5) は (6) と同じ立体構造を表現していることがわかる．

2.1 (1) $CH_3\overset{*}{C}HCH_2CHCH_3$, CH_2CH_3, CH_3

CH_3—H, $CH_2CH(CH_3)_2$, CH_2CH_3 H—CH_3, $CH_2CH(CH_3)_2$, CH_2CH_3

└─── 鏡像異性 ───┘

(2) $CH_2ClCH_2\overset{*}{C}H\overset{*}{C}HClCH_3$, CH_2CH_3

C_2H_5—H, CH_2CH_2Cl / Cl—H, CH_3 H—C_2H_5, CH_2CH_2Cl / H—Cl, CH_3

└─── 鏡像異性 ───┘

C_2H_5—H, CH_2CH_2Cl / H—Cl, CH_3 H—C_2H_5, CH_2CH_2Cl / Cl—H, CH_3

└─── 鏡像異性 ───┘

(3)

$$\underset{\text{CH}_3\text{CCH}_2\text{C*HCH}_2\text{CCH}_2\text{Cl}}{\overset{\text{O}\quad\text{Cl}\quad\text{O}}{\|\quad|\quad\|}}$$

CH₂COCH₃ ― Cl / H ― CH₂COCH₂Cl   CH₂COCH₃ ― H / Cl ― CH₂COCH₂Cl
└─鏡像異性─┘

(4)

OH
|
(3-Cl-C₆H₄)―C*H―(4-Cl-C₆H₄)

3-Cl-C₆H₄ ― H / OH ― 4-Cl-C₆H₄   3-Cl-C₆H₄ ― HO / H ― 4-Cl-C₆H₄
└─鏡像異性─┘

3-Cl-C₆H₄ ― H / OH ― 4-Cl-C₆H₄ と 3-Cl-C₆H₄ ― H / OH ― 4-Cl-C₆H₄ とは異性体ではなく同じ立体構造であることに注意．太い線で示した結合は単結合で自由に回転できる．

3.1 (1)

COOH	COOH		COOH	COOH
H₂N―H	H―NH₂		H₂N―H	H―NH₂
HO―H	H―OH		H―OH	HO―H
COOH	COOH		COOH	COOH

└─鏡像異性─┘   └─鏡像異性─┘

(2)

CH₃ / H―Cl / CH₂ / CH₂ / Cl―H / CH₃   CH₃ / Cl―H / CH₂ / CH₂ / H―Cl / CH₃   CH₃ / H―Cl / CH₂ / CH₂ / H―Cl / CH₃
└─鏡像異性─┘   メソ形

(3)

CHO / HO―H / HO―H / HO―H / CH₂OH   CHO / H―OH / H―OH / H―OH / CH₂OH
└─鏡像異性─┘

CHO / H―OH / HO―H / HO―H / CH₂OH   CHO / HO―H / H―OH / H―OH / CH₂OH
└─鏡像異性─┘

CHO / HO―H / H―OH / HO―H / CH₂OH   CHO / H―OH / HO―H / H―OH / CH₂OH
└─鏡像異性─┘

CHO / HO―H / HO―H / H―OH / CH₂OH   CHO / H―OH / H―OH / HO―H / CH₂OH
└─鏡像異性─┘

不斉炭素の数が3であり立体異性体は$2^3=8$個あることになる．

(4)

```
   COOH          COOH          COOH          COOH
HO─┼─H        H─┼─OH        HO─┼─H        HO─┼─H
HO─┼─H        HO─┼─H        H─┼─OH        H─┼─OH
HO─┼─H        H─┼─OH        H─┼─OH        HO─┼─H
   COOH          COOH          COOH          COOH
  メソ形       └─鏡像異性─┘                   メソ形
```

問題 (4) の化合物は問題 (3) の化合物の両端を酸化した形．(3) の化合物は両端の基が異なっているので各構造は鏡像異性体をもつが，(4) の化合物は両端の基が同じなためメソ形が生じ立体異性体の数が減っている．

4.1 (1) $-C\equiv C-$ は直線構造で，立体異性の原因にならない．この化合物については不斉炭素に基づく鏡像異性体1組が存在する．

(2) エーテル部分は立体異性の原因にならない．

```
   CH3           CH3           CH3           CH3
H─┼─Cl        Cl─┼─H        Cl─┼─H        H─┼─Cl
   O             O             O             O
H─┼─F         F─┼─H         H─┼─F         F─┼─H
   COOH          COOH          COOH          COOH
└─鏡像異性─┘                 └─鏡像異性─┘
```

```
   CH3           CH3
   C≡C           C≡C
   │             │
   CH2           CH2
H2N─┼─H        H─┼─NH2
   COOH          COOH
  └─鏡像異性─┘
```

(3)

構造式 A, B, C, D

└─鏡像異性─┘ (BとC)

二つの二重結合についての配置が同じ（シス配置 (Z 配置) どうしの **A**, トランス配置 (E 配置) どうしの **D**）場合は中央のCは不斉にならず，鏡像異性は存在しないが，シス，トランスを1個ずつもつ場合は **B**, **C** のような鏡像異性体がある．

5.1 (1) Clを大，Fを中，Hを小とし各立体配座を図にすると

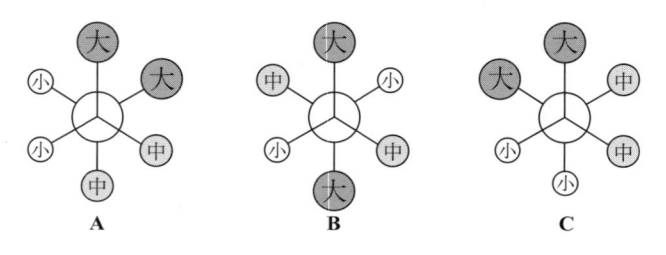

図 A, B, C（ニューマン投影式）

Bが最も混雑さが小，**A**，**C**は同じ．

(2) Brを巨大，Clを大，Fを中，Hを小として各立体配座を図示すると

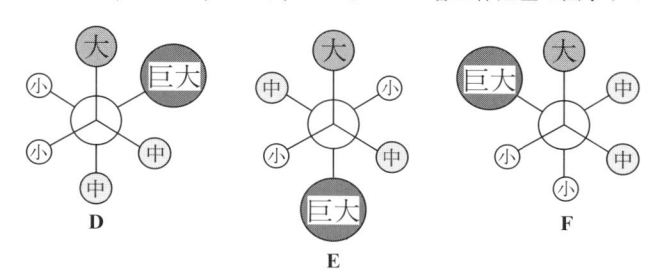

Eが最も混雑さが小，**D**，**E**は似ているが巨大なBrが小さなHの方によっている**F**の方が**D**より混雑の度合いが小さい．

6.1 (1) 四つの基の順位は$NH_2 > COOH > CH_3 > H$．右図のように④を下にもってきて，S配置．

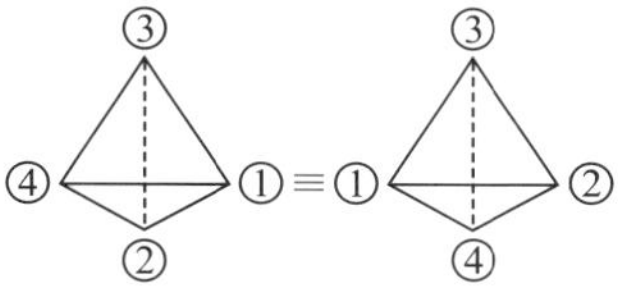

(2) 不斉炭素が2個あり，そのおのおのについてRとSを決める．不斉炭素 ⓐ について四つの基の順位は$OH > CH(NHCH_3)CH_3 > C_6H_5 > H$．下の図を参考にして，不斉炭素 ⓐ に関する立体配置は，R配置．

不斉炭素 ⓑ について四つの基の順位は$NHCH_3 > CH(OH)C_6H_5 > CH_3 > H$．下の図を参考にして，立体配置は，$S$配置．

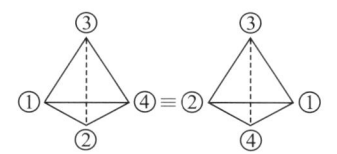

不斉炭素ⓐについての立体配置 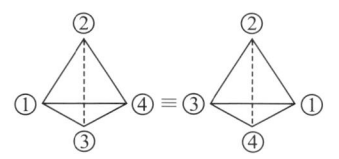   不斉炭素ⓑについての立体配置

(3) 四つの基の順位は$OH > COOH > CH(OH)COOH > H$．

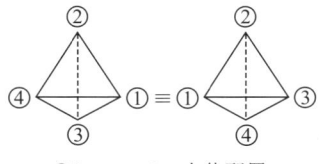

ⓐについての立体配置 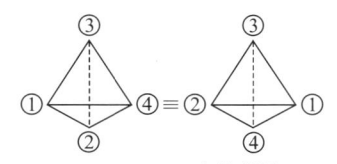   ⓑについての立体配置

ⓐ，ⓑ についての立体配置は上図のようになる．これからⓐ, R; ⓑ, R.

(4) (3)と同様にⓐ―ⓓのそれぞれについて立体配置を検討する．

ⓐ, R; ⓑ, S; ⓒ, R; ⓓ, R

ここで，ⓑ，ⓒ について結合している基の順位を決めるのにかなり距った原子まで考慮しなければならないことに注意．

6.2 (1) 順位　$CH_3>H$；$COOH>H$　この化合物では順位の高いのが反対側，E
(2) 順位　$CH_3>H$；$OH>CH_2CH_3$　この化合物では順位の高いのが同じ側，Z
(3) 順位　$Br>Cl$；$F>H$　この化合物では順位の高いのが反対側，E

3章の解答

1.1

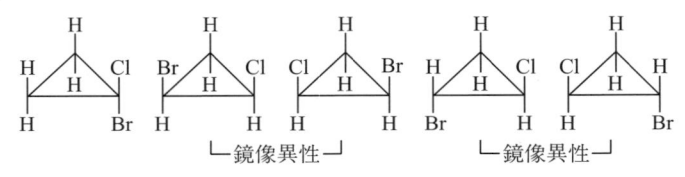

1.2 鏡像異性を―――でくくって示す．Hは省略した．

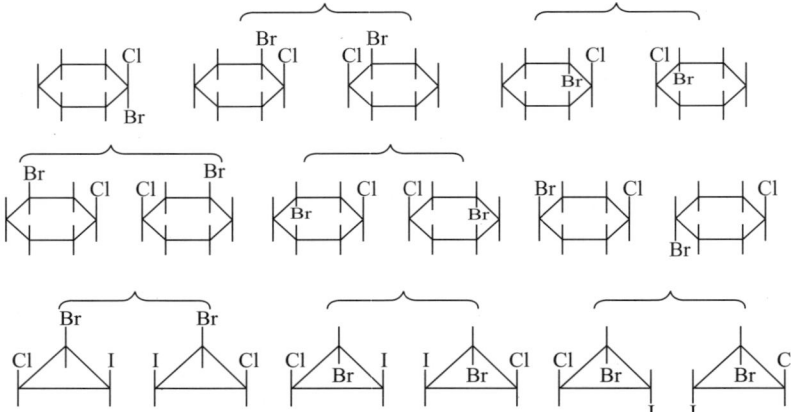

1.3

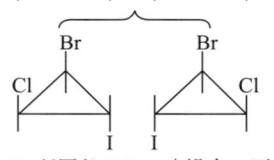

Cl，Br，Iがそれぞれ異なったCにつく場合は不斉炭素原子が3個あることになるから$2^3=8$個の立体異性体がある．

Cl，Brが同じCにつく場合，不斉炭素が2個あることになり立体異性体の数は$2^2=4$．

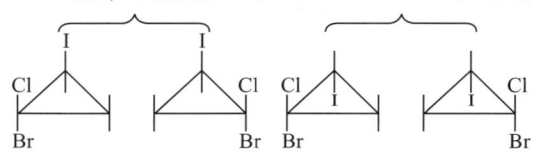

同様に，

2.1

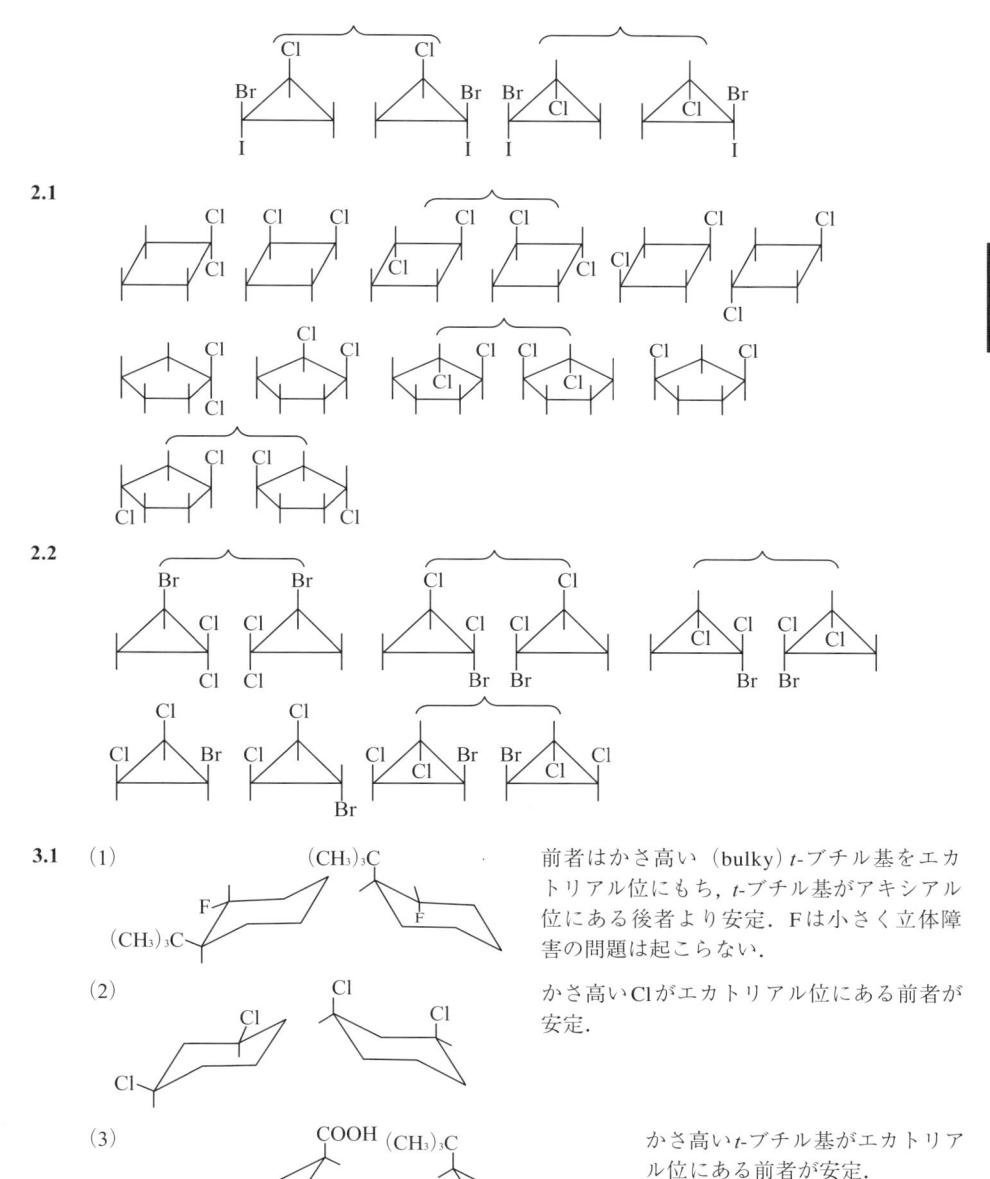

2.2

3.1 (1) 前者はかさ高い (bulky) *t*-ブチル基をエカトリアル位にもち, *t*-ブチル基がアキシアル位にある後者より安定. Fは小さく立体障害の問題は起こらない.

(2) かさ高いClがエカトリアル位にある前者が安定.

(3) かさ高い *t*-ブチル基がエカトリアル位にある前者が安定.

(4) [構造式]

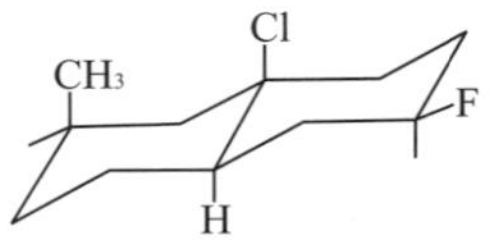

4.1 (1) [構造式]

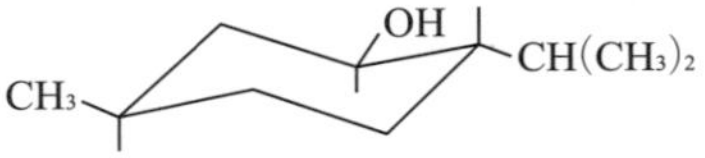

(2) [構造式]

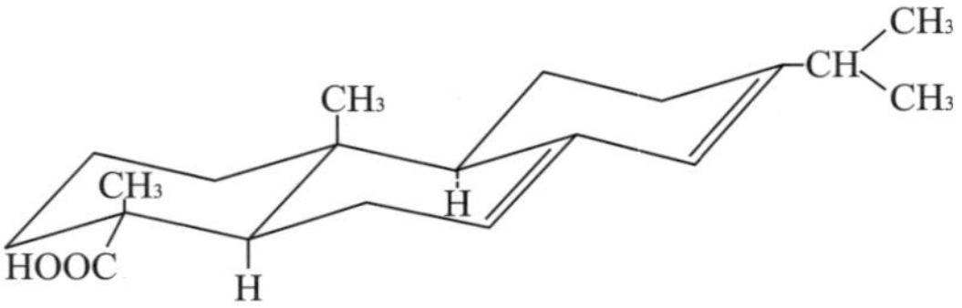

4章の解答

1.1 (1) H−O−H，Hの1s軌道とOの2p軌道とでσ結合をしている．Oは二つのHと2p軌道2個を用いて結合するが，Oの2pはいずれも直交しており，H−O−H は曲がった構造になる．∠HOHは90°が予想されるがHとHの反発によって開いている（105°）．

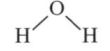

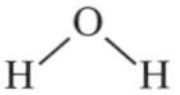

(2) H−O−O−H；H−O Hの1s, Oの2pでできるσ結合．O−O, Oの2pの重なりによるσ結合．Oの二つの2p軌道が直交しているため，右図のような構造となる．

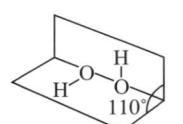

(3) Cl−Cl, Clの3p軌道の重なりによるσ結合．

1.2 (1) Nの2p軌道とOの2p軌道の重なりで生ずるσ結合．

(2) Hの1sとSの3pとの重なりでできるσ結合．

(3) Nの2pとOの2pとの重なりでできるσ結合が一つ，Nの2pとOの2p（いずれもσ結合を作っているものと直交しているもの）とでできるπ結合が一つ．

2.1 (1) Cの2s 1個と2p 2個の混成で生ずるsp^2の重なりによるσ結合一つ．混成に関与しなかったp軌道によるπ結合一つ．sp^2は平面上120°の方向を向いている．π結合によって分子は固定されている．

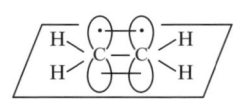

(2) σ結合；Cのsp^2混成軌道とHの1s, およびCのsp^2混成軌道とOのp軌道の重なり合い．

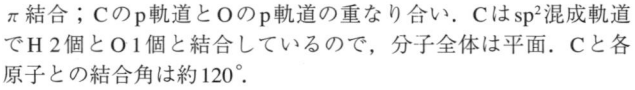

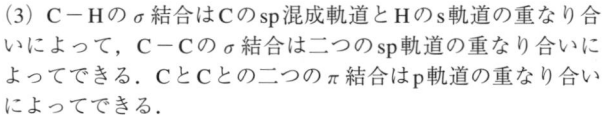

π結合；Cのp軌道とOのp軌道の重なり合い．Cはsp^2混成軌道でH2個とO1個と結合しているので，分子全体は平面．Cと各原子との結合角は約120°．

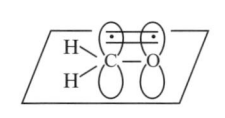

(3) C−Hのσ結合はCのsp混成軌道とHのs軌道の重なり合いによって，C−Cのσ結合は二つのsp軌道の重なり合いによってできる．CとCとの二つのπ結合はp軌道の重なり合いによってできる．

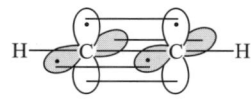

(4) σ結合；Cのsp と Oのp.
π結合；Cのp と Oのp.
σ結合がCのsp混成軌道からできるのでO＝C＝Oは一直線．

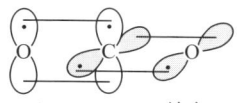

O＝C＝Oのπ結合

2.2 (1) 二つのCのsp³軌道．
(2) CH₃側はCのsp³軌道，CH側はCのsp²軌道．
(3) Hのs軌道とNのsp³軌道．4個のHは等価．
(4) 一つの結合はCのsp軌道とNのp軌道によって，他の二つはCのpとNのpとによって作られている．

3.1 (1)

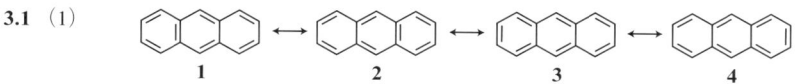

$$1 \leftrightarrow 2 \leftrightarrow 3 \leftrightarrow 4$$

1, 2が最も重要であり，ついで3, 4の構造． などの寄与は小さい．1, 2の式は二つの環がケクレ構造．一つの環だけがキノイド構造であるのに，3, 4ではケクレ構造をとる環が一つで他の二つはキノイド構造になる．

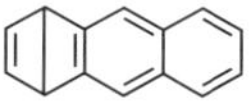

(2)

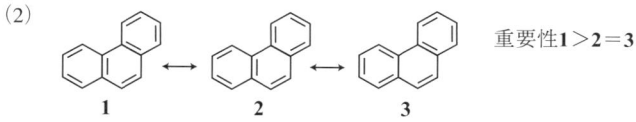

$$1 \leftrightarrow 2 \leftrightarrow 3$$

重要性 1 ＞ 2 ＝ 3

4.1 $CH_2=CH-CH=CH_2$ は分子全体が共役しており，両端にBrが結合したとき中央二つのCの間が二重結合になる変化は容易に起こる．したがって，本来二重結合性の大きかった1,2-位へのBr_2の付加と1,4-位へのBr_2の付加とは平行して起こる．

4.2 グラファイトの層平面はベンゼン環が無限につながった構造をもっており，共役したπ電子系が無限にひろがっている．共役したπ電子系の中は電子が自由に動けるので層方向はよく電気を通す．垂直方向には共役系がなく電子は自由に動けない．

4.3 $CH_2=CH-CH=CH_2$ は中央のCH−CH間の二重結合性が大きければ（p軌道の重なりが大きい），CH−CHの結合を軸とする回転が制限され，

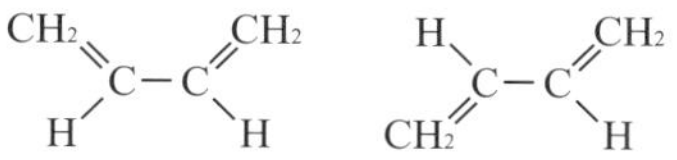

という，幾何異性体を生ずるはずである．しかし現実には幾何異性体が常温・常圧で取り出されていないことは，CH−CH間のπ結合がそれほど強くなく，CH−CHを軸とする回転によって，二つの構造の間の変換がかなり容易に起こってしまうことを示している．

4.4 この分子においてはCHClの作る二つの平面が直交しており，かつ分子の構造がπ結合によって固定されている．この構造においては右の二つの実像，鏡像の関係にある構造が区別される．実験的にも鏡像異性体の存在が確認されている．

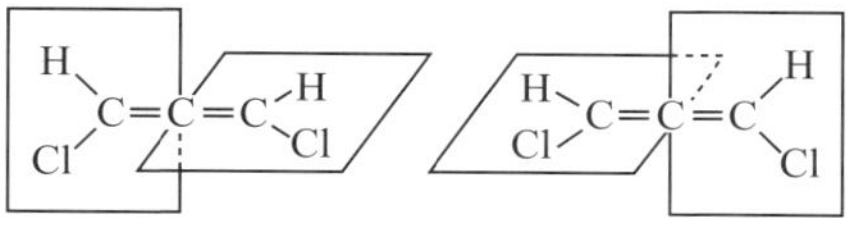

鏡像異性体

4.5 生成物はいずれも$CH_3CH_2CH_2CH_2CH_3$で同じである．したがって，反応熱の差は反応物である$CH_2=CH-CH=CH-CH_3$と$CH_2=CH-CH_2-CH=CH_2$の安定性の差を示すことになる．水素との反応でより多くの熱を発生する$CH_2=CH-CH_2-CH=CH_2$の方が$CH_2=CH-CH=CH-CH_3$より27 kJ/molだけ不安定．$CH_2=CH-CH=CH-CH_3$の安定化は二重結合の共役によるものである．

4.6 問題4.5からわかるように共役系は非共役系より安定．自然の変化はエネルギーの低下する方向に進む．

5章の解答

1.1 電気陰性度の大きな原子の方にσ結合を形成する電子が偏る．電子が偏る方向を結合につけた矢印で示す．

(1) H→Cl　(2) I→Cl（同じハロゲンでもClの方が電子を引きつける力が大きい）
(3) Li→H（金属と結合したHは ⊖ に帯電する）　(4) $(C_2H_5)_2B \rightarrow CH_2CH_3$（Bは金属性で電子を供与する力が強い）　(5) $H \rightarrow OCH_3$　(6) $HO \leftarrow CH_3$　(7) $H_2N \leftarrow CH_3$
(8) $CH_3S \leftarrow CH_3$　(9) ⊖$O \rightarrow CH_3$（この場合Oは陰イオンになっており電子を引き寄せる力はなく，かえって電子を供与する）

1.2 (1) NはHより電気陰性度が大きく，N－Hのσ結合の電子はNの方に偏る．三つの結合モーメントのベクトル和はNから3個のHの作る正三角形の重心の方向に向う．

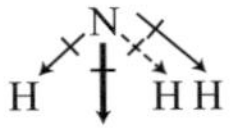

（太いベクトル 各結合モーメントのベクトル和）

(2) C－H結合にはほとんど分極がないのでC－O結合の分極だけを考えればよい．分子全体としての双極子モーメントは角C–O–Cの2等分線上でOからC－Cの中点の方に向うベクトル．

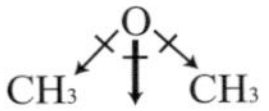

（太いベクトル 各結合モーメントのベクトル和）

(3) C－Hの分極は無視できる．二つのC－Clの結合モーメントのベクトル和を考えればよい．トランス形は二つのベクトルが逆方向で打ち消し合って分子全体としての双極子モーメントは0．

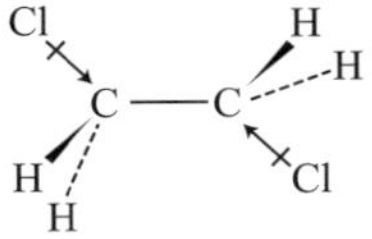

(4) 二つのC－Clの方向の2等分線上．
右の図で示す方向．

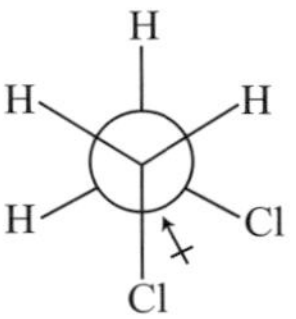

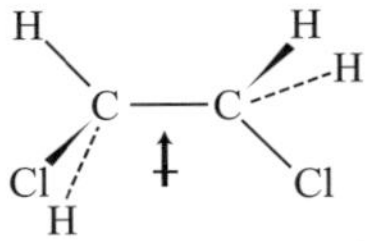

紙面上から上方に向う

(5) *trans*-1,4-ジクロロシクロヘキサンの立体配座は大きなClがエカトリアルである図の構造．二つのC→Clで作られる結合モーメントは方向が逆で打ち消し合う．双極子モーメントをもたない．二つのClがアキシアルの立体配座をとっても結論は同じ．

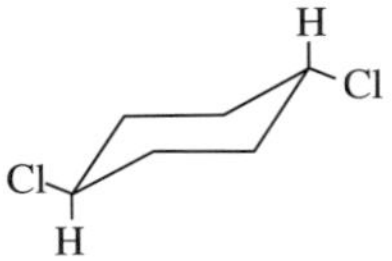

(6) *cis*-1,4-ジクロロシクロヘキサンは一つのClがエカトリアル，他の一つのClはアキシアル．図の形では斜め下方に向かうベクトル．

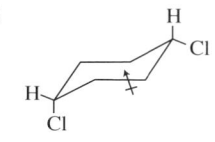

2.1 (1) >C=O と >C=N− は同じような電子の偏りを示す．ただし，OよりNの方が電気陰性度が小さいので，C=Nの分極の方がC=Oの分極より小さい．

$$CH_3-\underset{\delta\oplus}{CH}=\underset{\delta\ominus}{N}-CH_3$$

(2) −C≡Nには二つのπ結合があるが，その二つともNの方へ電子が偏る．

$$CH_3-\underset{\delta\oplus}{C}\equiv\underset{\delta\ominus}{N}$$

(3) 例題2(2)とほとんど同じ．共鳴で表すと，

$$CH_3-C\underset{\ddot{\ddot{O}}-CH_3}{\overset{O}{\diagup}} \longleftrightarrow CH_3-\overset{\oplus}{C}\underset{\ddot{\ddot{O}}-CH_3}{\overset{O^\ominus}{\diagup}} \longleftrightarrow CH_3-C\underset{\overset{\oplus}{O}-CH_3}{\overset{O^\ominus}{\diagup}}$$

純粋な共有結合を基準にしてπ電子の偏りを $\curvearrowleft$ で表すと，

$$CH_3-\underset{\delta\oplus}{C}\underset{\underset{\delta\oplus}{\ddot{O}}-CH_3}{\overset{O^{\delta\ominus}}{\diagup}}$$

(4) 前問のエステルの$-\ddot{O}CH_3$を$-\ddot{N}H_2$に置き換えればよい．

$$CH_3-\underset{\delta\oplus}{C}\underset{\underset{\delta\oplus}{\ddot{N}H_2}}{\overset{O^{\delta\ominus}}{\diagup}}$$

2.2 $CH_3-C\underset{O-H}{\overset{O}{\diagup}}$ において >C=O のCに生ずる$\oplus$電荷は$-\ddot{O}-H$上の非共有電子対の電子の流入によって一部中和される．$CH_3CH=O$では隣接電子からの$\oplus$電荷の中和は少ない（p.38のまとめ，p.48の例題7に述べるCH_3-の超共役による効果はそれほど大きいものではない）．したがって，$CH_3CH=O$のC上の$\oplus$電荷の方が大きい．

2.3 問題2.1(1) 参照．$CH_3CH=O$のC上の$\oplus$電荷の方が$CH_3CH=NHCH_3$のC上の$\oplus$電荷より大きい．

3.1 $-CO_2^\ominus$ のπ電子系を構成するp軌道の状態とその共鳴による表現を示した．極限構造式**A**と**B**はまったく等価である．$\ominus$電荷は二つのOが半分ずつ担う．
$-CO_2^\ominus$ と$-NO_2$は等電子的．対応する原子のもつ軌道の種類と電子の数は同じである．

4.1 (1) 例題4(2)を一段と単純にしたもの．共鳴ではつぎの極限構造が重要である．

$$CH_2=CH-CH=O \longleftrightarrow CH_2=CH-\overset{\oplus}{CH}-\overset{\ominus}{O} \longleftrightarrow \overset{\oplus}{CH}-CH=CH-\overset{\ominus}{O}$$

したがって，$\underset{\delta\oplus}{CH_2}=CH-\underset{\delta\oplus}{CH}=\underset{\delta\ominus}{O}$

(2) 共鳴で表すと，

$$CH_2=CH-\overset{O}{\underset{\|}{C}}-CH=CH_2 \longleftrightarrow CH_2=CH-\overset{O^{\ominus}}{\underset{|}{\overset{\oplus}{C}}}-CH=CH_2 \longleftrightarrow$$

$$\overset{\oplus}{CH_2}-CH=\overset{O^{\ominus}}{\underset{|}{C}}-CH=CH_2 \longleftrightarrow CH_2=CH-\overset{O^{\ominus}}{\underset{|}{C}}=CH-\overset{\oplus}{CH_2}$$

したがって，$\underset{\delta\oplus}{CH_2}=CH-\overset{O\delta\ominus}{\underset{\|}{C}}-\underset{\delta\oplus}{CH}=CH_2$

(3) $-NO_2$はM効果で強い電子求引性，共役二重結合系の電子を求引する．

共鳴で表すと，

$$CH_2=CH-CH=CH-\overset{\oplus}{N}\overset{O^{\ominus}}{\underset{O}{\diagdown}} \longleftrightarrow \overset{\oplus}{CH_2}-CH=CH-CH=\overset{\oplus}{N}\overset{O^{\ominus}}{\underset{O^{\ominus}}{\diagdown}} \longleftrightarrow$$

$$\overset{\oplus}{CH_2}-CH=CH-CH=\overset{\oplus}{N}\overset{O^{\ominus}}{\underset{O^{\ominus}}{\diagdown}}$$

以上まとめると

$$\underset{\delta\oplus}{CH_2}=CH-\underset{\delta\oplus}{CH}=CH-N\overset{O^{\ominus}}{\underset{O^{\ominus}}{\diagdown}}$$

5.1 σ電子系に対して電子求引の作用をするものは，炭素鎖と直接結合する官能基のつけ根にある原子の電子陰性度が大きなものである．共役二重結合系に対して電子供与をするためには，官能基のつけ根の原子が非共有電子対を収容したp軌道をもつことが必要条件となる．例題5の$-OCH_3$基はこの二つの条件を満たしている．Ⅰ効果電子求引，Ⅿ効果電子供与の官能基　(A) $-\ddot{O}CH_3$,　(C) $-\ddot{C}l$,　(D) $-\ddot{N}H_2$,　(H) $-\ddot{O}COCH_3$, O, ハロゲン, Nは電気陰性度が炭素より大きくσ電子を求引する．一方，これらは‥で示したようにp軌道に入った非共有電子対をもち，隣接する共役二重結合のπ電子系に電子を供与する．
　(B) $-O^{\ominus}$は負電荷をもち，Ⅰ, Ⅿ両効果ともに電子供与．
　つぎのものは，Ⅰ, Ⅿ両効果ともに電子求引：(E) $-C\equiv N$,　(F) $-NO_2$,　(G) $-COCH_3$,

(I) －COOCH₃ (－OCOCH₃ との違いに注意. $-\overset{\overset{O}{\|}}{C}-OCH_3$ は ＞C＝O のC上のp軌道の電子密度が小さく，Cが ⊕ に帯電しており，I，M両効果とも電子求引．$-\overset{..}{O}-\overset{\overset{O}{\|}}{C}-CH_3$ はO上の非共有電子対の存在によってM効果が電子供与になる（隣に ＞C＝O のあるため，－OCH₃ よりはM効果の電子供与性は小さい）．）

6.1 官能基内部での結合の分極，官能基の結合によって炭素骨格のσ電子系およびπ電子系に引き起こされる分極についての理解の重要性についてはいくら強調しても強調しすぎることはない．本章はこの理解のために種々の面から考察を行っているのであるが，問題5.1と本問はそのまとめである．

－OH	O－Hのσ結合において，Oが電子を求引し，Hは⊕に帯電する．	C－OHのσ結合においてはOの方へ電子が偏る（I効果 電子求引）． C＝C－ÖHにおいてO上の非共有電子対がC＝Cのπ電子系に供与される（M効果 電子供与）．
－CHO （＞C＝Oも同様）	例題2(1) 参照． C＝O結合を作っているσ，π電子がともにOの方に偏る．Cのp軌道はほとんど空になり，かつ⊕に帯電する．	Cが⊕に帯電しており，これと結合するCから電子を求引する（I効果 電子求引）． C上の空のp軌道にC＝Cのπ電子が流れ込む（M効果 電子求引）． 例題4(2) 参照．
－CONH₂ （－COOCH₃も同様）	上記＞C＝Oと類似であるが，－N̈H₂の非共有電子対がC上の空のp軌道をうめ，C上の⊕電荷を一部中和している．	＞C＝Oと類似． I効果，M効果ともに電子求引．
－COOH	例題2(2) 参照． 極限構造 $-\overset{\overset{\overset{\ominus}{O}}{\|}}{\underset{\overset{\|}{\overset{..}{O}-H}}{C}}^{\oplus}$ の関与のため，C上に空のp軌道と⊕電荷が存在．ただし，－CONH₂と同じようにÖHの非共有電子対からの電子流入を表す極限構造 $-\overset{\overset{\overset{\ominus}{O}}{\|}}{\underset{\overset{\|}{\overset{\oplus}{O}-H}}{C}}$ のためC上の⊕電荷は一部中和されている．O－Hのσ結合は	－CONH₂，－COOCH₃と類似． I効果，M効果ともに電子求引．

		Oの⊕のためより強くOに引かれる.
−Br (−F, −Cl, −Iも同様)		ハロゲンは大きな電気陰性度をもち, σ結合の電子を引き寄せる(I効果 電子求引). −B̈rのp軌道の非共有電子対がC=Cのπ電子系に供与される(M効果 電子供与).
−N(CH₃)₂ (−NH₂, NHCH₃ なども同様)	N−C結合の電子はNの方に偏る. さらにN−H結合の電子がCに偏るが, それらの偏りはそれほど大きいものではない. −N(CH₃)₂はN上に非共有電子対をもつ(この非共有電子対は他分子に供与されることがある).	例題5(2)および例題6の−OCH₃と平行した解析ができる. I効果電子求引. ただしOよりNの方が電子陰性度が小さいため, 電子求引の力が小さい. M効果電子供与. ただし電気陰性度の関係でNの電子供与能はOより大.
−NO₂	例題3参照. 2個のOは等価 $-\overset{\oplus}{N}\overset{O}{\underset{O^{\ominus}}{\diagdown}} \leftrightarrow -\overset{\oplus}{N}\overset{O^{\ominus}}{\underset{O}{\diagdown}}$ の共鳴が同等の重要性をもつ.	N上に⊕電荷があり, σ結合の電子を求引(I効果 電子求引). $C=C-\overset{\oplus}{N}\overset{O}{\underset{O^{\ominus}}{\diagdown}} \leftrightarrow \overset{\oplus}{C}-C=\overset{\oplus}{N}\overset{O^{\ominus}}{\underset{O^{\ominus}}{\diagdown}}$ の共鳴によって−NO₂はC=Cのπ電子を求引する(M効果 電子求引).

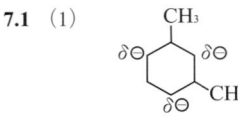

7.1 (1) 二つの−CH₃の電子供与性のM効果が式のδ⊖の位置に重なって現れる. どちらの−CH₃からもo-, p-位になっている.

(2) −CH₃はM効果電子供与性, o-, p-位を⊖に帯電させる.
−COCH₃はM効果電子求引性, o-, p-位を⊕に帯電する.
−CH₃, −COCH₃が影響を与える位置が異なっている.

(3) 前問と同じように考えられる.
この化合物ではM効果電子供与の−NH₂から, M効果電子求引の−NO₂へ向かって電子が流れ, $\overset{O}{\underset{O}{\diagdown}}\overset{\oplus}{N}$=⟨⟩=$\overset{\oplus}{NH_2}$の共鳴が重要な役割を果すことになり, ⟨⟩−NH₂ と O₂N−⟨⟩−NH₂ とを比べると後者のNH₂上の⊕電荷が大きい.

(4) 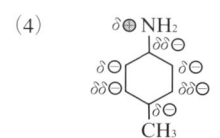 −NH$_2$, −CH$_3$はともにM効果電子供与であるが，−NH$_2$の方が電子供与性が大きい．したがって，−NH$_2$のo-, p-位の方が−CH$_3$のo-, p-位より強く ⊖ に帯電する．

7.2 (1) −F＞−Cl＞−Br＞−I　電気陰性度の大きい順になる．
(2) −I＞−Br＞−Cl＞−F　電気陰性度が小さいほど電子を供与しやすい．
(3) −O$^⊖$＞−NH$_2$＞−OCH$_3$＞−CH$_3$　⊖ の電荷をもつ−O$^⊖$ は最も電子供与性のM効果が大きい．NはOより電子供与性が大きい．−CH$_3$の超共役は−OCH$_3$，−NH$_2$などの共役による電子供与よりは小さい．
(4) −$\overset{⊕}{\text{N}}$(CH$_3$)$_3$＞−NH$_2$　⊕電荷をもつと電子求引の力は強化される．

6章の解答

1.1 (1) 双極子−双極子相互作用が大きい．CH$_3$CNはCH$_3$C≡Nに分極する．一方CH$_3$OCH$_3$の分極は第5章問題1.2 (2) で扱ったように右図のようになっており，分子全体として双極子モーメントをもつ．CH$_3$CN, CH$_3$OCH$_3$はともに双極子であり，その相互作用によって分子間力を生ずる． 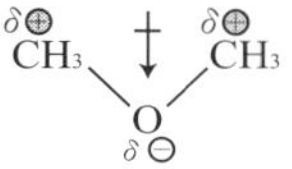
(2) 水素結合が重要な役割を果たす．H$_2$OはH$^⊕$の供与体である．一方，1,4-ジオキサンのO原子は非共有電子対をもっていて，H$^⊕$ と相互作用する（水素結合）．ただし，1,4-ジオキサンは ⊕ 電荷をもつHがないので，1,4-ジオキサンのHと水のOとの間には水素結合は生じない．
(3) 水素結合が重要な役割を果たす．CH$_3$CHOの ＞C=O は ＞C=O と強く分極しており，OはC$_2$H$_5$OHのHと強い水素結合を形成する．また，＞C=O の正電荷をもつCと負電荷をもつC$_2$H$_5$OHのOとの相互作用も大きい．

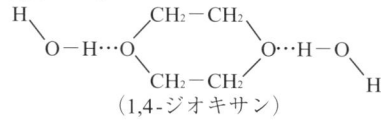

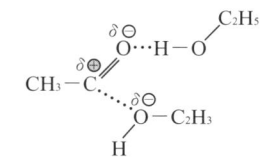

(4) 双極子−双極子相互作用．ともに大きな分極を示すが，水素結合に役立つHはない．
(5) ファン・デル・ワールス力．ともに大きな分極をもたない．

2.1 (1)

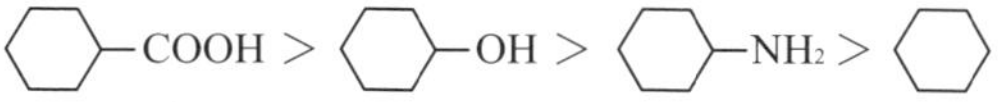

⬡−COOH ＞ ⬡−OH ＞ ⬡−NH$_2$ ＞ ⬡

沸点　　233℃　　　　161℃　　　　135℃　　　81℃

前三者は分子間水素結合が重要であるのに対し，⬡はファン・デル・ワールス力による相互作用しかなく，沸点の低いことが理解される．例題2 (1) で解説したように，カルボン酸の水素結合はアルコールの水素結合より大きい．また，N−HとO−Hの結合を比較すると，電気陰性度の大きなOにつくHの方が正電荷が大きく，水素結合能が大きい．以上の水素結合の強さの考察から上の沸点の順番になる．

(2) $HOCH_2CH_2CH_2OH > CH_3CH_2COOH > CH_3COOCH_3$
沸点   214℃   141℃   56℃

$HOCH_2CH_2CH_2OH$ は水素結合に関与しうる$-OH$が2個あり$-COOH$ 1個のCH_3CH_2COOHより大きい分子間相互作用があり沸点が高くなる．CH_3COOCH_3は水素結合による相互作用がなく，沸点は低い．

2.2 シス形は双極子モーメントをもつが，トランス形は双極子モーメントがない（二つの$C-Cl$結合の部分双極子モーメントが反対方向で打ち消し合う）．双極子－双極子相互作用は分子間の引力を大きくし，沸点を高くする．

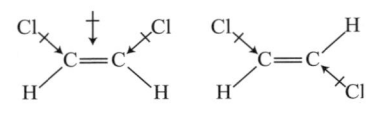

3.1 (1) $CH_3CH_2CH_2COOH > CH_3CH_2COCH_2CH_3 > CH_3CH_2CH_2CH_2CH_3$
    水と自由に混ざる   水100gに4gくらい溶ける   水100gに0.1mgくらいしか溶けない

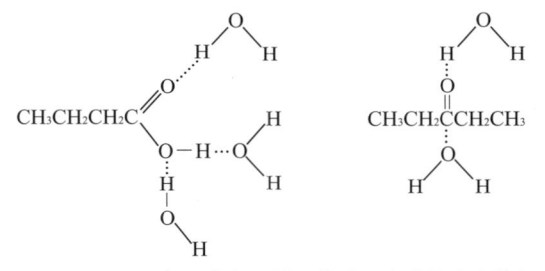

$CH_3CH_2CH_2COOH$は上図のように水との間に多くの水素結合を作り，水の水素結合の構造の中に割り込めるので水によく溶ける．$CH_3CH_2COCH_2CH_3$も水と上のように相互作用ができるが，$CH_3CH_2CH_2COOH$よりその程度が小さく水に対する溶解度は小さくなる．$CH_3CH_2CH_2CH_2CH_3$はH_2Oとの相互作用がほとんどないので水に対する溶解度が非常に小さい．

(2) $CH_3COO(CH_2)_3CH_3 > CH_3COO(CH_2)_4CH_3 > CH_3COO(CH_2)_5CH_3$
水100gに溶ける量   4.39g   1.00g   0.27g
エステル基$-COO-$の部分は分極によって水と相互作用するが，炭化水素基の部分は水と親和性がない．相対的に炭化水素基の割合が大きくなると水に対する溶解度は減少する．

4.1 (1) $H_3O^{\oplus}$ (2) $CH_3\overset{\oplus}{O}H$ (3) $CH_3\overset{\oplus}{N}H_3$ (4) $(CH_3)_3\overset{\oplus}{N}H$ (5) ⌬—OH

4.2 (1) $OH^{\ominus}$ (2) $CH_3O^{\ominus}$

(3) $\overset{\ominus}{C}(CN)_3$ ($NC-\underset{CN}{\overset{\ominus}{C}}-CN \longleftrightarrow \overset{\ominus}{N}=C=\underset{CN}{C}-CN \longleftrightarrow NC-\underset{CN}{C}=C=\overset{\ominus}{N} \longleftrightarrow NC-\underset{\underset{N}{\overset{\ominus}{\|}}{C}}{C}-CN$)

(4) ⌬—$NH_2^{\ominus}$ (5) $Cl^{\ominus}$

4.3 水酸化ナトリウムに溶けるのは$H^{\oplus}$ として脱離しやすいHをもつため．
(1) 電子求引性の$-COOCH_3$にはさまれたCH_2のHは電子密度が小さく，$H^{\oplus}$ として脱離す

る．生成した陰イオンは ⊖ 電荷がエステル部分に分散し安定化する．

$$CH_3O\overset{O}{\overset{\|}{C}}-\overset{\ominus}{\underset{H}{C}}-\overset{O}{\overset{\|}{C}}OCH_3 \longleftrightarrow CH_3O\overset{\overset{\ominus}{O}}{\overset{|}{C}}=\underset{H}{C}-\overset{O}{\overset{\|}{C}}OCH_3 \longleftrightarrow CH_3O\overset{O}{\overset{\|}{C}}-\underset{H}{C}=\overset{\overset{\ominus}{O}}{\overset{|}{C}}OCH_3$$

(2) 中央のCH_2は電子求引の $>C=O$ 2個にはさまれており，Hの電子密度が小さく，$H^\oplus$として脱離しやすい．

(3) $-NO_2$は電子求引性で隣のCH_3のHを$H^\oplus$として脱離しやすくする．また$H^\oplus$を脱離した$[CH_2NO_2]^\ominus$はつぎの共鳴によって ⊖ 電荷を分散し安定化する．

$$\overset{\ominus}{C}H_2\overset{\oplus}{N}\overset{O}{\underset{O}{<}} \longleftrightarrow CH_2=N\overset{\overset{\ominus}{O}}{\underset{O^\ominus}{<}} \longleftrightarrow CH_2=N\overset{O}{\underset{O^\ominus}{<}}$$

(4) NHが電子求引の $>C=O$ 2個にはさまれており，Hの電子密度が小さく，$H^\oplus$として脱離しやすい．

5.1 双方とも$-OH$をもち，このHが$H^\oplus$として解離するのが酸性の原因であるが，それが強い電子求引基に結合すると，OとHの電子が引かれ酸性が強くなる．ベンゼン環がO上の非共有電子対を引くことについては例題5に述べた通りである．$>C=O$ はOの強い電子引きつけによって $>\overset{\oplus}{C}=\overset{\ominus}{O}$ の性格が強く，C上の正電荷のうめ合わせに$-OH$の電子が使われ$-OH$のOは強く ⊕ に帯電する．したがって，

$$CH_3-C\overset{O}{\underset{O-H}{<}} \longleftrightarrow CH_3-C\overset{\overset{\ominus}{O}}{\underset{\overset{\oplus}{O}-H}{<}} \longleftrightarrow CH_3-\overset{\overset{\ominus}{O}}{\overset{\|}{C}}\underset{\overset{\oplus}{O}-H}{}$$

$-OH$のHは$H^\oplus$として脱離しやすい．また，$H^\oplus$の脱離して生ずる陰イオンは下のように共鳴するが，等価の二つの極限構造の共鳴は解離形を著しく安定にする．

$$CH_3-C\overset{O}{\underset{O^\ominus}{<}} \longleftrightarrow CH_3-C\overset{O^\ominus}{\underset{O}{<}}$$

5.2 塩基性の原因は非共有電子対の供与能である．この場合は ⊖ に帯電したO上の非共有電子対が塩基性の原因である．Oの上に電子対が局在していれば塩基性は大きくなる．ところで，$CH_3CH_2O^\ominus Na^\oplus$ではO上の非共有電子対が局在しているのに対し，フェノラートでは例題5で解説したような共鳴によって非共有電子対が環と共役して非局在となる．以上の考察から，アルコラートの塩基性がフェノラートの塩基性より大きい事実が説明される．

5.3 $CH_3CH_2O^\ominus > $ 〈◯〉$-O^\ominus > CH_3COO^\ominus$

共役酸の酸としての強さは，逆に$CH_3COOH > $ 〈◯〉$-OH > CH_3CH_2OH$

6.1 (1) $FCH_2COOH > ClCH_2COOH > BrCH_2COOH > CH_3COOH$

例題6 (1) と同様に考える．電気陰性度が大きく，I効果で電子求引性の大きいものほど酸性を強くする．

(2) 安息香酸の酸性におよぼす置換基の効果は，フェノールのそれと同じように考えればよい．p-位の$-CN$はM効果電子求引で酸性を強める．m-位の$-CH_3$はI効果電子供与で酸性を弱める．

(構造式) p-CN-C₆H₄-COOH > C₆H₅-COOH > m-CH₃-C₆H₄-COOH

(3) m-OCH₃-C₆H₄-COOH > C₆H₅-COOH > p-OCH₃-C₆H₄-COOH

－OCH₃基は m-位についたとき，I 効果がきいて電子を求引する結果酸性を強くする．CH₃O－基は M 効果電子供与性で酸性を弱くする．

(4) m-Cl-C₆H₄-OH > p-Cl-C₆H₄-OH > C₆H₅-OH

m-Cl は I 効果電子求引でフェノールの酸性を強くする．p-位のハロゲンは例題6(2)に述べたように，M 効果より I 効果が優位で，I 効果電子求引であるため酸性を強くする．m-位と p-位のハロゲンはともに酸性を強めるが，p-位は m-位より遠く I 効果が小さくなるのと，M 効果で電子供与があるため電子求引の効果が小さい．以上を総合すると上のような結論になる．

(5) p-NO₂-C₆H₄-COOH > p-Cl-C₆H₄-COOH > C₆H₅-COOH

p-NO₂ は M 効果において強い電子求引性である．p-Cl は (4) に述べたように弱い電子求引．したがって，左のような順になる．

(6) m-COCH₃-C₆H₄-COOH > C₆H₅-COOH > m-CH₃-C₆H₄-COOH

m-COCH₃ は I 効果電子求引で酸性を強くする．m-位の CH₃－は I 効果電子供与で酸性を弱くする．

(7) p-COCH₃-C₆H₄-COOH > m-COCH₃-C₆H₄-COOH > C₆H₅-COOH

－COCH₃ 基は I 効果，M 効果ともに電子求引性であるが，p-位の M 効果の方が m-位の I 効果よりも大きく，左のような順になる．

6.2 本問では近接した官能基の相互作用に基づく物性（本問では酸性）の変化を扱う．近接した官能基は，結合を伝わっての電子的な影響に加えて，立体的な影響や，官能基の間で水素結合が形成されるため性質が大きく変化する．

(1) o-HOOC-C₆H₄-OH は酸性の原因となる官能基を2種類（－COOHと－OH）もっている．このうち－COOHの方が酸として強力であり，o-HOOC-C₆H₄-OH の酸としての作用は，まず強い方の－COOHによって発現される．この分子では，下の式のような水素結合があり，

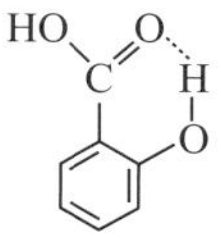

$>C=O$ のO上の ⊖ 電荷が水素結合のHの方に引き寄せられC上の ⊕ 電荷が増す．これがOHの ⊕ 電荷の増大をもたらし，$H^{\oplus}$ の解離が大きくなる．すなわち，

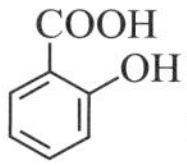 $pK_a=3.00$ >  $pK_a=4.21$

o-位の－OHはM効果だけを考えるとCOOHの酸性を下げると予想されるが，水素結合の効果で逆に酸性を上げている．

(2)

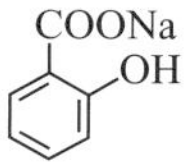 は 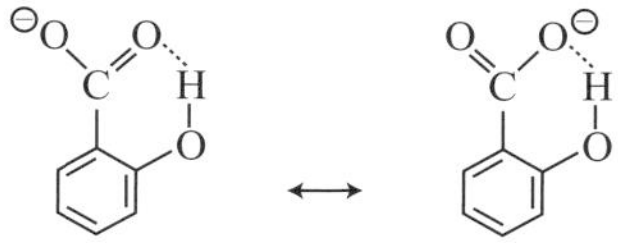 のように－OHのHが－$COO^{\ominus}$ のOと水素結合する．したがって，Hはフェノール性のOによってだけでなく，－$COO^{\ominus}$ によっても引きつけられ，$H^{\oplus}$ として解離しにくくなる．

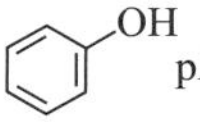 $pK_a=9.95$ > 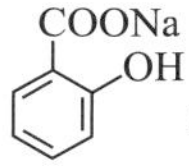 $pK_a=13.4$

(3) CH(COOH)＝CH(COOH)は2個のCOOHをもち，$H^{\oplus}$ を2段階で解離する．**A**ではシス形の第一段解離が，**B**ではシス形の第二段解離が，**C**ではトランス形の第一段解離が，**D**ではトランス形の第二段解離が，それぞれ問題となる．

Aは 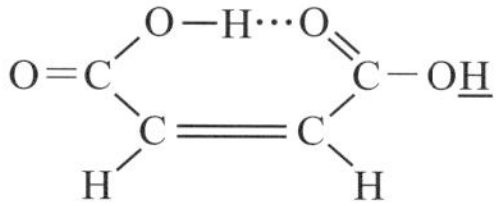 のように水素結合し，右側のCOOHのOの電子が引きつけられ，そこのCの電子密度が下がる．これがHの$H^{\oplus}$ としての解離を促進する．**C**はトランス形で，分子内水素結合の効果がなく，酸性は**A**より小さい．

$CH(COO^{\ominus})=CH(COOH)$ のCOOHは$COO^{\ominus}$ の電子供与の結果，

CH(COOH)＝CH(COOH)より酸性が小さい．

Bは

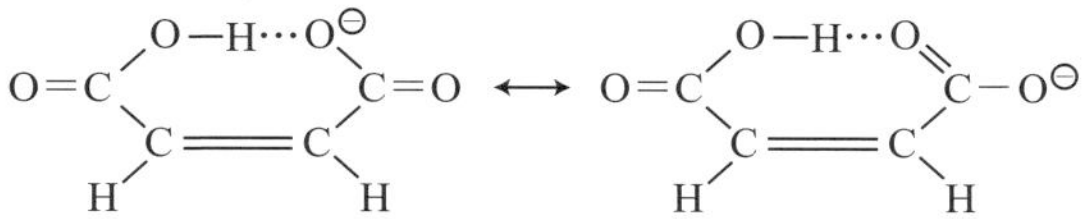

の構造をとるため，特に$H^{\oplus}$ の解離が困難である．

シス形の第一解離
pK_a=1.921

> トランス形の第一解離
pK_a=3.019

> トランス形の第二解離
pK_a=4.384

> シス形の第二解離
pK_a=6.225

7.1 (1) C$_6$H$_5$-NHCH$_3$ > C$_6$H$_5$-NH-C$_6$H$_5$ > C$_6$H$_5$-NHCOCH$_3$

例題7で解説したように，フェニル基はNの塩基性を小さくする．フェニル基2個の効果は1個の効果より大きい．-COCH$_3$の電子求引性はフェニル基のそれより大きい．以上まとめると上の順が推定され，事実もその通りである．

(2) CH$_3$NH$_2$ > CH$_3$NHCOCH$_3$ > CH$_3$CONHCOCH$_3$

N上の非共有電子対を引きつける-COCH$_3$基は塩基性を小さくする．-COCH$_3$が2個あると塩基性の低下はさらに大きい．

(3) C$_6$H$_5$-NH$_2$ > C$_6$H$_5$-NH-C$_6$H$_5$ > (C$_6$H$_5$)$_3$N

フェニル基はN上の非共有電子対を非局在化し塩基性を小さくする．

8.1 塩基性に与える置換基の効果はカルボン酸・フェノールの酸性に与える置換基効果の裏返しになっている．カルボン酸・フェノールの酸性を強くする構造上の変化はアミンの塩基性を小さくする．逆に，カルボン酸・フェノールの酸性を弱くする構造上の変化はアミンの塩基性を強くする．

(1) C$_6$H$_5$NH$_2$ > m-Br-C$_6$H$_4$-NH$_2$ > m-Cl-C$_6$H$_4$-NH$_2$ > m-F-C$_6$H$_4$-NH$_2$

m-位に置換基がついているのでI効果が主体になる．ハロゲンはI効果で電子求引で，塩基性を小さくするが，電気陰性度の大きい順F>Cl>Brで塩基性を小さくする．

(2) CH$_3$-C$_6$H$_4$-NH$_2$ > C$_6$H$_5$-NH$_2$ > NC-C$_6$H$_4$-NH$_2$

p-CH$_3$はM効果電子供与性，p-CNはM効果電子求引性．

(3) C$_6$H$_5$-NH$_2$ > Cl-C$_6$H$_4$-NH$_2$ > Cl-C$_6$H$_4$-NH$_2$ (3,Cl)

問題6.1(4)と同じように考えればよい．

7章の解答

1.1 (1)（イ）Br_2 （ロ）Br_2のCCl_4溶液を作っておき，これと試料を作用させる．（ハ）シクロヘキセンはBr_2の赤色を消すが，シクロヘキサンはこのような反応を起こさない．

（ニ）シクロヘキセン + Br_2 → 1,2-ジブロモシクロヘキサン の反応による．Br_2は有毒で呼吸器を傷め，皮膚につくと治りにくい炎症を起こすので，フード内で扱うとともに皮膚に触れさせないように注意する．

(2)（イ）（ロ）（ハ）ステンレス製の薬さじ上に少量の試料をとり，燃してみる．ススを上げて燃えるのがベンゼン，シクロヘキサンは普通に燃える．（ニ）ベンゼンは炭素含有量が大きく，燃焼の際炭素のススを出す．

(3) (2) と同じ方法でよい．灯油はシクロヘキサンと同じように，トルエンはベンゼンと同じように見なせばよい．

2.1 (1)
$$\begin{array}{c} CH_3 \\ H{-}\!\!\!\!|{-}Br \\ H{-}\!\!\!\!|{-}Br \\ CH_3 \end{array}$$
メソ形の 2,3-ジブロモブタンが生成する．例題 2 (1) を参照．

(2) $C_6H_5{-}Br$ ルイス酸を触媒として（普通は鉄粉を用いるが，鉄と臭素が反応して，臭化鉄(Ⅲ)を生じ，これがルイス酸として触媒の働きをする．水分を含んだ臭化鉄(Ⅲ)は水が鉄に配位していてルイス酸の働きをしない．）Br_2を作用させる．

(3) CH_3CH_2Br．光を照射しながら臭素を作用させる．

(4) $CH_2=CH-CHBr-CH_2Br$ と $CH_2Br-CH=CH-CH_2Br$．1,2-付加と 1,4-付加が平行して起こる．前者が 20%，後者が 80% の割合になる．

2.2 (1) $C_6H_5{-}COCl$（触媒として $AlCl_3$）フリーデル-クラフツ反応

(2) $CH_2=CH-CH_3$（触媒として H_2SO_4）$CH_2=CH-CH_3$ に $H^{\oplus}$ が付加して，$CH_3\overset{\oplus}{C}HCH_3$ を生じ，これが，ベンゼン環を攻撃する．$CH_3CHClCH_3 - AlCl_3$ の組合せでもよい．

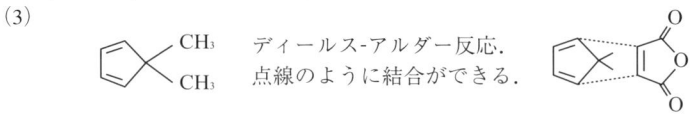

(3)
シクロペンタジエン + 無水マレイン酸 → ディールス-アルダー反応．点線のように結合ができる．

(4) O_3, $KMnO_4$, $K_2Cr_2O_7$ などの酸化剤を作用させる．

3.1 **A**, **B** はともに脱水で $CH_3CH=CH_2$ を与える．**A**, **B** は $CH_3CH_2CH_2OH$, $CH_3CH(OH)CH_3$ である．$CH_3CH=CH_2$ は H_2SO_4 を触媒とし C_6H_6 と反応し $(CH_3)_2CH-C_6H_5$ になる．**C** は C_6H_5-（触媒 H_2SO_4），フリーデル-クラフツ反応の一種である．

$CH_3CH=CH_2$ に Cl_2 が付加して **D** $CH_3CHClCH_2Cl$ を生ずる．

$CH_3CH=CH_2$ に $CH_3CH_2CH_3$ にするには触媒（白金，パラジウム，ニッケル）を用いて H_2 を反応させる（**E**）．

8章の解答

1.1 (a) H_2O が脱離している．脱離反応．
(b) Br_2 が二重結合に付加している．付加反応．
(c) Br が OH に置き換わっている．置換反応．
(d) 2分子の HBr が脱離している．脱離反応．

1.2 (1) H_2 の付加（イ），同時にHがつくことは還元（b）である．

(2) HがClによって置き換わっている（ロ）．C$_6$H$_5$—CHCl$_2$ は加水分解（酸化でも還元でもない）によって C$_6$H$_5$—CHO になる．C$_6$H$_5$—CHCl$_2$ と C$_6$H$_5$—CHO の酸化状態は同じ．

$$C_6H_5-CHCl_2 \xrightarrow{H_2O} C_6H_5-CHO + 2HCl$$

したがって，C$_6$H$_5$—CH$_3$ ⟶ C$_6$H$_5$—CHCl$_2$ の変化は酸化，還元の観点からは C$_6$H$_5$—CH$_3$ ⟶ C$_6$H$_5$—CHO の酸化(a)に対応する．

(3) OHが2個付加（イ）する反応，酸化（a）反応でもある．

2.1 (1) ラジカル種 (2) 求核種，$-O^{\ominus}$ で非共有電子対をもち，負に帯電しており，電子対を他分子に供与する． (3) :P(C$_6$H$_5$)$_3$ 非共有電子対をもち求核反応をする．N(C$_6$H$_5$)$_3$ より電子対供与能が大きい．求核種． (4) ラジカル種 (5) ラジカル種
(6) 求核種 (7) Cl・よりさらに電子1個少ない．$:\ddot{C}l^{\oplus}$ 空の軌道をもち，求電子種．

3.1 (1)（安定）$C > B > A$（不安定）
Cの正電荷は隣接の π 電子系からの電子の流入によって中和されている．共鳴で表現すると
$$CH_2=CH-\overset{\oplus}{C}H_2 \longleftrightarrow \overset{\oplus}{C}H_2-CH=CH_2$$
二つの極限構造式は等価で共鳴による安定化は大．したがって一番安定．Bは両側の CH$_3$ の超共役による電子供与によって中央の正電荷が中和されるのにAの正電荷は CH$_3$ 基より弱い C$_2$H$_5$ の電子供与によって中和されているだけ．
(2) 不対電子が共役系を伝わって非局在化できるほど安定．ベンゼン環が多いほど非局在化は大きくなるから，（安定）$F > E > D$（不安定）．
(3)（安定）$G > I > H$（不安定）
(4)（安定）$J > K$（不安定）

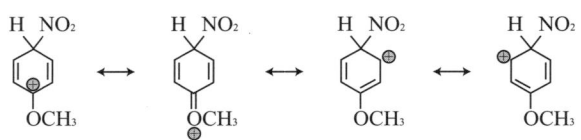

p.72でフェノールのニトロ化について述べたのと同様に考える．p-位に $NO_2^{\oplus}$ が付加したものは ⊕ 電荷が $-OCH_3$ で中和されるために安定となる．

(5) （安定）$N > P > M > L > O$（不安定）

p-位の$-OCH_3$, $-CH_3$はM効果で電子供与性であり，$NO_2^{\oplus}$の加加によって生じた正電荷を中和し，ニトロ化の遷移状態を安定化する．$-OCH_3$, $-CH_3$のうちでは$-OCH_3$の電子供与性M効果の方がCH_3のそれより大きいので，$N > P$の順になる．p-位のハロゲンは電子供与性のM効果で$NO_2^{\oplus}$によって導入された正電荷を中和するが，ハロゲンの大きな電気陰性度のために電子供与性はp-CH_3より小さい．ハロゲンの電子供与性M効果は$I > Br > Cl > F$の順であるから，$P > M > L$の順になる．$-COOH$はM効果電子求引で，Oの構造は不安定である．

4.1 Cl_2が光のエネルギーを吸収すると2個の塩素原子$Cl\cdot$（ラジカル）に開裂する．一方，Cl_2はルイス酸である$AlCl_3$の作用によって$Cl^{\oplus}$を発生させる．

$$:\!\ddot{\underset{..}{Cl}}\!:\!\ddot{\underset{..}{Cl}}\!: \quad \begin{array}{c} Cl \\ \Box \ddot{A}l : Cl \\ Cl \\ \text{空の軌道} \end{array} \longrightarrow :\!\ddot{\underset{..}{Cl}}\!:\!\ddot{\underset{..}{Cl}}\!:\!\ddot{A}l:Cl \longrightarrow :\!\ddot{\underset{..}{Cl}}\!\overset{\oplus}{\Box}\ [AlCl_4]^{\ominus}$$
空の軌道

$Cl^{\oplus}$は正電荷をもつので，環のπ電子系を攻撃するが，特に，CH_3-の電子供与性M効果によって$\ominus$に帯電したCH_3-に対してo-, p-位を攻め，置換反応を行う．

$Cl\cdot$は状況によって様々な反応をするが，〈benzene〉$-CH_3$に対しては水素引抜きをする．ClはHと親和性が強く，安定なHClを生ずる．側鎖の$-CH_3$からHが引き抜かれて生ずるラジカルは，不安定中間体といっても，ベンゼン環との共役によって安定化しており，ベンゼン環の水素が引き抜かれたラジカルよりはるかに安定である．

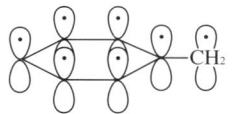

側鎖からHが引き抜かれて生ずるラジカル．環と共役している．

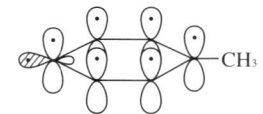

環水素からHが引き抜かれて生ずるラジカル．斜線の軌道に局在し不安定．

〈benzene〉$-CH_2\cdot$はCl_2と反応し，$Cl\cdot$を生じ，したがって反応は連鎖で進む．

〈benzene〉$-CH_2\cdot + Cl_2 \longrightarrow$ 〈benzene〉$-CH_2Cl + Cl\cdot$

$Cl\cdot +$ 〈benzene〉$-CH_3 \longrightarrow$ 〈benzene〉$-CH_2\cdot + HCl$

4.2 $CH_2=CHCH_3$ は π 電子をもつもので，これをめがけて $H^⊕$ が攻撃する．

$$\overset{⊕}{CH_2}-\underset{H}{CH}-CH_3 \qquad CH_2-\underset{H}{\overset{⊕}{C}H}-CH_3$$
$$\text{(A)} \qquad\qquad \text{(B)}$$

$H^⊕$ が付加して生ずる可能性のある2種の炭素陽イオン（カルボニウムイオンあるいはカルベニウムイオン）のうち，**A**の方は ⊕ が二つの CH_3- 基の超共役 (p.38) によって中和される．一方，**B**の方は ⊕ 電荷が1個のエチル基によって中和されているので安定性は **A** > **B**. 自然の変化はエネルギーの低い状況をたどって起こることが多く，この場合も **A** が選択的に生ずる．$CH_2=CH-CH_3$ に対するHClの付加で，$H^⊕$ はHを多くもったCにつく（マルコヴニコフ則）．

4.3 ニトロ化の活性種 $\overset{⊕}{NO_2}$ 　　$HNO_3+H_2SO_4 \rightleftarrows \overset{⊕}{NO_2}+H_2O+HSO_4^⊖$ で生成する．

クロロ化の活性種 $Cl^⊕$ 　　$Cl-Cl+AlCl_3 \rightleftarrows Cl^⊕ + [AlCl_4]^⊖$ で生成．

フリーデル-クラフツアシル化反応 $CH_3\overset{⊕}{CO}$ 　$CH_3COCl+AlCl_3 \rightleftarrows CH_3\overset{⊕}{CO}+[AlCl_4]^⊖$ で生成する．

4.4 $\overset{⊕}{OH}$, $\overset{⊕}{NH_2}$ を作り出すことが難しいため．

4.5 (1) ![phenyl]-$\underset{Br}{CH}-CH_3$　光の作用によって $Br\cdot$ が生じ，水素引抜きを行うが，![phenyl]-$\dot{C}HCH_3$ は不対電子がベンゼン環と共役し安定になる．![phenyl]-$CH_2CH_2\cdot$ の不対電子は孤立しており不安定．

安定度　![phenyl]-$\dot{C}HCH_3$ > ![phenyl]-$CH_2CH_2\cdot$

以上より ![phenyl]-$\dot{C}HCH_3$ を経て ![phenyl]-$\underset{Br}{C}HCH_3$ が生成することが理解できる．

(2) ![phenyl]-$\underset{Br}{C}(CH_3)_2$, ![phenyl]-$\dot{C}(CH_3)_2$ はベンゼン環との共役に加え，CH_3 の超共役もあり安定となる．

(3) $(CH_3)_2\underset{Br}{C}CH_2CH_3$　炭素陽イオンの場合と同じように，ラジカルもアルキル基，特にメチル基に囲まれていると安定になる（超共役，例題6参照）．

5.1 本章，例題3および問題3.1参照．

(1) ![3-nitrobenzoate COOCH_3, NO_2]　$-COOCH_3$はM効果電子求引．したがってメタ配向性．

(2) [構造式: オルト-ニトロフェニルアセタート, パラ-ニトロフェニルアセタート]　ベンゼン環にOがついており，M効果で電子供与．
（→オルト，パラ配向性）

(3) [構造式: 4-クロロ-2-ニトロトルエン]　－CH$_3$，－Cl基はともにo-, p-配向性であるが，－CH$_3$基の電子供与の影響の方が大きい（ハロゲンについては例題3参照）．

(4) [構造式: 1-クロロ-2,4-ジニトロベンゼン]　－Clはo-, p-配向性，NO$_2$はm-配向性である．新たに導入されるニトロ基の位置は二つの要件を満たしている．

5.2 ⟨benzene⟩ と ⟨benzene⟩－NO$_2$のニトロ化の容易さを比べると，⟨benzene⟩の方がはるかに容易である（－NO$_2$基の存在は環の求電子試薬による攻撃を著しく困難にする）．⟨benzene⟩のニトロ化の条件では⟨benzene⟩－NO$_2$はニトロ化されない．これに対して，⟨benzene⟩－Brの求電子試薬に対する反応性は⟨benzene⟩のそれより少し低い（ハロゲン基はo-, p-配向性ではあるが，環の反応性をやや下げる．しかしその程度はそれほど大きいものではない．）だけである．したがって，⟨benzene⟩の臭素化ではBr－⟨benzene⟩－Brが副生することが多い．

5.3 ニトロ化はHNO$_3$とH$_2$SO$_4$との混合物を用いて行う．いずれも酸なので－NH$_2$がプロトン化されてしまい，⟨benzene⟩－$\overset{\oplus}{\text{NH}_3}$となる．－$\overset{\oplus}{\text{NH}_3}$はもはや非共有電子対をもたず⊕に帯電しているため電子求引性であり，m-位に置換が起こる．

5.4 －NHCOCH$_3$基においては，N上の非共有電子対が＞C＝Oの方に引き寄せられ，Nの塩基性が低下していてH$^\oplus$との結合が起こらない．一方，－NHCOCH$_3$のN上の非共有電子対の一部は環の方にも流れ出すので，o-, p-配向性の原因となる．

5.5 容易なものを前において並べる．

(1) ⟨benzene⟩－CH$_3$ > ⟨benzene⟩ > ⟨benzene⟩－COOH　－CH$_3$はM効果電子供与で反応を容易にする．－COOHはM効果電子求引で，求電子反応を困難にする．

(2) ⟨benzene⟩－I > ⟨benzene⟩－Cl > ⟨benzene⟩－F　ハロゲンはo-, p-配向性ではあるが，電気陰性度が大きく，電子を引きつけるため，環の求電子試薬との反応性は⟨benzene⟩よりも低くなる．反応性の低下はハロゲンの電気陰性度が大きいほど大きい．

(3) ⟨benzene⟩ > ⟨benzene⟩－NO$_2$ > ⟨1,3-ジニトロベンゼン⟩　－NO$_2$基は環の求電子置換反応性を下げる．1個の場合より2個の方がその効果が大きい．

6.1 $CH_2=CHCH_3 + HBr \longrightarrow CH_2BrCH_2CH_3$ の反応はラジカル連鎖反応で進む．連鎖反応においては少量の$Br\cdot$ が発生すれば，あとは将棋倒しに反応が進行してしまうため速やかに反応が進んでしまう．

6.2 ラジカル反応によってハロゲン化水素の付加が起こるためには，つぎの条件が必要．
　a) 光あるいは過酸化物によって容易に$X\cdot$（ハロゲン原子）が生成する．
　b) 生じたラジカルが十分な反応性をもっていて二重結合を攻撃する．
HClの場合，Clの電気陰性度が大きく，$Cl^{\ominus}$ ＋過酸化物 $\longrightarrow Cl\cdot$ という酸化が起こりにくく，$Cl\cdot$ が容易に生成しない．
HIの場合，$I\cdot$ は容易に生成するが，$I\cdot$ の反応性が弱すぎて$C=C$に付加することができない．結局a), b) の両条件を適当に満たすHBrでラジカル反応による付加が起こる．

6.3 (1) $CH_3CH=CHCH_2CH_3 + HI \longrightarrow CH_3CH_2-CHICH_2CH_3 + CH_3CHI-CH_2CH_2CH_3$
二重結合の両側の枝わかれの程度は同じようで，こういう場合は2種類の付加が起こる．

(2) $CH_2=CHCH_3 + H_2SO_4 \longrightarrow CH_3-\underset{\underset{OSO_3H}{|}}{C}HCH_3$

H_2SO_4 は$H^{\oplus}\ {}^{\ominus}OSO_3H$に分かれて二重結合に付加する．生成するのは$CH_3CH(OH)CH_3$の硫酸エステルである．エステルは水中で容易に加水分解される．したがって，H_2SO_4を触媒にしてアルケンに水を付加させアルコールを合成することができる．

(3) $\text{Ph}-CH=C(CH_3)_2 + HI \longrightarrow \text{Ph}-\underset{\underset{I}{|}}{C}H-CH(CH_3)_2$

マルコヴニコフ則に反する生成物であるが，$H^{\oplus}$ が右側のCについてできる

$\text{Ph}-\overset{\oplus}{C}H-CH(CH_3)_2$ の $\oplus$ 電荷が環との共役によって非局在化し安定であるのに対し，

$\text{Ph}-CH_2-\overset{\oplus}{C}(CH_3)_2$ は$-CH_3$の超共役による安定化を受けているだけである．一般に，ベンゼン環との共役は超共役より大きな作用を果すので $\text{Ph}-\overset{\oplus}{C}H-CH(CH_3)_2$ を経由して反応が進む．

7.1 配向性を考えて，置換基導入の順序を考える．

(1) $\text{Ph-H} \xrightarrow{HNO_3-H_2SO_4} \text{Ph-NO}_2 \xrightarrow{\text{発煙}HNO_3} \text{1,3-(NO}_2)_2\text{C}_6\text{H}_4$

(2) $\text{Ph-H} \xrightarrow{Cl_2-\text{鉄粉}} \text{Ph-Cl} \xrightarrow{HNO_3-H_2SO_4} \text{Cl-C}_6\text{H}_4\text{-NO}_2\text{ (para)}$

(3) $\text{Ph-H} \xrightarrow{Br_2-\text{鉄粉}} \text{Ph-Br} \xrightarrow{CH_3COCl-AlCl_3} \text{Br-C}_6\text{H}_4\text{-COCH}_3\text{ (para)}$

9章の解答

1.1 求核置換反応は，(1) 求核試薬 $I^\ominus$ による Cl 置換（$Cl^\ominus$ として脱離），(3) 求核試薬 $Cl^\ominus$ による OH の置換，(5) 求核試薬 NH_3 による Br の置換（$Br^\ominus$，$H^\oplus$ の脱離），(6) 求核試薬 ⟨C₆H₅⟩-$O^\ominus$ による I の置換（$I^\ominus$ が脱離），(8) 求核試薬 $CH_3^\ominus$ による Br の置換（$Br^\ominus$ が脱離），CH_3-MgI では Mg が金属のため電子が CH_3 に偏り $CH_3^\ominus$ の性格をもつ．(4) は付加反応，(2) は置換反応であるがラジカル反応，(7) は付加反応．

2.1 この系列では Cl の結合している C は RCH_2- でアルキル基が1個しかついていない第一級炭素である．したがって，C 上の $\oplus$ 電荷の大きさには差がなく，$I^\ominus$ の攻撃に対する立体的な妨害が反応の容易さを支配する．R の枝わかれが多いと $I^\ominus$ は Cl の結合している炭素に近づきにくい．反応が容易な順，下の数字は相対反応速度比である．

$$CH_3CH_2Br > CH_3CH_2CH_2Br > (CH_3)_2CHCH_2Br > (CH_3)_3CCH_2Br$$
$$1 \qquad 0.82 \qquad 0.36 \qquad 0.000012$$

2.2 p.88 の求核性の順になる．

$$SH^\ominus > CN^\ominus > I^\ominus > OH^\ominus > Br^\ominus$$

2.3 HCl によって $\geq C-OH$ は $\geq C-\overset{\oplus}{O}H_2 +$ となり，C 上の $\oplus$ 電荷は $\geq C-OH$ の場合より大きくなり，$Cl^\ominus$ の攻撃を受けやすくなる．また，$OH^\ominus$ より H_2O の方が脱離しやすい．

3.1 S_N1 においては中間にカルボニウムイオンが生成する．極性の溶媒中ではカルボニウムイオンが安定化されるため，S_N1 反応は極性溶媒中で起こりやすい．S_N2 反応の遷移状態は $\ominus$ 電荷が左右に分かれ，全体として極性が小さい状態である．極性溶媒はイオン性の原系を安定化するが，遷移状態は安定化しない．

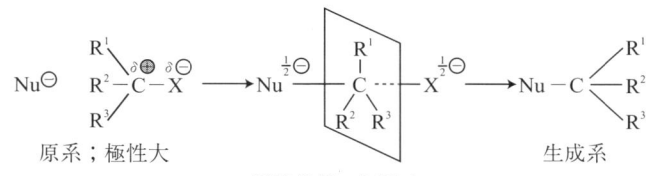

$$Nu^\ominus \quad R^2-\overset{R^1}{\underset{R^3}{C}}-X \xrightarrow{\delta\oplus \ \delta\ominus} Nu \cdots \overset{R^1}{\underset{R^2 \ R^3}{C}} \cdots X^{\frac{1}{2}\ominus} \longrightarrow Nu-\overset{R^1}{\underset{R^3}{C}}-R^2$$

原系；極性大　　　　　遷移状態；極性小　　　　　生成系

原系と遷移状態のエネルギー差は，極性溶媒中の方が無極性溶媒中よりも大きく，したがって，S_N2 は無極性溶媒中での方が容易である．

3.2 (1) S_N1 反応は中間に生成するカルボニウムイオンの $\oplus$ 電荷が周囲の基によって中和されるほど起こりやすい．

$$CH_2=CHCH_2Br > (CH_3)_2CHBr > CH_3CH=CHBr$$

$CH_2=CH-\overset{\oplus}{CH_2} \longleftrightarrow \overset{\oplus}{CH_2}-CH=CH_2$ の共鳴による安定化が大きいので $CH_2=CH-CH_2Br$ は $Br^\ominus$ を脱離しカルボニウムイオンになりやすい．これに反し $C=C-Br$ の構造は $C=C-Br \longleftrightarrow \overset{\ominus}{C}-C=\overset{\oplus}{Br}$ の共鳴もきいて $C-Br$ の結合が強く，$Br^\ominus$ の脱離は困難である．$C=C-C-Br$ の系と $C=C-Br$ の系との大きな違いに注意．

(2) ⟨C₆H₅⟩-$C-Cl$ の系は $C=C-C-Cl$ と類似の系で $Cl^\ominus$ の脱離したあとの $\oplus$ 電荷がベンゼン環と共役して安定化する．このような役割を果すベンゼン環が2個ある分子の方が S_N1 を起こしやすい．

$C_6H_5-CH(Cl)-C_6H_5$ > $C_6H_5-CH_2Cl$

(3) $Br^{\ominus}$ の脱離したあとの炭素陽イオンの安定性は p-位に M 効果電子供与性基があると安定化し，逆に p-位に M 効果電子求引基があると不安定化する．

$CH_3O-C_6H_4-CH_2Br$ > $C_6H_5-CH_2Br$ > $O_2N-C_6H_4-CH_2Br$

3.3 (1) $C_6H_5-CH_2Cl$ は極性溶媒中で容易に $Cl^{\ominus}$ を与えるのに対し，$CH_3-C_6H_4-Cl$ は $C=C-Cl$ と同じ性質で $Cl^{\ominus}$ の脱離は非常に困難である．したがって，両者を水を含むアルコールに溶かし，$AgNO_3$ を加えてみればよい．

AgCl の白い沈殿を生ずるのが $C_6H_5-CH_2Cl$．

(2) $CH_3CH_2CH_2CH_2I$ は S_N1 を起こしにくく $(CH_3)_3CI$ は S_N1 を起こしやすい．前問と同じく，極性の水を含むアルコール溶液として $AgNO_3$ を作用させる．
AgI のやや黄色の沈殿を生成するのが $(CH_3)_3CI$．

4.1 S_N1，S_N2 の違いについては p.86 のまとめをよく理解して頂きたい．一つの方法は KI の濃度を変化させ，$CH_3CH_2CHICH_3$ の生成速度（ガスクロマトグラフィーなどによって，$CH_3CH_2CHICH_3$ の量が定量できる）がどう影響されるか調べる．S_N1 なら影響を受けない．S_N2 なら KI 濃度の増加に比例して $CH_3CH_2CHICH_3$ の生成速度が大きくなる．
第二の方法は反応物に鏡像異性体の一方を用い反応させることである．S_N1 なら生成物 $CH_3CH_2CHICH_3$ は旋光性をもたない．ただし，例題 4(1) でも述べたように S_N1 でも旋光性が残る場合が多い．この点，KI の濃度を変化させる判定法の方が使いやすい．

4.2 (1)
```
    COOH
    |
H - C - OH       $S_N2$ 反応が
    |            起こっている．
    CH_2COOH
```

(2)
```
    CH_2CH_3
    |
H - C - OH       加水分解．結合切断は
    |            O
    CH_3         ‖
              O ┊ C - CH_3  で起こって
```
おり，不斉炭素のまわりの立体配置は不変．

(3) シクロペンタン環に CH_3 と I が結合した構造

4.3 比較的極性の小さな $(CH_3CO)_2O$ の中で，強い求核試薬である $CH_3COO^{\ominus}$ を作用させた場合は S_N2 反応が起こっている．極性の大きな CH_3COOH 中では S_N1 反応になるが

$C_6H_5-CH=CH-\overset{\oplus}{C}H_2 \longleftrightarrow C_6H_5-\overset{\oplus}{C}H-CH=CH_2$

の共鳴のため $\oplus$ 電荷を側鎖の 2 個所がもつ．この $\oplus$ を CH_3COOH（$CH_3COO^{\ominus}$ より求核性は小さい）が攻撃して 2 種類の生成物が生ずる．

5.1 (1) 主として $CH_3CH_2CH=CH_2$ が生成．$CH_3CH_2CH_2CH_2OH$ も生成する．
(2) $CH_3C\equiv C-CH_2CH_2CH_3$ S_N2 反応による．
(3) $CH_3CH_2CH_2I$
(4) $CH_3OCH_2CH_2CH_3$．$CH_3CH_2CH=CH_2$ も生成する．

5.2 (1) $(CH_3)_2C=CHCH_3$ （枝わかれの多いアルケンが生成する）

(2) シクロヘキセン-CH₃ 構造

(3) ニューマン投影式 → CH_3 と C_6H_5 がトランス配置のアルケン

(4) 構造式 (A), (B)

この分子のとり得る二つの立体配座 **A**，**B** のうち，**A** では Cl とアンチの立体配座をとる H が隣の C 上にないのに対し，**B** では Ⓗ が Cl に対しアンチの立体配座を占めており Cl と Ⓗ が脱離して生成物となる．

(5) (4) と同様に考える．**C**，**D** の立体配座のうち，**C** では Cl にアンチの立体配座をとる隣接 C 上の H はないので HBr の脱離は **C** からは起こらない．一方 **D** では両側の C の Ⓗ が Cl に対しアンチとなっているので，H の脱離はどちら側からも起こりうる．ただし $(CH_3)_2CH-$ のついている側から抜ける方がザイツェフ則に合っているので，その方が優先して起こる．生成物

$(CH_3)_2CH-$ ⌬ $-CH_3$ (75％) CH_3 ⌬ $-CH_3$ (25％)
                                  $(CH_3)_2CH$

5.3
$$CH_3CH_2CH_2\underset{CH_3}{\underset{|}{C}}BrCH_3 \xrightarrow{\text{KOH}-アルコール中} CH_3CH_2CH=C(CH_3)_2 \xrightarrow{\text{HBr, 光}}$$

$CH_3CH_2\underset{Br}{\underset{|}{C}}HCH(CH_3)_2$

5.4 $CH_3S^{\ominus}$ やわらかい塩基で求核性は大きいが，塩基性が小さいから．

10章の解答

1.1 (1) CH_3CH_2I．CH_3CH_2Cl，CH_3CH_2Br でもよいが，反応性の高いこと，沸点が他のものに比して高く（C_2H_5I の沸点 72℃，C_2H_5Cl のそれは 12℃）取り扱いやすいと同時に還流の温度が上げられるので反応がスムーズに進む．

(2) 通常の酸化剤．たとえば $K_2Cr_2O_7-H_2SO_4$，$KMnO_4-H_2SO_4$

(3) $C_2H_5OH-H_2SO_4$

(4) 希硝酸．OH基は電子供与性で，ベンゼン環の置換反応を容易にしているので，穏やかな条件で o-, p-位がニトロ化される．

1.2 (1) $(CH_3)_3CCl$　（第三アルコールのOHはHClによって容易にClに代わる．）

(2) ⟨benzene⟩-OCH_2COONa　（S_N反応）

(3) ⟨benzene⟩　（グリニャール試薬はアルコールOHの活性水素によって分解される．MgI→Hの置換が起こってしまう（大体の場合，望ましくない反応）．）

(4) ⟨benzene⟩-$CH=CH_2$　（脱水反応）

(5) $CH_3CH_2OCH_2CH_2OH$　（$CH_3CH_2OCH_2CH_2OCH_2CH_2OH$……など鎖の長いものも副生）
$(CH_2\text{———}CH_2$ は歪のかかったエーテルで歪の解消のため開環しやすい．）
　　O

(6) $CH_3CH=CHCH_3$（脱水は$C=C$の両端に多くのアルキル基がつく方向に起こる．）

2.1 (1) (イ) $NaHCO_3$, Na_2CO_3, (ロ) $NaHCO_3$, Na_2CO_3の水溶液を作って⟨cyclohexyl⟩-OH, ⟨benzene⟩-OH, ⟨benzene⟩-COOHに作用させる．(ハ) $NaHCO_3$, Na_2CO_3水溶液の双方を反応し，気体（CO_2）を発生し，溶けるのは⟨benzene⟩-COOH．Na_2CO_3とは反応し，溶けるが，$NaHCO_3$とは反応しないのが⟨benzene⟩-OH．Na_2CO_3, $NaHCO_3$の両者とも反応せず，溶けないのが⟨cyclohexyl⟩-OH．(ニ) アルコール，フェノール，カルボン酸の酸性の相違を利用している．カルボン酸は強い酸でNa_2CO_3のような強い塩基はもちろん，$NaHCO_3$のような弱い塩基とも反応するが，フェノールは弱い酸なので，$NaHCO_3$のような弱い塩基とは反応できない．アルコールはさらに弱い酸なので，Na_2CO_3とも$NaHCO_3$とも反応しない．

(2) (イ) $ZnCl_2$の濃塩酸溶液（ルーカス試薬），濃塩酸，(ロ) 3種の試料を濃塩酸，ルーカス試薬のそれぞれと混ぜ，よく振りながら変化を見る．(ハ) はじめ均一に混っていた溶液から水に不溶の油状物質が分離し濁ってくるのを見るが，最も速く，濃塩酸を常温で数分間作用させるだけで反応するのは $(CH_3)_3COH$．$CH_3CH_2CH(OH)CH_3$は濃塩酸とは反応しないが，ルーカス試薬とは反応し数分で白濁する．$CH_3CH_2CH_2OH$は容易に反応しない．(ニ) 本反応はS_N1反応による置換である．$(CH_3)_3COH$は容易に $(CH_3)_3C^\oplus$ になる．$CH_3CH_2CH(OH)CH_3$はルイス酸である$ZnCl_2$が$-OH$に結合することによってアルコールの$-OH$を引き抜き $CH_3CH_2\overset{\oplus}{C}HCH_3$を与える．第一アルコールである$CH_3CH_2CH_2OH$は$S_N1$反応を起こしにくい（生成するカルボニウムイオンが不安定なため）．

2.2 (1) ⟨cyclohexyl⟩-OH　cyclohexanol, シクロヘキサノール；⟨benzene⟩-OH　phenol, フェノール；⟨benzene⟩-COOH　benzoic acid, 安息香酸

(2) $CH_3CH_2CH_2CH_2OH$　1-butanol, 1-ブタノール；$CH_3CH_2CH(OH)CH_3$　2-butanol,

2-ブタノール； CH₃CCH₃ 2-methyl-2-propanol，2-メチル-2-プロパノール （CH₃)₃C－基
（CH₃／OH の構造）

をtertiary butyl，略してt-butyl（t-ブチル）とよぶので基官能命名法によってt-butyl alcohol（t-ブチルアルコール）とよんでもよい（この場合，英語名では間にスペースがあるのに日本語名はひとつづきであることに注意）．t-butanolは誤り（基官能命名法と置換命名法の"重箱読み"になっている）．

4.1 (1) HCHO (2) CH₂－CH₂ (O橋) (3) CH₃CHO (4) ⌬－CHO (5) CH₃COCH₃

(6) CH₃CO－⌬－CH₃ (7) ⌬－COOCH₃ または ⌬－COCH₂CH₃

5.1 A ⌬－CH₂Br   B ⌬－CHO または ⌬－COOCH₃

C ⌬－COOH   D ⌬－COOCH₃   E LiAlH₄

11章の解答

1.1 (1) 3-chloropentanedial，3-クロロペンタンジアール．アルデヒドが主基で2個存在する．アルデヒドのCも含めてC数5個の骨格．アルデヒド基は鎖の末端になるのでアルデヒドの位置番号不要．鎖の番号はCHOのCを1番として数えはじめる．-anedialのeはあとが子音のdなので落ちない．

(2) 2-oxobutanal，2-オキソブタナール．主基はCHO，ケトンはアルデヒドより順位が低いから接頭語になる．-anealで母音が重なるのでeを落とす．

(3) 2-cyclohexenecarbaldehyde，2-シクロヘキセンカルバルデヒド．環状のアルデヒド，カルボン酸は環HがCHO，COOHによって置換されていると見て命名する……carbaldehyde，……carboxylic acid の方式が便利．環の1-位が主基であるCHOに占められていると見るのでC＝Cは2-位ということになる．

(4) 1,3-cyclobutanedione，1,3-シクロブタンジオン．

(5) 3-formylbutanoic acid，3-ホルミルブタン酸．CHOよりCOOHの方が上位のためCHOは接頭語として表現される．日本語のホルミル（フォルミルでない）に注意．butanoic acidは慣用名butyric acid（酪酸）でもよい．

(6) 2,3,5,6-tetrachloro-p-benzoquinone，2,3,5,6-テトラクロロ-p-ベンゾキノン．

2.1 アルデヒド，ケトンはアミンと一般に常温で容易に反応する．これに対し，エステルは常温で混合しただけでは反応せず，加熱が必要である．

2.2 ＞C＝O のC上の電子密度が小さいほどN上の非共有電子対の攻撃を受けやすい．したがって X－⌬－COOH の酸性に対するXの効果と平行関係にある（置換安息香酸，置換フェノールの酸の強さについては第6章例題6と問題6.1でくわしく解説した）．

X－がm-位にある場合 ｛ I効果 電子供与→ケトンとアミンの反応を遅くする
（I効果が主体） 　　　｛ I効果 電子求引→ケトンとアミンの反応を速くする

X－がp-位にある場合 ｛ M効果 電子供与→ケトンとアミンの反応を遅くする
（M効果が主体） 　　 ｛ M効果 電子求引→ケトンとアミンの反応を速くする

3.1 (1) 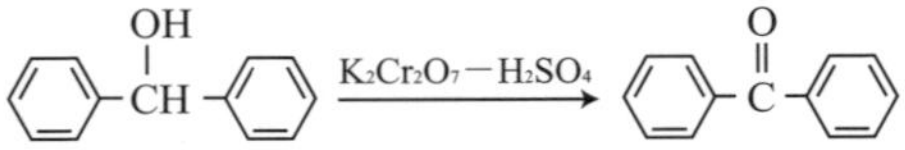 Ph-CH(OH)-Ph →[$K_2Cr_2O_7$-H_2SO_4]→ Ph-CO-Ph　　強い条件で酸化する．

(2)  Ph-COCl →[触媒($AlCl_3$)]→ Ph-CO-Ph　　フリーデル-クラフツ反応を利用する．

3.2 COとHClとでHCOCl（ギ酸の塩化物）を生じ，これが$AlCl_3$を触媒とするフリーデル-クラフツ反応を行うものと考えられる．ただし，HCOClは単離されていない．

3.3 (1) $CH_3CH_2CH_2COCH_2CH_3 + CaCO_3$　　ケトン合成法の一つである．

(2) オゾニドを経て，>C=C< が >C=O　O=C< に変換される．
$CH_3COCH_3 + CH_3CH_2CHO$

(3) 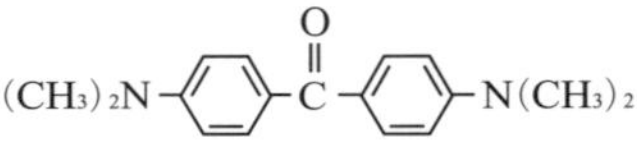 $(CH_3)_2N$-Ph-CO-Ph-$N(CH_3)_2$　　フリーデル-クラフツ反応が2回起こる．

(4) 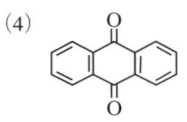 アントラキノン（9,10-アントラセンジオン）

4.1 アルデヒドに関する基本的な反応ばかりである．

(1) 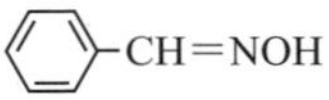 Ph-CH=NOH　　(2) 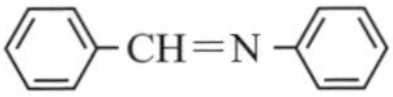 Ph-CH=N-Ph　　(3) Ph-CH=CHCOCH$_3$

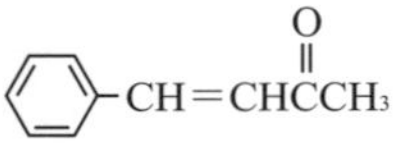

(4)  Ph-CH$_2$OH（Ph-CHO, HCHOはともにCHOの隣のC上にHがないので，アルカリの作用によって，アルドール縮合型の反応ではなく，カニッツァーロ型の反応を起こす．安価なHCHOを過剰に用いることによって，もう一方のアルデヒド（この場合はPh-CHO）を効率よくアルコールに導くことができる．((7)と比較せよ．)

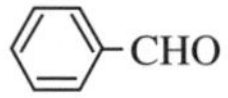

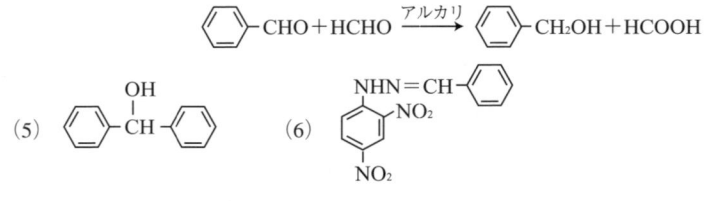

Ph-CHO + HCHO →[アルカリ]→ Ph-CH$_2$OH + HCOOH

(5) Ph-CH(OH)-Ph

(6) 2,4-ジニトロフェニルヒドラゾン（NHN=CH-Ph, NO_2, NO_2）

(7) カニッツァーロ反応．CHOの隣のC上にHがない場合，アルデヒドにアルカリを作用させると -CHO ⟶ -CH$_2$OHの還元と -CHO ⟶ -COOHの酸化が共役して起こる（不均化disproportionation）．

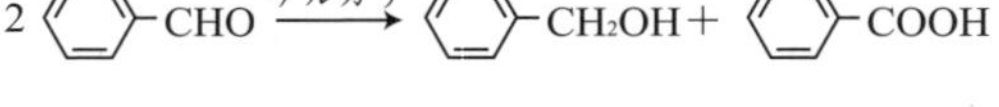

2 Ph-CHO →[アルカリ]→ Ph-CH$_2$OH + Ph-COOH

(8) C₆H₅-CH₃ （クレメンセン還元）

5.1 (1) 水に溶かしたとき酸性を示す（リトマス紙で検出してもよいし，NaHCO₃と反応させ気体（CO₂）の発生によって見てもよい）ものがCH₃COOH．
残りの2試料のうち，ケトンの検出試薬（2,4-ジニトロフェニルヒドラジンなど）を作用させたとき反応し結晶性の誘導体を作るのがCH₃COCH₃．
以上の反応を起こさないのがCH₃CH₂OH．

(2) 2,4-ジニトロフェニルヒドラジン を作用させる．C₆H₅-CH=CHCHO と C₆H₅-CH₂COCH₃ とは 2,4-ジニトロフェニルヒドラゾンの沈殿を与える．反応しないのが CH₃-C₆H₄-OH であるが，さらに確かめるにはFeCl₃を作用させる．フェノールに基づく紫色の呈色を見る．
2,4-ジニトロフェニルヒドラジンと反応した二つの試料にフェーリング試薬あるいはアンモニア性硝酸銀の溶液を作用させる．反応して赤色のCu₂O，あるいは銀鏡を生成するのがアルデヒドである C₆H₅-CH=CHCHO である．

6.1 (1) C₆H₅-CH(-CH₂-CO-CH₃)(CN)(COOCH₃)   例題6（2）参照

(2) [構造式: ベンゼン環とジオン縮合環系 ≡ 二環式構造 H付加体]

(3) C₆H₅-CH₂NH₂． C₆H₅-CH=NH が生成したあと水素化される．

7.1 A C₆H₅-CH₂Cl   B C₆H₅-CHCl₂   C C₆H₅-CH₂OH   D K₂Cr₂O₇－H₂SO₄
   E Na－Hg（ナトリウムのアマルガム）－塩酸   F LiAlH₄   G C₆H₅-NH₂

12章の解答

1.1 第1章を参照のこと．
(1) butanedioic acid，ブタン二酸．日本語名で"酸"が本来の日本語なのでジ酸でなく二酸になっている．慣用名 succinic acid（コハク酸）も使用できる．
(2) 1,4-benzenedicarboxylic acid，1,4-ベンゼンジカルボン酸．1,4-の代りにp-でもよい．環式化合物の場合は-oic acidの方式より-carboxylic acidの方が便利．カルボン（酸）が音訳語なので二でなくジになる．慣用名 terephthalic acid（テレフタル酸）も使用できる．

222　問題解答

(3) 2-methylpropenoic acid, 2-メチルプロペン酸.
(4) methyl 2-chloropropanoate, 2-クロロプロパン酸メチル．エステルの英語名の組立ては，アルコール部分の基名　酸の陰イオン名　である．中間にスペースをおくことに注意．日本語名は　酸の名称　アルコール部分の基名　の組立てをもつ．中間にスペースなし．慣用名 methyl 2-chloropropionate（2-クロロプロピオン酸メチル）でもよい．
(5) ethanoic anhydride, 無水エタン酸．酸無水物の英語名は酸名の acid を anhydride に代える．日本語名は酸名の前に無水をつける．酸名を acetic acid（酢酸）とし，それから acetic anhydride（無水酢酸）を導いてもよい．
(6) *p*-chlorobenzamide, *p*-クロロベンズアミド．アミドの命名はつぎの方式で行う．

　　　　　　酸名　　　　　　　　　　　アミド名
　　　　-oic acid あるいは -ic acid　→　-amide
　　　　-carboxylic acid　　　　　　→　-carboxamide（カルボンアミド）

1.2 (1) $CH_3CH_2CH_2CH_2CH_2CONH_2$

(2) ⟨ ⟩—CONH—⟨ ⟩　(benzoic acid と aniline からできるアミド)

(3) $\underset{1}{N}C\underset{2}{CH_2}\underset{3}{CH}=\underset{4}{CH}\underset{5}{CH_2}\underset{6}{CH_2}CN$

(4) $\underset{\underset{COOH}{|}}{\overset{1}{CH_2}}-\underset{\underset{COOH}{|}}{\overset{2}{CH}}-\underset{\underset{COOH}{|}}{\overset{3}{CH}}-\overset{4}{CH_3}$

(5) $HOOC\underset{1}{C}H=\underset{3}{C}H\underset{4}{C}H_2\underset{5}{C}\equiv\underset{6}{C}-\underset{7}{C}OOH$

2.1 (1) O_3．オゾンで酸化すると ＞C=C＜ ⟶ ＞C=O　O=C＜ の反応が起こる．
(2) $K_2Cr_2O_7-H_2SO_4$ あるいは $KMnO_4$（酸性，中性）．強い酸化剤で酸化．

(3) ⟨ ⟩—NH_2 $\xrightarrow{NaNO_2-H^{\oplus}(0\sim5℃)}$ ⟨ ⟩—$N_2^{\oplus}$ $\xrightarrow{CuCN}$ ⟨ ⟩—CN

(4) ⟨ ⟩—I $\xrightarrow{Mg(乾燥エーテル中)}$ ⟨ ⟩—MgI $\xrightarrow{CO_2(ドライアイス)}$ ⟨ ⟩—COOH
　　　　　　　　　　　　　　　　　　　　　　　　　　　　（グリニャール反応）

(5) 2 ⟨ ⟩—COCl $\xrightarrow{H_2O_2}$ (⟨ ⟩—COO)$_2$　過酸化物は過酸化水素の誘導体．

(6) $BaSO_4$ を担体とした Pd 金属触媒を用いて接触水素化（H_2 で還元）する．ローゼンムント還元．

3.1 $R-\overset{\overset{O}{\|}}{C}-NH_2$ の電子不足の C 上にアルコールの O 上の非共有電子対が攻撃することによって反応が進む．このとき ⊖ に帯電した ＞C=O に硫酸の $H^{\oplus}$ が結合すると，＞$\overset{\oplus}{C}$—OH の形で ⊕ 電荷が C 上に固定され，非共有電子対をもったアルコールの O の攻撃を受けやすくなる．

$\underset{NH_2}{\overset{R}{\underset{|}{O^{\delta-}=C^{\delta+}}}}\xrightarrow{H^{\oplus}}\underset{NH_2}{\overset{R}{\underset{|}{HO-C^{\oplus}}}}\xrightarrow{:O<\overset{R'}{H}}\underset{NH_2}{\overset{R}{\underset{|}{HO-\overset{\oplus}{C}-O<\overset{R'}{H}}}}\xrightarrow{R'-\overset{\oplus}{N}H_4}\underset{|}{\overset{R}{O=C-OR'}}$

カルボン酸とアルコールからエステルを合成するとき触媒として硫酸を用いるのも同じ理由である.

3.2 RCN ⟶ RCOOHの反応は酸, アルカリ存在下でともにスムーズに進む. 酸の作用は上の問題と同じく, $H^{\oplus}$ がNに結合し, C上の $\oplus$ を増強し, H_2O の攻撃を受けやすくする.

$$RC\equiv N \xrightarrow{\delta\oplus \; \delta\ominus \; H^{\oplus}} RC=\overset{H}{\underset{\text{空の軌道}}{N}} \xrightarrow{H_2O} RC=\overset{H}{\underset{\oplus OH_2}{N}} \longrightarrow R-\overset{\oplus}{\underset{OH}{C}}-NH_2 \xrightarrow{H_2O} R-\overset{\oplus OH_2}{\underset{OH}{C}}NH_2$$

$$\xrightarrow{-NH_4^{\oplus}} RCOOH$$

アルカリの $OH^{\ominus}$ は $\oplus$ に帯電した $-C\equiv N$ のCを攻撃する. $OH^{\ominus}$ は H_2O より $\oplus$ の中心を攻撃する力が強い. $RCONH_2$ に再び $OH^{\ominus}$ が攻撃する.

$$RC\equiv N \xrightarrow{\delta\oplus \; \delta\ominus \; OH^{\ominus}} R-\underset{OH}{\overset{\ominus}{C}}=N \xrightarrow{H_2O} RC=\underset{OH}{NH} \xrightarrow{\text{異性化}} R\overset{O}{\underset{}{C}}NH_2 \xrightarrow{OH^{\ominus}} R-\overset{OH}{\underset{O^{\ominus}}{C}}-NH_2$$

$$\xrightarrow{H_2O} R\overset{OH}{\underset{OH}{C}}-NH_2 \xrightarrow{-NH_3} R\overset{O}{C}OH \xrightarrow{\text{アルカリ}} R\overset{O}{C}-O^{\ominus}$$

アルカリの作用の場合はカルボン酸塩が生成し, アルカリが当モル消費されるが, 酸の場合は触媒量でよい.

3.3 エステルの生成はプロトン化されたカルボン酸 $R\overset{OH}{\underset{\oplus}{C}}-OH$ のCに対するアルコールのOの非共有電子対の攻撃によって起こる. フェノールのO上の電子密度はアルコールのそれより小さいので, 有効な反応を起こすことができずエステルが生成しない. フェノールのOと反応させるためには, カルボン酸より反応の高い (C上の電子密度の低い) 酸塩化物RCOClを用いる.

3.4 カルボン酸RCOOHはLiAlH$_4$を分解し金属水素化物が無駄になってしまう.

$$RCOOH + LiAlH_4 \longrightarrow RCOOLi + H_2$$

生成する $RCOO^{\ominus}$ はRCOOR'より電子密度が高く還元を受けにくい.

4.1 例題4 (1) に述べたカルボン酸とフェノールの性質の違いを利用する.

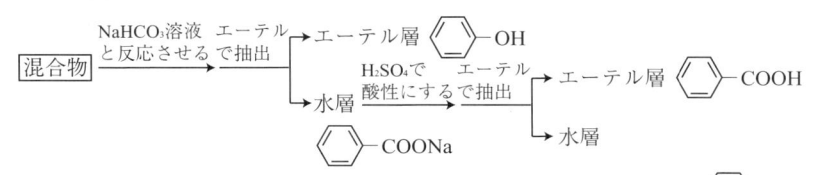

```
                NaHCO₃溶液    エーテル  →エーテル層 ⟨◯⟩—OH
                と反応させる   で抽出
[混合物] ────→                          H₂SO₄で     エーテル   →エーテル層 ⟨◯⟩—COOH
                              →水層    酸性にする  で抽出
                                                              →水層
                              ⟨◯⟩—COONa
```

4.2 上の問題と同様に考える. フェノールの酸性は炭酸より小さいので, ⟨◯⟩—ONa は CO_2 を通じることによって ⟨◯⟩—OH になる. カルボン酸のナトリウム塩は変化しない.

224 問題解答

混合物 →(CO₂を通じる) エーテルで抽出 → エーテル層 [Ph]—OH
　　　　　　　　　　　　　　↘ 水層 →(H₂SO₄で酸性にする) エーテルで抽出 → エーテル層 [Ph]—COOH
　　　　　　　　　　　　　　　　　　　　　　　　　　　　　　　　　　　　↘ 水層
　　　　　　　　　　　　　　　　　　　[Ph]—COONa

[Ph]—ONa + CO₂ + H₂O ⟶ [Ph]—OH + NaHCO₃ の反応が起こっていることになる．

4.3 (1) やや多量の試料と水を混ぜ完全に溶けない程度の混合物を作る．これにNaOHを加える．CH₃—[Ph]—OH なら CH₃—[Ph]—ONa となって溶ける．濃硫酸で注意深く酸性にすると CH₃—[Ph]—OH が油となって分離する．CH₃O—[Ph] の方は変化なし．

(2) [Ph]—NH₂ を加える．直ちに反応するのが ([Ph]—CO)₂O．[Ph]—CONH—[Ph] が生成する．[Ph]—COOCH₃ と [Ph]—NH₂ とは常温では反応しない．

(3) [Ph]—COOCH₃ のベンゼン環は安息香酸と類似の反応性，[Ph]—OCOCH₃ のベンゼン環はフェノールと類似の反応性を示す．たとえばBr₂を作用させる．[Ph]—OCOCH₃ は容易に反応し赤色のBr₂を消費するが，[Ph]—COOCH₃ は反応しにくい．

5.1 [Ph]—CONH₂
- LiAlH₄ → [Ph]—CH₂NH₂
- C₂H₅OH(H⊕) → [Ph]—COOC₂H₅
- H₂O(H⊕) → [Ph]—COOH
- NaOH → [Ph]—COONa
- P₂O₅ → [Ph]—CN

5.2 [Ph]—CN
- LiAlH₄ → [Ph]—CH₂NH₂
- C₂H₅OH(H⊕) → [Ph]—COOC₂H₅
- H₂O(H⊕) → [Ph]—CONH₂ —H₂O(H⊕)→ [Ph]—COOH
- NaOH → [Ph]—CONH₂ —NaOH→ [Ph]—COONa

5.3

$$CH_3COOH \begin{cases} \xrightarrow{SOCl_2} CH_3COCl \\ \xrightarrow{C_2H_5OH(H^{\oplus})} CH_3COOC_2H_5 \\ \xrightarrow{CH_3MgI} CH_3COOMgI + CH_4 \\ \xrightarrow{Na_2CO_3} CH_3COONa \\ \xrightarrow{NaHCO_3} CH_3COONa \end{cases}$$

5.4

$$(CH_3CO)_2O \begin{cases} \xrightarrow{C_6H_5-NH_2} CH_3CONH-C_6H_5 \\ \xrightarrow{C_6H_5-OH} CH_3COO-C_6H_5 \\ \xrightarrow{CH_3CH_2NHCH_3} CH_3CO-N(C_2H_5)(CH_3) \\ \xrightarrow{C_6H_6 (AlCl_3)} CH_3CO-C_6H_5 \end{cases}$$

6.1 **A** Mg   **B** C₆H₅—MgI   **C** SOCl₂（あるいはPCl₅など）   **D** C₆H₅—OH

E C₆H₆, AlCl₃   **F** NH₃   **G** C₆H₅—NH₂   **H** 3-O₂N-C₆H₄-COOH

13章の解答

1.1 (1) $CH_3CH_2CH_2Br \xrightarrow{NaNO_2} CH_3CH_2CH_2ONO$

(2)

フェノール $\xrightarrow[10℃]{希HNO_3}$ o-ニトロフェノール + p-ニトロフェノール

　　　－OHは環の電子密度を上げニトロ化を容易にするので，希硝酸を用い，10℃程度の比較的低い温度で行う．

(3) ニトロベンゼン $\xrightarrow[50-100℃]{発煙硝酸}$ m-ジニトロベンゼン

(4) 安息香酸 $\xrightarrow{HNO_3-H_2SO_4}$ m-ニトロ安息香酸

(5) p-メチルアセトアニリド $\xrightarrow{HNO_3-H_2SO_4}$ 2-ニトロ-4-メチルアセトアニリド

電子供与性は－NHCOCH₃の方がCH₃より大きい．

(6) アニリン $\xrightarrow{HNO_3-H_2SO_4}$ m-ニトロアニリン　（o-ニトロアニリン，p-ニトロアニリンも生成）

第8章問題5.3参照

(7)
$$\begin{array}{c} CH_2OH \\ CHOH \\ CH_2OH \end{array} \xrightarrow{HNO_3} \begin{array}{c} CH_2ONO_2 \\ CHONO_2 \\ CH_2ONO_2 \end{array}$$
グリセリンの硝酸エステル．ニトログリセリンとよばれるがこの名称は正しくない．ダイナマイトの主成分．

2.1 (1) 2,4-ジニトロトルエン (CH₃, NO₂, NO₂) (2) p-トルイジン (CH₃, NH₂) (3) p-メチル-N-ヒドロキシアニリン (CH₃, NHOH) (4) CH₃—⌬—N=N—⌬—CH₃

2.2 (1) Na$^⊕$[CH₃$\overset{\ominus}{\text{C}}$HNO₂]，NO₂の電子求引によって−NO₂のつくCのHがH$^⊕$として引き抜かれる．CH₃$\overset{\ominus}{\text{C}}$HNO₂ はつぎの共鳴で表現される．

$$CH_3\overset{\ominus}{C}H-\overset{\oplus}{N}\overset{O}{\underset{\overset{\ominus}{O}}{\diagdown}} \leftrightarrow CH_3\overset{\ominus}{C}H-\overset{\oplus}{N}\overset{\overset{\ominus}{O}}{\underset{O}{\diagdown}} \leftrightarrow CH_3CH=\overset{\oplus}{N}\overset{\overset{\ominus}{O}}{\underset{\overset{\ominus}{O}}{\diagdown}} \leftrightarrow CH_3CH=\overset{\oplus}{N}\overset{\overset{\ominus}{O}}{\underset{O}{\diagdown}}$$

(2) Ph–CH(OH)–CH(CH₃)–NO₂, 反応は Ph–CH=C(CH₃)–NO₂ まで進む．

(3) (1) を参照．CにH$^⊕$ がつく場合にはCH₃CH₂NO₂が，H$^⊕$ がOにつくと
CH₃CH=N$\overset{OH}{\underset{O}{\diagdown}}$ が生成する．

14章の解答

1.1 (1) butylamine，ブチルアミン，または1-butanamine，1-ブタンアミン．直鎖の炭化水素基に*n*-をつけて*n*-butylamineと書かれるのを目にすることもあるが，butylは何も断らなければ直鎖を意味するので*n*-は不要．
(2) cyclohexylamine, シクロヘキシルアミン，またはcyclohexanamine, シクロヘキサンアミン．
(3) dimethylamine，ジメチルアミン．例題1（3）参照．Nにつく二つのアルキル基が同じ場合である．
(4) *N,N*-dimethylaniline，*N,N*-ジメチルアニリン．例題1（4）参照．
N,N-dimethylbenzenamine，*N,N*-ジメチルベンゼンアミンも可能．
(5) *p*-methylaniline，*p*-メチルアニリン．*p*-toluenamine，*p*-トルエンアミンも可能．
(6) *N*-ethyl-*N*-methylpropylamine，*N*-エチル-*N*-メチルプロピルアミンまたは*N*-ethyl-*N*-methyl-1-propanamine，*N*-エチル-*N*-メチル-1-プロパンアミン，ethylの方がmethylより上位．

2.1 Y—⌬—NH₂ + (CH₃O)₂O ⟶ Y—⌬—NHCCH₃ (C=O) の反応は，N上の非共有電子対が正に帯電した >C=O のCを攻撃するもので，N上の非共有電子対の密度が大きいほど速い．すなわち，Nの塩基性と平行関係にある．例題2および第6章参照．

(1) CH₃O—⌬—NH₂ > ⌬—NH₂ > O₂N—⌬—NH₂

p-位のメトキシル基はM効果で電子供与性で塩基を高める．*p*-位のニトロ基はM効果電子

求引性で塩基性を小さくする．

(2) Br—⟨⟩—NH$_2$ ＞ Cl—⟨⟩—NH$_2$ ＞ O$_2$N—⟨⟩—NH$_2$

p-位のハロゲンはM効果電子供与，I 効果電子求引であるが，I 効果の力がやや勝る．BrはClより電気陰性度が小で，M効果による電子供与性はClより大，逆にI 効果による電子求引性はClより小さく，p-位のNH$_2$の電子密度を下げる効果はBrの方がClより小さい．ニトロ基はM効果で強い電子求引性，したがって塩基性を著しく下げる．

(3) CH$_3$O—⟨⟩—NH$_2$ ＞ ⟨⟩—NH$_2$ ＞ ⟨(CH$_3$O)⟩—NH$_2$

第6章例題8（2）を見よ．

3.1 (1) CH$_3$CH$_2$CH$_2$NH—⟨⟩, (CH$_3$CH$_2$CH$_2$)$_2$N—⟨⟩, (CH$_3$CH$_2$CH$_2$)$_3$N$^⊕$—⟨⟩ Cl$^⊖$

(2) (CH$_3$)$_2$CHCH$_2$NH$_2$（ホフマン分解）

(3) Br—⟨⟩—CH$_2$NH$_2$, (Br—⟨⟩—CH$_2$)$_2$NH, (Br—⟨⟩—CH$_2$)$_3$N, (Br—⟨⟩—CH$_2$)$_4$N$^⊕$Cl$^⊖$

ベンゼン環に直接ついたハロゲンは飽和炭素についたハロゲンと異なり求核置換を受けにくい．

(4) ⟨NH$_2$, NO$_2$⟩ m-ジニトロ化合物に特有な反応．アンモニアアルカリ性にしておいて，H$_2$Sを通じ加熱することによりm-位の2個のニトロ基のうち1個だけを還元できる．

(5) ⟨⟩—NHCH$_3$, ⟨⟩—N(CH$_3$)$_2$, CH$_3$OSO$_2$OCH$_3$ は硫酸とメタノールとのエステルであり，CH$_3$のCはO—SO$_2$の電子求引性によって⊕に帯電しておりNの非共有電子対が攻撃し置換反応を行う．CH$_3$IをCH$_3$OHとHIとのエステルと見るとCH$_3$IとCH$_3$OSO$_2$OCH$_3$の反応に類似性のあることが納得できよう．

3.2 (1) ⟨⟩ $\xrightarrow{Cl_2（触媒AlCl_3）}$ Cl—⟨⟩ $\xrightarrow{HNO_3-H_2SO_4}$

$\begin{pmatrix} \text{Cl—⟨O_2N⟩} \\ \text{Cl—⟨⟩—NO}_2 \end{pmatrix}$ $\xrightarrow{Sn-HCl}$ Cl—⟨⟩—NH$_2$

あるいは

⟨⟩ $\xrightarrow{HNO_3-H_2SO_4}$ ⟨⟩—NO$_2$ $\xrightarrow{Sn-HCl}$ ⟨⟩—NH$_2$ $\xrightarrow{(CH_3CO)_2O}$ ⟨⟩—NHCOCH$_3$

$$\xrightarrow{Cl_2} \left(Cl-\underset{Cl}{\underset{|}{C_6H_4}}-NHCOCH_3 \right) \xrightarrow{H_2O(H^{\oplus})} Cl-C_6H_4-NH_2$$

下の方法で，C$_6$H$_5$-NH$_2$を直接Cl$_2$と反応させるのは-NH$_2$の大きな電子供与性のために環のHが2個，3個（o-, p-位）Clに置換されてしまう．そのため-NHCOCH$_3$にして反応性を低める必要がある．下の方法は段数も多く，上の方法に比べて不利．

(2)
$$CH_3CH=CH_2 \xrightarrow{HCl} CH_3CHClCH_3 \xrightarrow{NH_3} CH_3CHNH_2CH_3$$

CH$_3$CHClCH$_3$＋NH$_3$の反応では第二，第三アミン，第四級アンモニウムを副生する．第一アミンだけを作り出す方法にガブリエル（Gabriel）法がある．

フタルイミド（反応式：フタルイミド $\xrightarrow{Na}$ Na塩 $\xrightarrow{RX}$ N-R体 $\xrightarrow{加水分解}$ RNH$_2$ + o-C$_6$H$_4$(COOH)$_2$ ＋NaX）

4.1 第一アミン，第二アミンの基本的反応を集めた．

(1) C$_6$H$_{11}$-NH$_2$ $\xrightarrow{NaNO_2-HCl}$ C$_6$H$_{11}$-OH + N$_2$

C$_6$H$_{11}$-NH-C$_6$H$_{11}$ $\xrightarrow{NaNO_2-HCl}$ C$_6$H$_{11}$-N(NO)-C$_6$H$_{11}$

(2) C$_6$H$_{11}$-NH$_2$ $\xrightarrow{C_6H_5-COCl}$ C$_6$H$_{11}$-NHCO-C$_6$H$_5$

C$_6$H$_{11}$-NH-C$_6$H$_{11}$ $\xrightarrow{C_6H_5-COCl}$ (C$_6$H$_{11}$)$_2$N-CO-C$_6$H$_5$

(3) C$_6$H$_{11}$-NH$_2$ + C$_6$H$_5$-CHO ⟶ C$_6$H$_{11}$-NH-CH(OH)-C$_6$H$_5$ ⟶ C$_6$H$_{11}$-N=CH-C$_6$H$_5$

C$_6$H$_{11}$-NH-C$_6$H$_{11}$ + C$_6$H$_5$-CHO ⟶ (C$_6$H$_{11}$)$_2$N-CH(OH)-C$_6$H$_5$

C$_6$H$_{11}$-NH$_2$の場合は脱水まで反応が進む．C$_6$H$_{11}$-NH-C$_6$H$_{11}$の場合はOHのついたCの隣の原子にHがないので脱水できない．

(4) C$_6$H$_5$-N=C=O はフェニルイソシアナート（phenyl isocyanate）とよばれ，CはNとOと

二重結合で結ばれているが，N，Oの大きな電子陰性度のために ⊕ に帯電している．ここにアミンのN上の非共有電子対が攻撃する．

C₆H₁₁-NH₂ + C₆H₅-N=C=O ⟶ C₆H₅-N⁻-C(⁺NH₂-C₆H₁₁)=O ⟶ C₆H₅-NH-C(=O)-NH-C₆H₁₁
（尿素の誘導体）

同様に

C₆H₁₁-NH-C₆H₁₁ + C₆H₅-N=C=O ⟶ C₆H₅-NH-C(=O)-N(C₆H₁₁)₂

4.2 (1) C₆H₅-NH₂ + (CH₃CO)₂O ⟶ C₆H₅-NHCOCH₃

(2) C₆H₅-N(CH₃)₂ + 3Br₂ ⟶ 2,4,6-Br₃C₆H₂-N(CH₃)₂　　-N(CH₃)₂の大きな電子供与性のためBrが o-, p-位のすべてに入る．

(3), (4) C₆H₅-NHCOCH₃ →(HNO₃) O_2N-C₆H₄-NHCOCH₃ + o-O_2N-C₆H₄-NHCOCH₃

C₆H₅-NH₂ と C₆H₅-NHCOCH₃ のニトロ化については第8章問題5.3に詳述した．ニトロ化の条件では C₆H₅-NH₂ は C₆H₅-⁺NH₃ になっており，N上非共有電子対はなく，かえって ⊕ に帯電し，m-ニトロ化が著しい（o-, p-ニトロ化も起こる）．C₆H₅-NHCOCH₃ ではCOCH₃の電子求引のためN上の電子密度が下りプロトン化されない．N上の非共有電子対は-COCH₃の方にも引かれるがベンゼン環の方にも供与され，o-, p-位が活性化されている．

C₆H₅-NH₂ →(H⁺) C₆H₅-⁺NH₃ →(NO₂⁺) m-O₂N-C₆H₄-⁺NH₃ (+ o-O₂N-C₆H₄-⁺NH₃, p-O₂N-C₆H₄-⁺NH₃)

アニリンは酸化を受けやすく，一方HNO₃は強い酸化剤である．不用意にアニリンと硝酸を混ぜると爆発的に反応することがある．温度を下げるなど注意が必要である．

(5) C₆H₅-NH₂ →(K₂Cr₂O₇-H⁺) O=C₆H₄=O

5.1 (1) 第一，第二，第三アミンの識別法（p.126）を適用する．
亜硝酸，塩化ベンゼンスルホニルのいずれも用いることができる．

(2) C₆H₅-NH₂ の-NH₂はベンゼン環に直接ついている．C₆H₅-CH₂NH₂ の-NH₂は飽和のCに結合している．亜硝酸に対する反応性の相違を利用する．

両者を希硫酸に溶かし，氷冷しつつ NaNO₂ の水溶液を加える．

C₆H₅-CH₂NH₂ は N₂ を発生しつつ反応する．

C₆H₅-NH₂ は C₆H₅-N₂⁺ になる．これと 2-ナフトール のアルカリ溶液を反応させると赤色

の C₆H₅-N=N-(2-ヒドロキシナフチル) を生ずる．

5.2 アミンの塩基性（共役酸の酸性）についての設問である．

(1) C₆H₅-NH₂ は C₆H₅-CH₂NH₂ より塩基性が小さい．したがって，共役酸の酸性は

C₆H₅-NH₃⁺ の方が C₆H₅-CH₂NH₃⁺ より大きい．同じモル濃度の溶液では酸性の小さな化合

物 C₆H₅-CH₂NH₃⁺ の溶液の方が pH が高い．

(2) p-NO₂ 基は -NH₂ の塩基性を下げ，共役酸 -NH₃⁺ の酸性を上げる．したがって，C₆H₅-NH₃⁺
溶液の pH の方が高い．

6.1 (1) C₆H₅-NH₂ $\xrightarrow{\text{NaNO}_2-\text{H}^+}_{0-5°C}$ C₆H₅-N₂⁺ $\xrightarrow{\text{HBF}_4}$ C₆H₅-N₂⁺BF₄⁻ $\xrightarrow{\text{加熱}}$ C₆H₅-F

(2) C₆H₅-NH₂ $\xrightarrow{\text{NaNO}_2-\text{H}^+}_{0-5°C}$ C₆H₅-N₂⁺ $\xrightarrow{\text{CuCN}}$ C₆H₅-CN $\xrightarrow{\text{H}_2\text{O (H}^+)}$ C₆H₅-COOH

(3) C₆H₅-NO₂ $\xrightarrow{\text{発煙HNO}_3}$ m-C₆H₄(NO₂)₂ $\xrightarrow{\text{H}_2\text{S}-\text{NH}_3}$ m-NO₂-C₆H₄-NH₂ $\xrightarrow{\text{NaNO}_2-\text{H}^+}_{0-5°C}$ m-NO₂-C₆H₄-N₂⁺ $\xrightarrow{\text{KI}}$ m-NO₂-C₆H₄-I

m-ジニトロベンゼンの1個の -NO₂ を還元する方法（H₂S-NH₃）については問題 3.1（4）を参照．

(4) C₆H₆ $\xrightarrow{\text{HNO}_3-\text{H}_2\text{SO}_4}$ C₆H₅-NO₂ $\xrightarrow{\text{発煙HNO}_3}$ m-C₆H₄(NO₂)₂ $\xrightarrow{\text{Sn}-\text{HCl}}$ m-C₆H₄(NH₂)(NO₂) ちがう→ m-C₆H₄(NH₂)₂ $\xrightarrow{\text{NaNO}_2-\text{H}^+}$ m-C₆H₄(N₂⁺)₂ $\xrightarrow{\text{KI}}$ m-C₆H₄I₂

(5) C₆H₅-CH₃ $\xrightarrow{\text{HNO}_3-\text{H}_2\text{SO}_4}$ p-CH₃-C₆H₄-NO₂ $\xrightarrow{\text{Sn}-\text{HCl}}$ p-CH₃-C₆H₄-NH₂ $\xrightarrow{\text{Br}_2}$ 4-CH₃-2,6-Br₂-C₆H₂-NH₂ $\xrightarrow{\text{NaNO}_2-\text{H}^+}_{0-5°C}$

[構造式: 2,6-ジブロモ-4-メチルベンゼンジアゾニウム塩 → H₃PO₂ → 3,5-ジブロモトルエン]

7.1 **A** HNO₃−H₂SO₄ **B** Sn−HCl **C** NHCOCH₃−C₆H₅ **D, E** 2-NO₂-C₆H₄-NHCOCH₃, 4-NO₂-C₆H₄-NHCOCH₃

F NaNO₂−H⊕ **G** C₆H₅N(CH₃)₂ **H** C₆H₅I **I** C₆H₅NHCH₃

15章の解答

1.1 接合個所を ┆ で示し，接合時の電荷を ⊕, ⊖ で表す．

(1) CH₃C⊕H(OH) ┆ ⊖CH₂CHO．したがって　CH₃CHO $\xrightarrow{OH^{\ominus}}$ ⊖CH₂CHO

CH₃CHO をアルカリで縮合させる（アルドール縮合）．

(2) C₆H₅-C⊕H(OH) ┆ ⊖CH₂COCH₃,　C₆H₅-CHO + CH₃COCH₃ $\xrightarrow{アルカリ}$ C₆H₅-CH(OH)-CH₂COCH₃

(3) C₆H₅-C⊕H(OH) ┆ ⊖CH(COOC₂H₅)₂　　2個の−COOC₂H₅ に接した C−H は酸性をもち，アルカリで炭素陰イオン（カルボアニオン）を生じる．

C₆H₅-CHO + CH₂(COOC₂H₅)₂ $\xrightarrow{アルカリ}$ C₆H₅-CH(OH)-CH(COOC₂H₅)₂

(4) CH₃CO−C(⊖)(⊕CH₂CH₃)(⊕CH₂CH₃)−COOC₂H₅

例題 1(2) 参照．CH₃COCH₂COOC₂H₅ の CO に囲まれた C は H をもち酸性．アルカリでカルボアニオンを生ずる．例題 1(2) の過程を 2度くり返す．

CH₃COCH₂COOC₂H₅ $\xrightarrow{アルカリ}$ CH₃COC⊖HCOOC₂H₅ $\xrightarrow{CH₃CH₂I}$ CH₃COCH(C₂H₅)COOC₂H₅

$\xrightarrow{アルカリ}$ CH₃CO−C⊖(C₂H₅)−COOC₂H₅ $\xrightarrow{CH₃CH₂I}$ CH₃CO−C(C₂H₅)₂−COOC₂H₅

(5) グリニャール反応を利用する．二つの経路が考えられる．

$$\text{C}_6\text{H}_5\text{-CO-C}_6\text{H}_5 + \text{C}_6\text{H}_5\text{-MgBr} \longrightarrow (\text{C}_6\text{H}_5)_3\text{C-OH}$$

$$\text{C}_6\text{H}_5\text{-COOC}_2\text{H}_5 + 2\,\text{C}_6\text{H}_5\text{-MgBr} \longrightarrow$$

2.1 ジアゾニウム塩のNは ⊕ に帯電しており,求電子置換反応を起こし,アゾ色素を与える.したがって,ジアゾニウムの相手は電子供与基をもち電子豊富な芳香族化合物でなければならない.

(1) $(\text{CH}_3)_2\text{N-C}_6\text{H}_4\text{-}$ + $^{\oplus}\text{N}_2\text{-C}_6\text{H}_4\text{-SO}_3\text{Na}$ ($(\text{CH}_3)_2\text{N-}$ 基は強い電子供与基.)

(2) $\text{O}_2\text{N-C}_6\text{H}_4\text{-N}_2^{\oplus}$ + 2-ナフトール (HO-) ($\text{O}_2\text{N-C}_6\text{H}_4\text{-}$ + $^{\oplus}\text{N}_2\text{-}$1-ナフトール(HO-) の組合せでは絶対に反応が起こらない.)

(3) $^{\oplus}\text{N}_2\text{-C}_6\text{H}_4\text{-C}_6\text{H}_4\text{-N}_2^{\oplus}$ ($\text{H}_2\text{N-C}_6\text{H}_4\text{-C}_6\text{H}_4\text{-NH}_2$のジアゾ化で生成)と電子供与性の$-\text{NH}_2$をもつ 1-アミノ-4-スルホナトナフタレン(NH$_2$, SO$_3$Na置換ナフタレン) 2分子を反応させる.

3.1 基本的な反応の応用である.(1),(2)はハロゲン化水素の付加の配向性を利用.

(1) $\text{CH}_3\text{CH=CH}_2 \xrightarrow[\text{酸素存在}]{\text{HBr}} \text{CH}_3\text{CH}_2\text{CH}_2\text{Br} \xrightarrow{\text{NH}_3} \text{CH}_3\text{CH}_2\text{CH}_2\text{NH}_2$

(2) $\text{CH}_3\text{CH=CH}_2 \xrightarrow{\text{HI}} \text{CH}_3\text{CHICH}_3 \xrightarrow{\text{NH}_3} \text{CH}_3\text{CH(NH}_2)\text{CH}_3$

(3),(4) は(1),(2)での中間体 $\text{CH}_3\text{CH}_2\text{CH}_2\text{Br}$, $\text{CH}_3\text{CHICH}_3$ を利用する.それぞれについて,例題3(1)の方法でハロゲンをCOOHにかえる.

(5) Cの数が1個増していることに注意.CNを経由することによってC1個多いアミンを作ることができる.

$\text{CH}_3\text{CH=CH}_2 \xrightarrow[\text{酸素存在}]{\text{HBr}} \text{CH}_3\text{CH}_2\text{CH}_2\text{Br} \xrightarrow{\text{NaCN}} \text{CH}_3\text{CH}_2\text{CH}_2\text{CN}$

$\xrightarrow{\text{H}_2\text{(Co触媒)}} \text{CH}_3\text{CH}_2\text{CH}_2\text{CH}_2\text{NH}_2$

(6) ハロゲン化物をNaと反応させるとNaXがとれてC-C結合ができる(ウルツ-フィッティヒ(Wurtz-Fittig)反応)

$\text{CH}_3\text{CH=CH}_2 \xrightarrow{\text{HI}} \text{CH}_3\text{CHICH}_3,\ 2\,\text{CH}_3\text{CHICH}_3 \xrightarrow{\text{Na}} \text{CH}_3\text{CH(CH}_3)\text{-CH(CH}_3)\text{CH}_3$

(7) フリーデル-クラフツ反応の利用

$\text{C}_6\text{H}_6 + \text{CH}_3\text{CH=CH}_2 \xrightarrow{\text{AlCl}_3} \text{C}_6\text{H}_5\text{-CH(CH}_3)_2$

(8) $CH_3CH=CH_2 \xrightarrow{OsO_4} CH_3CH-CH_2$ (OH, OH) OsO_4の他に$KMnO_4$を穏和な条件で作用させてもよい.

(9) $CH_3CH=CH_2 \xrightarrow{H_2O(H_2SO_4\text{を触媒とする})} CH_3CHCH_3$ (OH)

(10) $6\,CH_3CH=CH_2 + B_2H_6 \longrightarrow 2(CH_3CH_2CH_2)_3B$, $(CH_3CH_2CH_2)_3B \xrightarrow{H_2O_2} 3\,CH_3CH_2CH_2OH$

ヒドロホウ素化とよばれている反応である.B−Hの結合では金属性のBが⊕,Hは⊖(ハイドライド)になり,H⊖の付加はH⊕の場合と反対になる.ホウ素化合物をH_2O_2で酸化すると末端アルコールになる.

3.2 (1) $CH_3CH_2CH_2CH_2NH_2 \xrightarrow{3CH_3I} CH_3CH_2CH_2CH_2\overset{\oplus}{N}(CH_3)_3 I^{\ominus}$
$\xrightarrow{OH^{\ominus}} CH_3CH_2CH_2CH_2\overset{\oplus}{N}(CH_3)_3OH^{\ominus} \xrightarrow{加熱} CH_3CH_2CH=CH_2$

(2), (3) C$_6$H$_5$−NO$_2$ $\xrightarrow{Sn-HCl}$ C$_6$H$_5$−NH$_2$ $\xrightarrow[\text{低温}]{H^{\oplus}, NaNO_2}$ C$_6$H$_5$−N$_2^{\oplus}$
$\xrightarrow{KI}$ C$_6$H$_5$−I
$\xrightarrow{HBF_4}$ C$_6$H$_5$−F

ジアゾニウムの応用.

(4) Cが1個減っている(ホフマンの減成).

C$_6$H$_5$−COOH $\xrightarrow{SOCl_2}$ C$_6$H$_5$−COCl $\xrightarrow{NH_3}$ C$_6$H$_5$−CONH$_2$ $\xrightarrow{Br_2-NaOH}$ C$_6$H$_5$−NH$_2$

(5) −COOHに導きうる基にCNがある.

C$_6$H$_5$−CHO $\xrightarrow{KCN}$ C$_6$H$_5$−CH(OH)CN $\xrightarrow{H_2O(H^{\oplus})}$ C$_6$H$_5$−CH(OH)COOH

(6) C$_6$H$_5$−CH$_3$ $\xrightarrow{Cl_2(光)}$ C$_6$H$_5$−CH$_2$Cl $\xrightarrow{H_2O}$ C$_6$H$_5$−CH$_2$OH

4.1 (1) C$_6$H$_5$−CH$_3$ $\xrightarrow{K_2Cr_2O_7(H_2SO_4)}$ C$_6$H$_5$−COOH $\xrightarrow{HNO_3(H_2SO_4)}$ m-O$_2$N-C$_6$H$_4$-COOH $\xrightarrow{Sn-HCl}$ m-H$_2$N-C$_6$H$_4$-COOH

(2) C$_6$H$_5$−CH$_3$ $\xrightarrow{Cl_2(光)}$ C$_6$H$_5$−CH$_2$Cl $\xrightarrow{NaCN}$ C$_6$H$_5$−CH$_2$CN $\xrightarrow[-5°C]{HNO_3}$ O_2N-C$_6$H$_4$-CH$_2$CN

−CNはm-配向性であるが,−CH$_2$CNはo-, p-配向性である.−CH$_2$CNのCNは環と共役していない.

(3)

benzene $\xrightarrow{HNO_3(H_2SO_4)}$ nitrobenzene $\xrightarrow{Cl_2(Fe)}$ m-chloronitrobenzene $\xrightarrow{Sn-HCl}$ m-chloroaniline

$\xrightarrow[5°C]{NaNO_2-H^{\oplus}}$ m-chlorobenzenediazonium $\xrightarrow{H_2O加熱}$ m-chlorophenol

5.1 (1),(2)はジアゾニウムを利用する.

(1) 例題5の方法によって m-ニトロアニリン を作る．これを原料にして，

m-ニトロアニリン $\xrightarrow[5°C]{NaNO_2(H^{\oplus})}$ m-ニトロベンゼンジアゾニウム $\xrightarrow{KI}$ m-ヨードニトロベンゼン $\xrightarrow{Sn-HCl}$ m-ヨードアニリン

(2) benzene $\xrightarrow{HNO_3(H_2SO_4)}$ nitrobenzene $\xrightarrow{Sn-HCl}$ aniline $\xrightarrow{Br_2}$ 2,4,6-tribromoaniline

$\xrightarrow[5°C]{NaNO_2(H^{\oplus})}$ 2,4,6-tribromobenzenediazonium $\xrightarrow{C_2H_5OH}$ 1,3,5-tribromobenzene

$-NH_2$基の強い電子供与性と，$-N_2^{\oplus}$を通し$-H$にかえられることを利用している．

5.2 実行できない．$BrMgCH_2CHO$を作ろうとしても同一分子内にグリニャール試薬の部分とCHOがあるので反応してしまう．
アルデヒドを$HOCH_2CH_2OH$（酸を触媒とする）と反応させて $\diagdown C\diagup\substack{O-CH_2\\ |\\ O-CH_2}$ として保護する．目的の合成が終わったあと酸を触媒として加水分解してはずす．

$BrCH_2CHO \xrightarrow{HOCH_2CH_2OH(H^{\oplus})} BrCH_2CH\substack{O-CH_2\\|\\O-CH_2} \xrightarrow{Mg} BrMgCH_2CH\substack{O-CH_2\\|\\O-CH_2}$

$\xrightarrow{CH_3COCH_3} (CH_3)_2\underset{OH}{C}CH_2CH\substack{O-CH_2\\|\\O-CH_2} \xrightarrow{H_2O(H^{\oplus})} (CH_3)_2\underset{OH}{C}CH_2CHO$

6.1 (1) $CH_3COOH \xrightarrow{CH_3OH(H^{\oplus})} CH_3COOCH_3$ （1モル）

$CH_3CH_2I \xrightarrow{Mg} CH_3CH_2MgI$ （2モル）

$\longrightarrow CH_3CH_2\underset{OH}{\underset{|}{C}}(CH_3)CH_2CH_3$ [with CH_3 branch]

(2) $CH_3CH_2I \xrightarrow{Mg} CH_3CH_2MgI \xrightarrow{\overset{CH_2-CH_2}{\underset{O}{\diagdown\diagup}}} CH_3CH_2CH_2CH_2OH$

(3) $CH_3CH_2I \xrightarrow{Mg} CH_3CH_2MgI \xrightarrow{CH_3CHO} CH_3CH_2\overset{CH_3}{\underset{|}{C}}HOH \xrightarrow{HBr}$

$CH_3CH_2\overset{CH_3}{\underset{|}{C}}HBr \xrightarrow{Mg} CH_3CH_2\overset{CH_3}{\underset{|}{C}}HMgBr \xrightarrow{HCHO} CH_3CH_2\overset{CH_3}{\underset{|}{C}}HCH_2OH$

(4) $CH_3I \xrightarrow{Mg} CH_3MgI \xrightarrow{CH_3CHO} CH_3\overset{CH_3}{\underset{|}{C}}HOH \xrightarrow{HBr} CH_3\overset{CH_2}{\underset{|}{C}}HBr \xrightarrow{Mg}$

$CH_3\overset{CH_3}{\underset{|}{C}}HMgBr \xrightarrow{HCHO} CH_3\overset{CH_3}{\underset{|}{C}}HCH_2OH \xrightarrow{HBr} CH_3\overset{CH_3}{\underset{|}{C}}HCH_2Br \xrightarrow{Mg}$

$CH_3\overset{CH_3}{\underset{|}{C}}HCH_2MgBr \xrightarrow{CH_3CHO} CH_3\overset{CH_3}{\underset{|}{C}}HCH_2\overset{OH}{\underset{|}{C}}HCH_3$

16章の解答

1.1 中性のもの A

酸性のもの　B　(酸性の－COOHが2個, 塩基性の－NH$_2$が1個)

　　　　　　E　(アミノ基はアセチル化されていて塩基性の原因にならないが, －COOHは酸性の原因となる)

　　　　　　G　($-COOH$, $-\overset{\oplus}{N}H_3$ はともに酸性の原因となる)

塩基性のもの C　(酸性の原因となる－COOHは1個, 塩基性の原因となる基－NH$_2$ 2個, －NH－ 1個, ＝NH 1個がある)

　　　　　　D　(塩基性の原因となる－NH$_2$ 1個, －COO$^\ominus$ 2個がある)

　　　　　　F　(－NH$_2$ が存在, －COOCH$_3$ は酸性の原因にならない)

2.1

$$\begin{array}{cccc}
CH_2OH & CH_2OH & CH_2OH & CH_2OH \\
CO & CO & CO & CO \\
H-\!\!\!-OH & HO-\!\!\!-H & HO-\!\!\!-H & H-\!\!\!-OH \\
H-\!\!\!-OH & HO-\!\!\!-H & H-\!\!\!-OH & HO-\!\!\!-H \\
H-\!\!\!-OH & HO-\!\!\!-H & H-\!\!\!-OH & HO-\!\!\!-H \\
CH_2OH & CH_2OH & CH_2OH & CH_2OH \\
\end{array}$$

　　鏡像　　　　　　　　　　鏡像

$$\begin{array}{cccc}
CH_2OH & CH_2OH & CH_2OH & CH_2OH \\
CO & CO & CO & CO \\
H-\!\!\!-OH & HO-\!\!\!-H & H-\!\!\!-OH & HO-\!\!\!-H \\
HO-\!\!\!-H & H-\!\!\!-OH & H-\!\!\!-OH & HO-\!\!\!-H \\
H-\!\!\!-OH & HO-\!\!\!-H & HO-\!\!\!-H & H-\!\!\!-OH \\
CH_2OH & CH_2OH & CH_2OH & CH_2OH \\
\end{array}$$

　　鏡像　　　　　　　　　　鏡像

2.2 点線のところでヘミケタール構造ができる．例題2(2)と同じように考える．ⓒ はケトンのC．

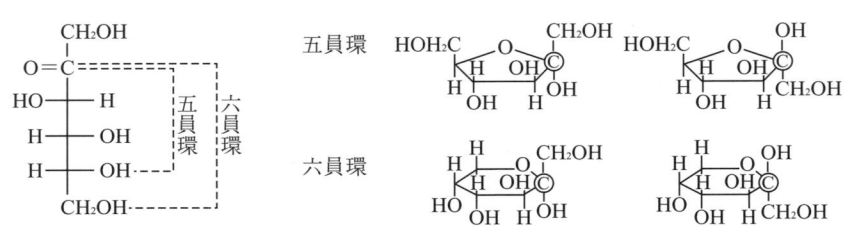

2.3 D-グルコースとD-フルクトース（二つの環のエーテル結合，環のエーテル結合を順次加水分解させると鎖構造の単糖構造が得られる）．

17章の解答

1.1 (1) 芳香族性ないし，四つの原子と結合したCがあり，環全体が共役系になっていない．
(2) 芳香族性あり．⎫
(3) 芳香族性あり．⎬ 環全体が共役しており，π電子が6個．
(4) 芳香族あり．Oのp軌道の非共有電子対が共役に参加する．π電子6個．

(5) 二つの環を別々に考える．ベンゼン，フランの両環ともヒュッケル則を満足する．
(6) 二つの環とも芳香族性あり．ベンゼン環，ピリジン環のおのおのがヒュッケル則を満足している．
(7) 芳香族性なし．非共有電子対のつまったOのp軌道で環全体の共役は可能であるが，π電子数が8個でヒュッケルの条件を満たさない．
(8) 芳香族性あり．陽イオンとなることで6πの共役電子系を作っている．
(9) 芳香族性あり．π電子系の状況は下図に示したようになっており，環全体は共役系になっている．**A**の電子配置では環に7個の電子があるが，**B**のように >C=O の電子求引が働いて，Oの方に電子が偏ると環のπ電子数が6個になり，ヒュッケル則を満足するようになる．この化合物の >C=O は強く分極していることが実験的に示されており，ヒュッケルの理論の正しさが支持される．

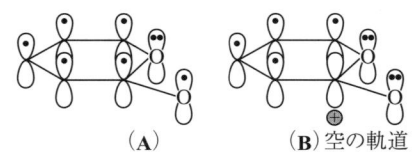

(A)　　　　　(B) 空の軌道

(10) 左側の環は芳香族性あり，右側の環は >CH₂ で共役が切れており芳香族性なし．

2.1 (1) 三つの化合物はすべて類似の電子構造をもつ．すべて芳香族性を有し，環は電子豊富で，求電子反応を起こしやすい．Br_2 との反応では最初 2-,5-位にBrが入り，つづいて，3-,6-位に入る．

(2) すべてが芳香族性をもつもののその程度に大小がある．チオフェンは最も芳香族性が大きく，ディールス-アルダーの反応を受けつけない．フランはその反対でジエンの性格を現して（ということは芳香族性が弱いということである）ディールス-アルダー反応を行う．ピロールは中間的な反応性を示す．

チオフェンは反応しない．

2.2 ピリジンのNは電子求引で，ピリジンのα-，γ-位が ⊕ に帯電する．Nはメチル基がついてピリジニウム形になり，⊕ に帯電するので電子求引の作用が増大し，したがって，α-，γ-位の正電荷は大きくなり，ついに ⊖ 電荷をもつ $\overset{\ominus}{\text{OH}}$ の攻撃を受けるに至る．

2-ピリジノールは $H^{\oplus}$ を解離し（　）内に示す2-ピリドンになる．

3.1 フランは電子密度の高い芳香環であり容易に臭素による置換（イオン反応）が起こる．

テトラヒドロフランは光照射下で臭素置換（ラジカル反応）が起こる．

3.2 [ピロール]のNの非共有電子対は環の共役に関与し環全体に分散しているのに対し，[ピペリジン]非共有電子対はN上に局在化している．
(1) ピロールは塩基性がほとんどないので塩酸と反応しない．一方，ピロリジンは酸と塩を作る．
(2) ピロールは反応しない．ピロリジンは第二アミンとして反応する．

$$\text{[ピロリジン]NH} + \text{O=C=N-Ph} \longrightarrow \text{[ピロリジン]N-C(=O)-NH-Ph}$$

この反応はNの非共有電子対が ⊕ に帯電したCを攻撃することによって始まる．

4.1 [ピラジン]（ピラジン）の2個のNは =N- の形で環の共役に関与し，ピリジン形のNが2個あることになる．Nの非共有電子対は局在化しており，またNは環の電子を引きつけている．
(1) 塩基性はピリジンの方が大きい．ピラジンの一つのNについてのpK_b13，ピリジンのpK_b8.78．なお[ピラゾール]の塩基性はpK_b〜20で塩基性は非常に小さい．
(2) 電子求引のNを2個もつピラジンでは，環のCのπ電子密度が低く求電子反応は起こりにくい．
(3) 還元は電子が与えられることであるから，電子不足性の環ほど還元されやすい．ピラジンはピリジンより還元されやすい．

4.2 (1) 電子求引性をもつ =N- が2個，電子供与性の -NH- が1個ある．全体として2個ある電子求引性の =N- の効果が勝って，[HO-トリアゾール]の-OHの酸性はフェノールのそれより大きい．
(2) 上の考察よりClの結合したCの正電荷はベンゼン環のそれよりも大きいと考えられる．つぎの反応が起こる．[Ph-Cl] は反応しない．

$$\text{[Cl-トリアゾール]} + \text{NH}_3 \longrightarrow \text{[H}_2\text{N-トリアゾール]}$$

5.1 (1) ピリジン環はベンゼン環に比べて酸化を受けにくく，還元を受けやすい．

A……[2-ピリジンカルボン酸] B……[2-フェニルピペリジン]

(2) CH$_3$CO- はハロホルム反応で酸化される．ピロール環は還元を受けにくく，-COCH$_3$ が還元される．

C……[ピロール-2-カルボン酸] D……[2-(1-ヒドロキシエチル)ピロール]

18章の解答

1.1 Siは原子半径が大きくSi−Siの結合距離が大きい．これが安定性のよくない一つの原因であるが，さらにSiは電気陰性度がCより小さく，Siは電子過剰気味で酸化剤の攻撃を受けながらSi−Siが切れる．Si−Oは電気陰性度の小さいSiと電気陰性度の大きなOとの結合で両者の電子的要請が合致して強い結合ができる．

1.2 SはOに比べ原子半径が大きく，特にπ結合ができにくい．$>$C=S は開いて単結合になるが，三量体は六員環で歪がなく安定にできやすい．

2.1 (1) $CH_3CH_2CH-CH_2OH$ (2) $Hg(C_2H_5)_2$
       $\quad\quad\quad\quad\quad\quad |$
       $\quad\quad\quad\quad\quad CH_3$

(3) CH_4とC_2H_5NHMgI　アミンのNHは酸性でCH_3MgIを分解する．

(4) $CuCH_2CH_2CH_2CH_3$　(2), (4)は例題2 (2)参照．

2.2 Hgの金属性が小さく，Hg−Cの分極が小さい．したがって，Cはカルボアニオンとしての性格が弱く，$>$C=O を攻撃しない．

3.1 $(C_2H_5)_3P$を用いてCH_3Iと反応させた場合を考える．
$(C_2H_5)_3P + CH_3 \longrightarrow (C_2H_5)_3\overset{\oplus}{P}CH_3 \xrightarrow{C_4H_9Li} (C_2H_5)_3P=CH_2 + CH_3CH=P(CH_2CH_3)_2$
$\quad\quad\quad\quad\quad\quad\quad\quad\quad\quad\quad\quad\quad\quad\quad\quad\quad\quad\quad\quad\quad\quad\quad\quad\quad\quad\quad\quad\quad\quad |$
$\quad\quad\quad\quad\quad\quad\quad\quad\quad\quad\quad\quad\quad\quad\quad\quad\quad\quad\quad\quad\quad\quad\quad\quad\quad\quad\quad\quad\quad CH_3$

アルカリとその反応で$H^\oplus$は$-CH_3$, $-CH_2CH_3$の両方から引き抜かれる．すなわち，$(C_2H_5)_3P$を用いたのでは $>$C=O との反応で $>$C=CH_2$ と $>$C=CHCH_3$ とが混ってしまい，選択性のよいウィッティヒ反応の特長を生かすことができない．これを防ぐにはPと結合するCがHをもたないPh_3Pを用いればよい．

3.2 (1)
$$\text{Ph-}\underset{\underset{O}{\|}}{C}\text{-}CH_2CH_3 + Ph_3P=CH_2$$

(2)
$$CH_2=CH-CHO + Ph_3P=\underset{\underset{Cl}{|}}{\overset{\overset{CH_3}{|}}{C}}-COOCH_3$$
$\quad\quad\quad\quad\quad\quad\quad\quad\quad\quad\uparrow$
$\quad\quad\quad Ph_3P + CH_3CHClCOOCH_3$

この合成はグリニャール法では行えない．$CH_3CHClCOOCH_3$は$-COOCH_3$があってグリニャール試薬にならない．

4.1 (1) Niは0価 $(3d)^8(4s)^2$, COから供与される電子8, 合計18電子．

(2) Niは0価 $(3d)^8(4s)^2$, 各C=Cより2個ずつ電子の供与を受けて，16電子．

(3) Coは$Co^{2\oplus}$と見なすと$(3d)^7$. ⬠ は6個の電子を供与するので合計19電子．$[Co(C_5H_5)_2]$（コバルトセン）は$[Fe(C_5H_5)_2]$（フェロセン）にくらべ酸化されやすく18電子系の$[Co(C_5H_5)_2]^\oplus$に変化する．

(4) Feは0価 $(3d)^6(4s)^2$・▢ は4個の電子で配位する．CO 3個から6個の電子が供与され，合計$8+4+6=18$．シクロブタジエンは4個電子をもつ共役π電子系をもつが，ヒュッケルの条件を満たさない非常に不安定なものである（シクロブタジエンは単離できない）．しかし，Feなどに配位することによって安定化している．

(5) Niは0価 $(3d)^8(4s)^2$. 4個のC=Cより合計8個の電子の供与を受けて18電子．

5.1 (1) レッペ（Reppe）反応．$Ni(CO)_4$, $Ni(CN)_2$などを触媒にし，60〜70℃，アセチレン圧15〜18気圧で反応させる．

(2) OXO法．触媒として $[CO_2(CO)_8]$（反応系の中では $[HCo(CO)_4]$ に変化する）を用いる．
(3) チーグラー-ナッタ法．$TiCl_3 - AlR_3$ を触媒とする．立体構造のそろったいわゆる isotactic ポリプロピレンができる．Ti のまわりにアルキル基，プロピレンが配位し，配位圏内で C－C 結合の生成が起こっていると考えられている．

19章の解答

1.1 (1) ケトンと酸アミドの >C=O 伸縮振動の位置が異なることと NH_2 に特有な吸収のあることを利用する．
CH_3COCH_3　>C=O 伸縮　1712 cm^{-1}
CH_3CONH_2　>C=O 伸縮　1683 cm^{-1}　N－H 伸縮　3113 cm^{-1}

(2) ⟨Ph⟩－COOCH$_3$（OH）はアルコール部分の O－CH$_3$ $\delta=3.85$，⟨Ph⟩－COOH（OCOCH$_3$）は酢酸部分の CO－CH$_3$ $\delta=2.28$．

(3) 質量分析計の中では C=O に結合している結合が切断される場合が多い．

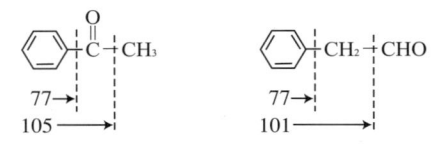

Ph－C(=O)－CH$_3$　77→　105———

Ph－CH$_2$－CHO　77→　101———

本問の場合，105, 101 のピークが識別のよい目印になる．

2.1 (1) $CH_3CH_2OCH_2CH_3$，$CH_3CH_2COCH_2CH_3$ はエチル基に帰属される3本線，4本線の組が現れる．ただし，エーテルの CH_2 の4本線は $\delta=3.38$ に，ジエチルケトンの CH_2 の4本線は $\delta=2.39$ と化学シフトが異なるので区別できる．
$(CH_3)_2CHCOCH(CH_3)_2$ は CO に隣接する CH が7本線，CH_3 が2本線になるのでわかる．CH の化学シフトは $CH_3CH_2COCH_2CH_3$ の CH_2 とほとんど同じ化学シフトを示す．

(2) $CH_3COOCH_2CH_3$ のスペクトルは例題2に示したようになっている．
$CH_3CH_2COOCH_3$ は $CH_3COOCH_2CH_3$ の4本線のあるところが1本線に，1本線のあるところが4本線に代ったものと考えて大きな間違いがない．

2.2 (1) C_5H_{10} は二重結合か環が1個なければならない．二重結合があればそこに結合する H（少なくとも1個はあるはず）は他の H と異なる化学シフトをもつはず，環があることが推定されるが，すべての H が同じ環境なのでシクロペンタンであることが結論される．

(2) 2種の CH_3 がいくつかの原子を距ててあることを意味する．この条件に合うものは CH_3COOCH_3 以外には考えられない．

3.1 (1) ⟨cyclohexene⟩ は孤立した二重結合しかなく，200 nm より長波長の領域に吸収をもたない．
⟨benzene⟩ は250 nm付近に吸収をもつ．

(2) ⟨Ph⟩－CH_2OH ではベンゼン環と O との間に共役がない．一方 CH_3－⟨Ph⟩－OH ではベンゼン環と O とに共役があり，共役のある CH_3－⟨Ph⟩－OH の吸収は長波長にあり，モル吸光係数も大きい．

〈benzene〉—CH₂OH   257 nm   log ε = 2.8
CH₃—〈benzene〉—OH   279 nm   log ε = 3.3

(3) N－H伸縮振動を利用する．N－Hをもつ化合物は3500～3300 cm^{-1}に吸収をもつのに対しN上にHをもたない(C_2H_5)$_3$Nはこの吸収を示さない．ただし，N－Hの吸収は水素結合をする場合としない場合で位置が異なるので注意を要する．また，水が含まれていると，O－Hによる吸収が出るので，実際に本法を適用する場合には試料が十分乾燥していることを確かめなければならない．

(4) O－H伸縮振動を利用する．O－Hをもつ化合物3600～3200 cm^{-1}に吸収をもつ(水素結合の有無によって位置がかわることもN－Hと同様)．

〈benzene〉—O—〈benzene〉 にはO－Hがなく3200 cm^{-1}より高波数領域に吸収がない．

(5) ^{1}H－NMRではHのまわりの電子密度が小さいほど化学シフトのδが大きくなる．Cl 2個のCH_2Cl_2よりCl 3個の$CHCl_3$の方が化学シフトのδが大きい．CH_2Cl_2 δ = 5.28, $CHCl_3$ δ = 7.25.

3.2 CH_3—〈benzene〉—Clと〈benzene〉—CH_2Cl とは異性体で分子イオンピークでは区別できない．また最も起こりやすい分裂はC－Clにおいてであるが，生成するのは$C_7H_7^{\oplus}$で区別できない．

4.1 $C_9H_{21}N$の分子式は飽和アミンを意味し，二重結合，環をもたないことがわかる．さて，NMRはaとcとがCH_2に隣接していることを示している．また，bは6本線であり，両隣に計5個のHがあることを示している．これらの条件を満足する構造として，

$$\underset{c}{-CH_2}-\underset{b}{CH_2}-\underset{a}{CH_3}$$

がある．化学シフトを見るとcは電子求引性原子に結合していることがわかりN－CH_2－CH_2CH_3の構造が推定される．この化合物は21個のHを含むのに，3種類のHしかない．このことはN－$CH_2CH_2CH_3$が 21÷7(＝$CH_2CH_2CH_3$のHの合計)＝3 あることを示している．以上よりN($CH_2CH_2CH_3$)$_3$．

bは両側のCにつくHによって分裂するが，本問の場合は両側からのスピン結合定数がたまたま等しかったので，5＋1＝6本線となった．これが異なる場合（たとえばJ_{ab} = 3 Hz, J_{bc} = 5 Hzの場合）は4×3＝12本に分裂する．

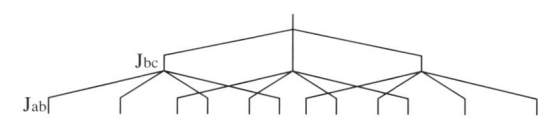

（splitting diagram with J_{bc} and J_{ab}）

4.2 a, bの3本線，4本線がエステルのアルコール部のエチル基によるものであることは明らかであろう．問題はδ = 7～10のc, d, e, fである．これらはピリジン環の4個のHによるものであるが，スピン結合と化学シフトを基礎に帰属する．

スピン結合による分裂は隣接の原子についたHによるものが大きく(10 Hz程度)一つおいて隣の原子につくものは1 Hzくらいと小さい．

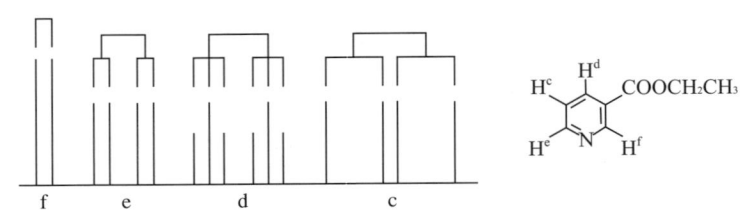

δ 7〜10 の領域を模式的に書くと上図のようになる．c は大きく 4 本に分かれており，両側に 1 個ずつの H がある．この条件を満たすのは H^c だけである．f は小さな分裂しか受けていない．このことは隣に H のついた原子のない H^f に帰属されることを示す．小さな分裂は 4-位の H によるものであろう．N を距てた 6-位の H とは相互作用しない．e は隣の 1 個の H，一つおいて隣の 1 個の H によって分裂しており H^e に帰属される．d は隣の 1 個の H，一つおいての両隣の 2 個の H による分裂を示している．H^d がそれに当る．

以上の帰属は化学シフトの面からも妥当である．N は電子求引性なので，α-位の H が δ の大きな位置に，つぎに γ-位の H が，β-位の H は最も δ の小さい位置に吸収をもつ．この化合物でも化学シフトはこの順になっている．

4.3 キシレンの異性体である．

UV－吸収は共役系に起因する．3 種の異性体の共役系はベンゼン環に限られており，同じであり，UV－吸収に違いが出ない．

^1H－NMR；CH_3 はそれほど大きな電子的効果をもたず，ベンゼン環の H は化学シフトによる分裂を起こさない．環 H は 1 本線になってしまう．CH_3 2 個も区別がつかない．

MS；分子イオンピークが同じ，化合物がもっている基が同じなのでフラグメントピークも似通っている．

3 種のキシレンは IR によって識別される．o-, m-, p-置換体は $900-700\ cm^{-1}$ に置換位置に特有の吸収を示す．

o-キシレン　$740\ cm^{-1}$, m-キシレン　$769\ cm^{-1}$, p-キシレン　$783\ cm^{-1}$.

5.1 UV, NMR はベンゼン環の存在を示している．さらに，NMR でベンゼン環に帰属される H が 5 個，IR の 746, 696 の強い吸収，MS の 77 のピークは ⌬— の存在を示す．NMR の a, b は $CH(CH_3)_2$ である（7 本線と 2 本線）．MS の分子ピークは 120 それから 15 小さい 105 の大きなピークは CH_3-C の開裂によるものである．以上により，

⌬—CH(CH₃)(CH₃)

ですべてが矛盾なく説明できる．アルキル基は大きな電子的効果をもたないので環の H の NMR スペクトルは分裂していない．

索　引

あ　行

アキシアル　21
アゾカップリング　127
アニオノイド試薬　70
アミノ酸　149
アミン　125
アルカン　63
アルキン　63
アルケン　63
アルコール　95
アルデヒド　105
アルドール縮合　106
アレーン　63
アレン　34
アンチ形　10

イオン反応　70
イス形　20
イミダゾール　158
イリド　162

ウィッティヒ反応　162

エーテル　97
エカトリアル　21
塩化ベンゼンスルホニル　126
塩基性　50

か　行

化学シフト　173
核磁気共鳴吸収　172
かさ高さ　22
重なり形　10
過酸化物　115
カチオノイド試薬　70
カルボキサミド　115
カルボニトリル　115
カルボニル　105

カルボン酸アミド　115
カルボン酸の酸の強さ　52
官能基　1
官能基の検出　169
官能基の変換　136
環の立体構造の固定　22
慣用名　2

幾何異性　10
基官能命名法　5
キノイド構造　33
キノン　105
揮発性　49
求核試薬　70
求核性　88
求核置換反応　86
求核反応　70
求電子試薬　70
求電子反応　70
鏡像異性体　9, 23
共鳴　28
共鳴エネルギー　30
共鳴効果　38
共役　28
共役系でのπ結合の分極　36
共有結合　27
極限構造式　28
極限構造の重要性　29
銀鏡反応　106

グリニャール反応　87

結合の分極　36
ケトン　105
原子軌道　27

光学異性　9
合成　135

構造決定　170
ゴーシュ形　10
混成軌道　27

さ 行

酸・塩基のかたさ・やわらかさ　88
酸性　50
酸ハロゲン化物　115
酸無水物　115

ジアゾニウム塩　126
紫外・可視光の吸収　175
シクロブタン　20
シクロプロパン　20
シクロヘキサン　21
シクロペンタン　20
シス　22
質量分析法　170
字訳　2
18電子則　162
主基　2
縮合反応　69
順位規則　13

水素結合　49
スペクトル　169

精製　168
赤外線吸収　171
旋光性　10

双極子－双極子相互作用　49

た 行

対掌体　9
第四（級）アンモニウムイオン　125
脱離反応　69, 86
炭素骨格の組み上げ方　135
タンパク質　149

置換基　2
置換反応　69

置換命名法　2
超共役　38

ディアステレオ異性体　10
デカヒドロナフタレン　22
転位反応　69
電子求引性　38
電子供与性　38
電子の偏り　36

糖　149
特性基　2
特性吸収　172
トランス　22

な 行

ニトロ化合物　122
ニトロソアミン　126
ニューマンの投影式　10

は 行

配位結合　27
配向性　71
ハロゲン化合物　85
反転　20, 86

ヒドロボレーション　162
ヒュッケル則　30, 155
ピリジン　154, 156
ピロール　154, 156

ファン・デル・ワールス力　49
フィッシャーの投影式　9
フェーリング反応　106
フェノール　95
フェロセン　162
付加反応　69
複素環式化合物　153
不斉炭素原子　9
1,3-ブタジエン　34
物質の同定　170
沸点　49

舟形　20
フリーデル-クラフツ反応　63
分子式の決定　169
分離　168

変旋光　152

芳香族性　155
芳香族置換反応　71
ホフマン分解　115

ま　行
マイケル反応　106

メソ形　10, 12
メソメリー効果　38

や　行
有機化合物の命名　2
有機金属　161
誘起効果　38

溶解度　49

ら　行
ラジカル　70
ラジカル反応　70
ラセミ化　86

立体異性　9

立体配座　10, 20
立体配置　11, 21

ローゼンムント法　109

わ　行
ワルデン反転　92

欧　字
E　13
IUPAC命名法　2
I効果　38
M効果　38
p軌道　27
R　12
S　12
S_N1　86
S_N2　86
S_Ni　92
s軌道　27
sp軌道　27
sp^2軌道　27
sp^3軌道　27
Z　13
π結合　28
π結合の分極　36
π電子系での分極　37
σ結合　28
σ結合の分極　36
σ電子系での分極　37

著者略歴

杉森　彰
(すぎもり　あきら)

1956年　東京大学理学部化学科卒業
現　在　上智大学名誉教授
　　　　理学博士

主要著書
有機化学概説［増訂版］(サイエンス社)
化学実験の基礎知識(丸善，共著)
有機光化学(裳華房)
光化学(裳華房)
化学をとらえなおす(裳華房)
化学と物質の機能性 ― 化学を専門としない学生のための化学 ―(丸善)
物質の機能を使いこなす ― 物性化学入門 ―(裳華房)
化学薬品の基礎知識(裳華房)
第5版 実験化学講座1 基礎編I 実験・情報の基礎(丸善，共編)
Catch Up 大学の化学講義 ― 高校化学とのかけはし ―(裳華房，共著)

セミナーライブラリ化　学＝4

演習 有機化学［新訂版］

1983年6月10日 ©	初 版 発 行
2000年1月25日	初版第20刷発行
2001年9月10日 ©	新 訂 版 発 行
2022年4月10日	新訂第12刷発行

著　者　杉森　彰　　　　発行者　森平敏孝
　　　　　　　　　　　　印刷者　篠倉奈緒美
　　　　　　　　　　　　製本者　小西惠介

発行所　株式会社　サイエンス社
〒151-0051　東京都渋谷区千駄ヶ谷1丁目3番25号
営業　☎ (03) 5474-8500 (代)　振替 00170-7-2387
編集　☎ (03) 5474-8600 (代)
FAX　　 (03) 5474-8900

印刷　(株)ディグ　　　製本　(株)ブックアート

《検印省略》

本書の内容を無断で複写複製することは、著作者および
出版者の権利を侵害することがありますので、その場合
にはあらかじめ小社あて許諾をお求め下さい。

ISBN4-7819-0992-2
PRINTED IN JAPAN

サイエンス社のホームページのご案内
http://www.saiensu.co.jp
ご意見・ご要望は
rikei@saiensu.co.jp まで。